Teubner Studienbücher

Die Paperbackreihe für das Studium, zur Vorlesung
und zur Prüfungsvorbereitung

Becker
Technische Strömungslehre
Eine Einführung in die Grundlagen
und technischen Anwendungen der Strömungsmechanik
142 Seiten mit 143 Bildern und 32 Aufgaben. DM 9,80 [Verlags-Nr. 3019]

Lautz
Elektromagnetische Felder
Ein einführendes Lehrbuch
180 Seiten mit 104 Bildern. DM 13,80 [Verlags-Nr. 3020]

Jaeger/Wenke
Lineare Wirtschaftsalgebra
Eine Einführung
Band 1: XVI, 174 Seiten. DM 14, – ; Band 2: IV, 160 Seiten DM 14, –
Mit insgesamt 45 Bildern, 136 Aufgaben, 32 Tabellen und zahlreichen Beispielen
[Verlags-Nr. Bd. 1: 2011, Bd. 2: 2012]

Collatz
Differentialgleichungen
Eine Einführung unter besonderer Berücksichtigung der Anwendungen
4. Auflage. 226 Seiten mit 136 Bildern. DM 16,80 [Verlags-Nr. 2033]

Wieghardt
Theoretische Strömungslehre
Eine Einführung
226 Seiten mit 98 Bildern. DM 16,80 [Verlags-Nr. 2034]

Becker
Gasdynamik
248 Seiten mit 117 Bildern. DM 16,80 [Verlags-Nr. 2035]

Fortsetzung 3. Umschlagseite

MATHEMATISCHE LEITFÄDEN

Herausgegeben von Professor Dr. phil. Dr. h. c. G. Köthe, Universität Frankfurt/M.

Garbentheorie

Von Dr. rer. nat. R. KULTZE
Professor an der Universität Frankfurt/Main

1970. Mit 77 Aufgaben und zahlreichen Beispielen

B. G. TEUBNER STUTTGART

ISBN-13: 978-3-519-02207-7   e-ISBN-13: 978-3-322-80091-6
DOI: 10.1007/978-3-322-80091-6

Verlagsnummer 2207

Satz und Druck: Werk- und Feindruckerei Dr. Alexander Krebs,
Weinheim und Hemsbach/Bergstr. und Bad Homburg v. d. H.
Umschlaggestaltung: W. Koch, Stuttgart

Vorwort

Die Garbentheorie hat in den letzten Jahren zunehmend an Bedeutung gewonnen und ist für verschiedene mathematische Disziplinen zu einem unentbehrlichen Hilfsmittel geworden. Die Anwendungen erstrecken sich hauptsächlich auf die Funktionentheorie mehrerer komplexer Variablen, auf Fragen aus der algebraischen Geometrie und Topologie, sowie auf gewisse funktionalanalytische Probleme (Theorie der Hyperfunktionen). Das Buch ist als Einführung in die Garbentheorie für Studenten mittlerer und höherer Semester gedacht, die über Kenntnisse aus der mengentheoretischen Topologie und der Funktionentheorie einer komplexen Variablen verfügen. In § 35 wird darüber hinaus die Vertrautheit mit einigen Begriffen aus der Theorie der topologischen Vektorräume vorausgesetzt. Um das Buch auch denjenigen zugänglich zu machen, die nicht mit der homologischen Algebra vertraut sind, haben wir auf die funktorielle Sprachweise grundsätzlich verzichtet, auch wenn dadurch einige Formulierungen weniger elegant erscheinen.

In Kapitel I werden Garben und Garbendaten ausführlich untersucht. Kapitel II befaßt sich mit azyklischen Garben, welche für die Kohomologietheorie, die in Kapitel III behandelt wird, von besonderer Bedeutung sind. Kapitel IV ist den kohärenten Garben gewidmet, die in der modernen komplexen Analysis und der algebraischen Geometrie eine fundamentale Rolle spielen. In Kapitel V werden die Čechschen Kohomologiegruppen eingeführt, die in wichtigen Fällen mit den in Kapitel III definierten Kohomologiegruppen übereinstimmen. Das Buch schließt mit einigen elementaren Anwendungen aus der Funktionentheorie mehrerer komplexer Variablen. In das Literaturverzeichnis, das keinen Anspruch auf Vollständigkeit erhebt, ist auch eine Reihe von Originalarbeiten aufgenommen worden.

Herrn Professor K ö t h e danke ich für die Anregung zu diesem Buch und dem Verlag für die gute Zusammenarbeit bei der Drucklegung. Mein besonderer Dank gilt Herrn Dr. G. T r a u t m a n n für seine Verbesserungsvorschläge und die kritische Durchsicht des Manuskriptes.

Frankfurt, im Frühjahr 1970 R. K u l t z e

Inhalt

V Die Čechschen Kohomologiegruppen

I Garben und Garbendaten

§ 1 Algebraische Hilfsmittel

Definition 1.1. *Eine Menge M heißt* teilweise·geordnet, *wenn für gewisse Paare (α, β) ihrer Elemente eine Beziehung $\alpha \leq \beta$ erklärt ist, so daß gilt:*
1) *Für alle $\alpha \in M$ ist $\alpha \leq \alpha$.*
2) *Aus $\alpha \leq \beta$ und $\beta \leq \gamma$ folgt $\alpha \leq \gamma$.*

Definition 1.2. *Eine teilweise geordnete Menge M heißt* gerichtet, *wenn zu je zwei Elementen α, β aus M ein $\gamma \in M$ existiert mit $\alpha \leq \gamma$, $\beta \leq \gamma$.*

Das folgende Beispiel einer gerichteten Menge spielt in der Garbentheorie eine wichtige Rolle.

Beispiel 1.3. Ist x ein Punkt des topologischen Raumes X, so sei M die Menge der offenen Umgebungen von x. Sind U und V aus M, so setzen wir $U \leq V$ genau dann, wenn $V \subset U$. M ist dann vermöge der Beziehung $\leq$ gerichtet.

Definition 1.4. *Ein* direktes System $\{G_\alpha, r_\alpha^\beta\}$ *von abelschen Gruppen über einer gerichteten Menge M ist eine Funktion, die jedem $\alpha \in M$ eine abelsche Gruppe G_α und jedem Paar (α, β) von Elementen aus M mit $\alpha \leq \beta$ einen Homomorphismus $r_\alpha^\beta : G_\alpha \to G_\beta$ zuordnet, so daß gilt:*
1) $r_\alpha^\alpha = \mathrm{id}_{G_\alpha}$ *für jedes $\alpha \in M$* [1]).
2) *Für $\alpha \leq \beta \leq \gamma$ ist $r_\beta^\gamma r_\alpha^\beta = r_\alpha^\gamma$.*

In ähnlicher Weise definiert man direkte Systeme von Moduln, Ringen usw.

$\{G_\alpha, r_\alpha^\beta\}$ sei ein direktes System abelscher Gruppen. In der Vereinigung $\bigcup\limits_{\alpha \in M} G_\alpha$ der als paarweise punktfremd aufgefaßten Mengen G_α erklären wir nun eine Äquivalenzrelation: $g_\alpha \in G_\alpha$ und $g_\beta \in G_\beta$ heißen äquivalent ($g_\alpha \sim g_\beta$) genau dann, wenn es ein $\gamma \in M$ gibt mit $\alpha \leq \gamma$, $\beta \leq \gamma$ und $r_\alpha^\gamma(g_\alpha) = r_\beta^\gamma(g_\beta)$. Ist $g_\alpha \in G_\alpha$, so bezeichne $[g_\alpha]$ die zugehörige Äquivalenzklasse. Sind $[g_\alpha]$ und $[g_\beta]$ zwei Äquivalenzklassen, so gibt es ein $\gamma \in M$ mit $\alpha \leq \gamma$, $\beta \leq \gamma$. Die Summe $[g_\alpha] + [g_\beta]$ von $[g_\alpha]$ und $[g_\beta]$ definieren wir dann als die Äquivalenzklasse von $r_\alpha^\gamma(g_\alpha) + r_\beta^\gamma(g_\beta)$; weiter erklärt man $-[g_\alpha]$

---

[1]) Ist N eine beliebige Menge, so bezeichne id_N die identische Abbildung von N auf sich.

durch $[-g_\alpha]$. Die Menge G der Äquivalenzklassen von Elementen von $\bigcup\limits_{\alpha \in M} G_\alpha$ erhält auf diese Weise die Struktur einer abelschen Gruppe. Das Nullelement 0 von G wird durch das Nullelement 0_α einer jeden abelschen Gruppe G_α repräsentiert. Die abelsche Gruppe G heißt direkter Limes des direkten Systems $\{G_\alpha, r_\alpha^\beta\}$, und man schreibt $G = \lim G_\alpha$. Ordnet man für ein festes $\alpha \in M$ jedem $g_\alpha \in G_\alpha$ die Äquivalenz-klasse $[g_\alpha] \in \overrightarrow{G}$ zu, so erhält man einen Homomorphismus $r_\alpha : G_\alpha \to G$. Für $\alpha \leqq \beta$ gilt offensichtlich $r_\alpha = r_\beta r_\alpha^\beta$.

Ist $\{G_\alpha, r_\alpha^\beta\}$ ein direktes System von Moduln bzw. Ringen, so kann man G in entspre-chender Weise mit der Struktur eines Moduls bzw. Ringes versehen.

Beispiel 1.5. Jedem Element einer gerichteten Menge M ordne man dieselbe abelsche Gruppe G zu. Für $\alpha \leqq \beta$ $(\alpha, \beta \in M)$ setzen wir $r_\alpha^\beta = \mathrm{id}_G$. $\varinjlim G_\alpha$ kann man dann mit G identifizieren.

Der direkte Limes abelscher Gruppen besitzt die folgende Eigenschaft:

Satz 1.6. *Ist* $\{G_\alpha, r_\alpha^\beta\}$ *ein direktes System abelscher Gruppen und* $\{s_\alpha : G_\alpha \to G'\}$ *ein System von Homomorphismen von* G_α *in die abelsche Gruppe* G' *mit* $s_\alpha = s_\beta r_\alpha^\beta$ $(\alpha \leqq \beta)$, *so existiert genau ein Homomorphismus* $s : G = \varinjlim G_\alpha \to G'$, *so daß das Diagramm*

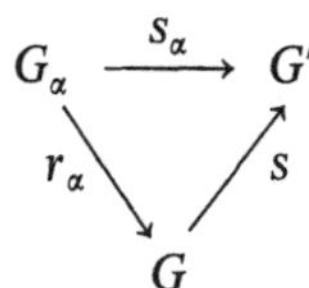

für jedes $\alpha \in M$ *kommutativ ist.*

Beweis: $s : G \to G'$ erklären wir durch $s([g_\alpha]) = s_\alpha(g_\alpha)$. Diese Definition ist offenbar sinnvoll: Ist nämlich g_β zu g_α äquivalent, so gibt es ein $\gamma \in M$ mit $\alpha \leqq \gamma$, $\beta \leqq \gamma$ und $r_\alpha^\gamma(g_\alpha) = r_\beta^\gamma(g_\beta)$. Unter Berücksichtigung der Voraussetzungen des Satzes gilt dann

$$s_\alpha(g_\alpha) = s_\gamma r_\alpha^\gamma(g_\alpha) = s_\gamma r_\beta^\gamma(g_\beta) = s_\beta(g_\beta).$$

s ist, wie man sofort bestätigt, ein Homomorphismus. Die Eindeutigkeit von s ist unmittelbar klar.

Für die Anwendungen in der Garbentheorie sind die obigen Definitionen des direkten Systems und des direkten Limes noch zu speziell. Bevor wir eine Verallgemeinerung dieser Begriffe einführen, treffen wir die folgende Vereinbarung: Jeder in diesem Buch vorkommende Ring sei, falls nichts anderes gesagt wird, kommutativ mit Eins-element 1, außerdem sei jeder A-Modul G (A ein Ring) unitär, d. h. $1 \cdot g = g$ für alle $g \in G$. Vielfach haben wir es mit Moduln über verschiedenen Ringen zu tun. Um zu betonen, daß G ein Modul über A ist, schreiben wir gelegentlich auch (A, G).

Definition 1.7. *G sei ein A-Modul und G' ein A'-Modul. Ein Homomorphismus $f: (A, G) \to (A', G')$ ist ein Paar von Abbildungen $\bar{f}: A \to A'$, $f: G \to G'$ mit den Eigenschaften:*

1) $\bar{f}$ ist ein Ringhomomorphismus.
2) $f(g_1 + g_2) = f(g_1) + f(g_2)$, $f(a \cdot g) = \bar{f}(a)f(g)$ $(g_1, g_2, g \in G, \ a \in A)$.

Sind $f_1 : (A, G) \to (A', G')$ und $f_2 : (A', G') \to (A'', G'')$ zwei Homomorphismen im obigen Sinne, so sei $f_2 f_1 : (A, G) \to (A'', G'')$ derjenige Homomorphismus, der durch das Paar $(\bar{f}_2 \, \bar{f}_1, f_2 f_1)$ gegeben ist. Nunmehr sind wir in der Lage, den Begriff des direkten Systems zu verallgemeinern.

Definition 1.8. *Ein direktes System $\{A_\alpha, G_\alpha, r_\alpha^\beta\}$ von A_α-Moduln über der gerichteten Menge M ist eine Funktion, die jedem $\alpha \in M$ einen A_α-Modul G_α und jedem Paar (α, β) von Elementen aus M mit $\alpha \leqq \beta$ einen Homomorphismus $r_\alpha^\beta : (A_\alpha, G_\alpha) \to (A_\beta, G_\beta)$ zuordnet, so daß gilt:*

1) $r_\alpha^\alpha = \mathrm{id}$ für jedes $\alpha \in M$.
2) Für $\alpha \leqq \beta \leqq \gamma$ ist $r_\beta^\gamma r_\alpha^\beta = r_\alpha^\gamma$.

$\{A_\alpha, \bar{r}_\alpha^\beta\}$ ist nach Definition ein direktes System von Ringen, $\{G_\alpha, r_\alpha^\beta\}$ ist ein direktes System von abelschen Gruppen. Durch Übergang zum direkten Limes erhalten wir den Ring $A = \varinjlim A_\alpha$ bzw. die abelsche Gruppe $G = \varinjlim G_\alpha$. $\bar{r}_\alpha : A_\alpha \to A$ und $r_\alpha : G_\alpha \to G$ seien die weiter oben eingeführten kanonischen Homomorphismen. Für jedes Paar (a, g) $(a \in A, g \in G)$ existiert ein $\alpha \in M$ mit $a = \bar{r}_\alpha(a_\alpha)$ und $g = r_\alpha(g_\alpha)$. Das Produkt $a \cdot g$ von a und g definieren wir dann als die Äquivalenzklasse von $a_\alpha \cdot g_\alpha$ in G, d.h. $a \cdot g = r_\alpha(a_\alpha \cdot g_\alpha)$. Auf diese Weise wird G zu einem Modul über A. Das Paar $r_\alpha = (\bar{r}_\alpha, r_\alpha)$ ist ein Homomorphismus von (A_α, G_α) in (A, G). Analog zu Satz 1.6 gilt

Satz 1.9. *Ist $\{A_\alpha, G_\alpha, r_\alpha^\beta\}$ ein direktes System von A_α-Moduln und $\{s_\alpha : (A_\alpha, G_\alpha) \to (A', G')\}$ ein System von Homomorphismen in den A'-Modul G' mit $s_\alpha = s_\beta r_\alpha^\beta \, (\alpha \leqq \beta)$, so existiert genau ein Homomorphismus $s : (A, G) \to (A', G')$ mit $s \, r_\alpha = s_\alpha$ für jedes $\alpha \in M$.*

Definition 1.10. *$\{A_\alpha, G_\alpha, r_\alpha^\beta\}$ und $\{A'_\alpha, G'_\alpha, r'^\beta_\alpha\}$ seien direkte Systeme von A_α- bzw. A'_α-Moduln über der gerichteten Menge M. Ist jedem $\alpha \in M$ ein Homomorphismus $h_\alpha : (A_\alpha, G_\alpha) \to (A'_\alpha, G'_\alpha)$ zugeordnet, so daß für jedes Paar (α, β) von Elementen aus M mit $\alpha \leqq \beta$ das Diagramm*

$$
\begin{array}{ccc}
(A_\alpha, G_\alpha) & \xrightarrow{\ h_\alpha\ } & (A'_\alpha, G'_\alpha) \\
{\scriptstyle r_\alpha^\beta}\big\downarrow & & \big\downarrow{\scriptstyle r'^\beta_\alpha} \\
(A_\beta, G_\beta) & \xrightarrow[\ h_\beta\ ]{} & (A'_\beta, G'_\beta)
\end{array}
$$

kommutativ ist, so heißt $\{h_\alpha : (A_\alpha, G_\alpha) \to (A'_\alpha, G'_\alpha)\}$ direktes System von Homomorphismen von $\{A_\alpha, G_\alpha, r_\alpha^\beta\}$ in $\{A'_\alpha, G'_\alpha, r'^\beta_\alpha\}$.

Jedem direkten System $\{h_\alpha : (A_\alpha, G_\alpha) \to (A'_\alpha, G'_\alpha)\}$ von Homomorphismen ordnen wir nun einen **Limeshomomorphismus** $h : (A, G) \to (A', G')$ zu.

Satz 1.11. *Ist* $\{h_\alpha : (A_\alpha, G_\alpha) \to (A'_\alpha, G'_\alpha)\}$ *ein direktes System von Homomorphismen von* $\{A_\alpha, G_\alpha, r_\alpha^\beta\}$ *in* $\{A'_\alpha, G'_\alpha, r_\alpha'^\beta\}$, *so gibt es genau einen Homomorphismus* $h : (A, G) \to (A', G')$, *so daß für jedes* $\alpha \in M$ *das Diagramm*

$$
\begin{array}{ccc}
(A_\alpha, G_\alpha) & \xrightarrow{\ h_\alpha\ } & (A'_\alpha, G'_\alpha) \\
{\scriptstyle r_\alpha}\big\downarrow & & \big\downarrow{\scriptstyle r'_\alpha} \\
(A, G) & \xrightarrow[\ h\ ]{} & (A', G')
\end{array}
$$

kommutativ ist.

Beweis: $s_\alpha : (A_\alpha, G_\alpha) \to (A', G')$ sei der zusammengesetzte Homomorphismus $s_\alpha = r'_\alpha h_\alpha$. Für $\alpha \le \beta$ gilt dann

$$
s_\alpha = r'_\alpha h_\alpha = r'_\beta r_\alpha'^\beta h_\alpha = r'_\beta h_\beta r_\alpha^\beta = s_\beta r_\alpha^\beta,
$$

d. h. die s_α erfüllen die Voraussetzungen von Satz 1.9. Nach diesem Satz existiert daher genau ein Homomorphismus $h : (A, G) \to (A', G')$ mit $h\, r_\alpha = s_\alpha = r'_\alpha h_\alpha$.

Statt h schreibt man auch $\varinjlim h_\alpha$.

Eine endliche oder unendliche Sequenz von A-Moduln und Homomorphismen $\cdots \to G^{q-1} \xrightarrow{h^{q-1}} G^q \xrightarrow{h^q} G^{q+1} \to \cdots$[1]) heißt **exakt an der Stelle** G^q, wenn das Bild von h^{q-1} gleich dem Kern von h^q ist. Die Sequenz heißt **exakt**, wenn sie an jeder mittleren Stelle exakt ist. Eine exakte Sequenz der Form $0 \to G' \xrightarrow{h'} G \xrightarrow{h} G'' \to 0$ nennt man auch **kurze exakte Sequenz**.

$$
G' \xrightarrow{\ h'\ } G \xrightarrow{\ h\ } G'' \longrightarrow 0
$$

sei eine exakte Sequenz von A-Moduln und A-Homomorphismen,

$$
\tilde{G}' \xrightarrow{\ \tilde{h}'\ } \tilde{G} \xrightarrow{\ \tilde{h}\ } \tilde{G}'' \longrightarrow 0
$$

eine exakte Sequenz von $\tilde{A}$-Moduln und $\tilde{A}$-Homomorphismen, und

$$
\varphi' : (A, G') \longrightarrow (\tilde{A}, \tilde{G}'), \qquad \varphi : (A, G) \longrightarrow (\tilde{A}, \tilde{G})
$$

seien Homomorphismen, so daß das Diagramm

$$
\begin{array}{ccc}
(A, G') & \xrightarrow{\ (\mathrm{id}_A, h')\ } & (A, G) \\
{\scriptstyle \varphi'}\big\downarrow & & \big\downarrow{\scriptstyle \varphi} \\
(\tilde{A}, \tilde{G}') & \xrightarrow[\ (\mathrm{id}_{\tilde{A}}, \tilde{h}')\ ]{} & (\tilde{A}, \tilde{G})
\end{array}
$$

kommutativ ist. Dann gilt

---

[1]) Gemeint sind hier natürlich A-Homomorphismen.

Hilfssatz 1.12. *Es existiert genau ein Homomorphismus* $\varphi'' : (A, G'') \to (\tilde{A}, \tilde{G}'')$, *so daß das Diagramm*

$$
\begin{array}{ccc}
(A, G) & \xrightarrow{(\mathrm{id}_A, h)} & (A, G'') \\
\varphi \downarrow & & \downarrow \varphi'' \\
(\tilde{A}, \tilde{G}) & \xrightarrow[(\mathrm{id}_{\tilde{A}}, \tilde{h})]{} & (\tilde{A}, \tilde{G}'')
\end{array}
$$

kommutativ ist.

B e w e i s : $\bar{\varphi}'' : A \to \tilde{A}$ erklären wir durch $\bar{\varphi}'' = \bar{\varphi}' = \bar{\varphi}$. Zu $g'' \in G''$ gibt es nach Voraussetzung ein $g \in G$ mit $h(g) = g''$. $\varphi'' : G'' \to \tilde{G}''$ definieren wir dann durch $\varphi''(g'') = \tilde{h}\varphi(g)$. φ'' ist wohldefiniert: Ist $\hat{g} \in G$ mit $h(\hat{g}) = g''$, so gibt es wegen $h(g - \hat{g}) = 0$ ein $g' \in G'$ mit $h'(g') = g - \hat{g}$. Nun ist wegen der Kommutativität des obigen Diagramms

$$
\tilde{h}\varphi(g - \hat{g}) = \tilde{h}\varphi h'(g') = \tilde{h}\tilde{h}'\varphi'(g') = 0 ,
$$

also $\tilde{h}\varphi(g) = \tilde{h}\varphi(\hat{g})$. $\varphi'' = (\bar{\varphi}'', \varphi'')$ ist, wie man leicht nachrechnet, ein Homomorphismus. Die Eindeutigkeit von φ'' ist ebenfalls klar.

Für spätere Anwendungen ist noch der folgende Spezialfall von Interesse.

Es sei $A = \tilde{A}$ und $\bar{\varphi}' = \bar{\varphi} = \mathrm{id}_A$. φ' und φ sind dann A-Homomorphismen, die wir kurz mit $\varphi' : G' \to \tilde{G}'$ und $\varphi : G \to \tilde{G}$ bezeichnen.

Hilfssatz 1.13. *Ist φ ein Isomorphismus und φ' ein Epimorphismus, so ist φ'' ein Isomorphismus.*

B e w e i s : Wir zeigen zunächst, daß φ'' ein Monomorphismus ist. Dazu nehmen wir an $\varphi''(g'') = 0$. Zu g'' gibt es wieder ein $g \in G$ mit $h(g) = g''$. Wegen $\tilde{h}\varphi(g) = \varphi''h(g) = 0$ gehört $\varphi(g)$ zum Bild von $\tilde{h}'$, d.h. $\varphi(g) = \tilde{h}'(\tilde{g}')(\tilde{g}' \in \tilde{G}')$. $\tilde{g}'$ läßt sich in der Form $\tilde{g}' = \varphi'(g')(g' \in G')$ darstellen, da wir φ als epimorph vorausgesetzt haben. Es gilt dann

$$
\varphi(g) = \tilde{h}'(\tilde{g}') = \tilde{h}'\varphi'(g') = \varphi h'(g') .
$$

φ ist ein Monomorphismus, also ist g mit $h'(g')$ identisch. Aus $g'' = h(g) = h h'(g') = 0$ ergibt sich dann die Behauptung. Um zu zeigen, daß φ'' ein Epimorphismus ist, gehen wir von einem beliebigen Element $\tilde{g}'' \in \tilde{G}''$ aus, das wir in der Form $\tilde{g}'' = \tilde{h}(\tilde{g})(\tilde{g} \in \tilde{G})$ darstellen können. $\tilde{g}$ wiederum besitzt die Gestalt $\tilde{g} = \varphi(g)(g \in G)$, da φ epimorph ist. $h(g)$ ist dann ein Element mit

$$
\varphi''(h(g)) = \tilde{h}\varphi(g) = \tilde{h}(\tilde{g}) = \tilde{g}'' .
$$

$\{A_\alpha, G'_\alpha, r'^\beta_\alpha\}$, $\{A_\alpha, G_\alpha, r^\beta_\alpha\}$ und $\{A_\alpha, G''_\alpha, r''^\beta_\alpha\}$ seien direkte Systeme von A_α-Moduln über der gerichteten Menge M mit $\bar{r}'^\beta_\alpha = \bar{r}^\beta_\alpha = \bar{r}''^\beta_\alpha$, ferner seien für jedes $\alpha \in M$ zwei A_α-Homomorphismen $h'_\alpha : G'_\alpha \to G_\alpha$, $h_\alpha : G_\alpha \to G''_\alpha$ gegeben, so daß die Diagramme

$$G'_\alpha \xrightarrow{\ h'_\alpha\ } G_\alpha \xrightarrow{\ h_\alpha\ } G''_\alpha$$
$$r'^\beta_\alpha \downarrow \qquad r^\beta_\alpha \downarrow \qquad r''^\beta_\alpha \downarrow \qquad (\alpha \leqq \beta)$$
$$G'_\beta \xrightarrow[\ h'_\beta\ ]{} G_\beta \xrightarrow[\ h_\beta\ ]{} G''_\beta$$

kommutativ sind. Das Paar $h'_\alpha = (\mathrm{id}_{A_\alpha}, h'_\alpha)$ ist dann ein Homomorphismus von (A_α, G'_α) in (A_α, G_α) im Sinne von Definition 1.7. Ebenso ist $h_\alpha = (\mathrm{id}_{A_\alpha}, h_\alpha)$ ein Homomorphismus von (A_α, G_α) in (A_α, G''_α). Wegen der Kommutativität des obigen Diagramms und wegen $\bar r'^\beta_\alpha = \bar r^\beta_\alpha = \bar r''^\beta_\alpha$ ist $\{h'_\alpha\}$ bzw. $\{h_\alpha\}$ ein direktes System von Homomorphismen von $\{A_\alpha, G'_\alpha, r'^\beta_\alpha\}$ in $\{A_\alpha, G_\alpha, r^\beta_\alpha\}$ bzw. von $\{A_\alpha, G_\alpha, r^\beta_\alpha\}$ in $\{A_\alpha, G''_\alpha, r''^\beta_\alpha\}$ (vgl. Definition 1.10). $h' : G' \to G$ und $h : G \to G''$ seien die zugehörigen Limeshomomorphismen [1]. Wir behaupten nun

Satz 1.14. *Sind die Sequenzen*

$$G'_\alpha \xrightarrow{\ h'_\alpha\ } G_\alpha \xrightarrow{\ h_\alpha\ } G''_\alpha$$

für jedes $\alpha \in M$ exakt, so ist auch die Sequenz

$$G' \xrightarrow{\ h'\ } G \xrightarrow{\ h\ } G''$$

exakt.

Beweis: Wir zeigen zunächst, daß Bild $h' \subset$ Kern h. Ist $g' \in G'$, so gilt für ein geeignetes $\alpha \in M$ $g' = r'_\alpha(g'_\alpha)$ mit $g'_\alpha \in G'_\alpha$. Nach Definition von h' ist $h'(g') = r_\alpha h'_\alpha(g'_\alpha)$, also gilt

$$h h'(g') = h r_\alpha h'_\alpha(g'_\alpha) = r''_\alpha h_\alpha h'_\alpha(g'_\alpha) = 0,$$

woraus die Behauptung unmittelbar folgt. Um zu zeigen, daß Kern $h \subset$ Bild h', betrachten wir zunächst das kommutative Diagramm

$$G'_\alpha \xrightarrow{\ h'_\alpha\ } G_\alpha \xrightarrow{\ h_\alpha\ } G''_\alpha$$
$$r'^\beta_\alpha \downarrow \qquad r^\beta_\alpha \downarrow \qquad r''^\beta_\alpha \downarrow$$
$$G'_\beta \xrightarrow[\ h'_\beta\ ]{} G_\beta \xrightarrow[\ h_\beta\ ]{} G''_\beta$$
$$r'_\beta \downarrow \qquad r_\beta \downarrow \qquad r''_\beta \downarrow$$
$$G' \xrightarrow[\ h'\ ]{} G \xrightarrow[\ h\ ]{} G'' .$$

$g \in G$ sei nun aus dem Kern von h. Für ein geeignetes $\alpha \in M$ besitzt g die Gestalt $g = r_\alpha(g_\alpha)$ $(g_\alpha \in G_\alpha)$. Wegen $r''_\alpha h_\alpha(g_\alpha) = h r_\alpha(g_\alpha) = h(g) = 0$ gibt es ein $\beta \geqq \alpha$ mit $r''^\beta_\alpha h_\alpha(g_\alpha)$

---

[1] In diesem Falle handelt es sich um A-Homomorphismen mit $A = \varinjlim A_\alpha$.

$= 0$. Nach dem obigen Diagramm bedeutet dies $h_\beta r_\alpha^\beta(g_\alpha) = 0$, d. h. $r_\alpha^\beta(g_\alpha) \in \text{Kern } h_\beta$ $= \text{Bild } h_\beta'$, es existiert also ein $g_\beta' \in G_\beta'$ mit $h_\beta'(g_\beta') = r_\alpha^\beta(g_\alpha)$. Wir setzen $g' = r_\beta'(g_\beta')$ und erhalten (vgl. das obige Diagramm)

$$h'(g') = h' r_\beta'(g_\beta') = r_\beta h_\beta'(g_\beta') = r_\beta r_\alpha^\beta(g_\alpha) = r_\alpha(g_\alpha) = g.$$

Damit ist der Satz bewiesen.

Ist $\{G^i\}_{i \in I}$ eine Familie von A-Moduln, so sei $\underset{i \in I}{\oplus} G^i$ die direkte Summe dieser Familie. Die Elemente des A-Moduls $\underset{i \in I}{\oplus} G^i$ bezeichnen wir mit $\{g^i\}$ $(g^i \in G^i)$, dabei ist $g^i = 0$ bis auf eine endliche Anzahl von Indizes. In $\underset{i \in I}{\oplus} G^i$ gelten die Rechenregeln

$$\{g^i\} + \{\tilde{g}^i\} = \{g^i + \tilde{g}^i\}, \quad a\{g^i\} = \{a g^i\}.$$

$\{G^i\}_{i \in I}$ sei eine Familie von A-Moduln, $\{\tilde{G}^i\}_{i \in I}$ eine Familie von $\tilde{A}$-Moduln und $\{f^i : (A, G^i) \to (\tilde{A}, \tilde{G}^i)\}_{i \in I}$ eine Familie von Homomorphismen mit $\bar{f}^i = \bar{f}^j$ für jedes Paar (i,j) von Elementen aus I.

$$f : \underset{i \in I}{\oplus} G^i \longrightarrow \underset{i \in I}{\oplus} \tilde{G}^i$$

erklären wir durch $f\{g^i\} = \{f^i(g^i)\}$. Das Paar $(\bar{f}^i, f)$ ist dann ein Homomorphismus von $(A, \underset{i \in I}{\oplus} G^i)$ in $(\tilde{A}, \underset{i \in I}{\oplus} \tilde{G}^i)$, den wir mit $\underset{i \in I}{\oplus} f^i$ bezeichnen.

Wir besprechen nun einen Zusammenhang zwischen direkten Summen und direkten Limites. $\{A_\alpha, G_\alpha^i, r_\alpha^{i\beta}\}$ $(i \in I)$ sei eine Familie von direkten Systemen von A_α-Moduln über der gerichteten Menge M, und für jedes Paar (α, β) von Elementen aus M mit $\alpha \leqq \beta$ gelte $\bar{r}_\alpha^{i\beta} = \bar{r}_\alpha^{j\beta}$ $(i, j \in I)$.

$$r_\alpha^\beta : (A_\alpha, \underset{i \in I}{\oplus} G_\alpha^i) \longrightarrow (A_\beta, \underset{i \in I}{\oplus} G_\beta^i) \qquad (\alpha \leqq \beta)$$

sei dann der Homomorphismus $r_\alpha^\beta = \underset{i \in I}{\oplus} r_\alpha^{i\beta}$ (vgl. oben). Offenbar ist $r_\alpha^\alpha = \text{id}$, und für $\alpha \leqq \beta \leqq \gamma$ gilt $r_\beta^\gamma r_\alpha^\beta = r_\alpha^\gamma$. Daher ist $\{A_\alpha, \underset{i \in I}{\oplus} G_\alpha^i, r_\alpha^\beta\}$ ein direktes System von A_α-Moduln über M. Weiter seien

$$r_\alpha : (A_\alpha, \underset{i \in I}{\oplus} G_\alpha^i) \longrightarrow (A, \underset{\longrightarrow}{\lim} \underset{i \in I}{\oplus} G_\alpha^i)$$

und

$$r_\alpha^i : (A_\alpha, G_\alpha^i) \longrightarrow (A, G^i)$$

mit $G^i = \underset{\longrightarrow}{\lim} G_\alpha^i$ die kanonischen Homomorphismen. Mit

$$s_\alpha : (A_\alpha, \underset{i \in I}{\oplus} G_\alpha^i) \longrightarrow (A, \underset{i \in I}{\oplus} G^i)$$

bezeichnen wir schließlich den Homomorphismus $s_\alpha = \underset{i \in I}{\oplus} r_\alpha^i$. Offensichtlich gilt für jedes Paar (α, β) mit $\alpha \leqq \beta$ $s_\alpha = s_\beta r_\alpha^\beta$. Nach Satz 1.9 gibt es daher genau einen A-Homomorphismus $s : \underset{\longrightarrow}{\lim} \underset{i \in I}{\oplus} G_\alpha^i \to \underset{i \in I}{\oplus} G^i$, so daß die Diagramme

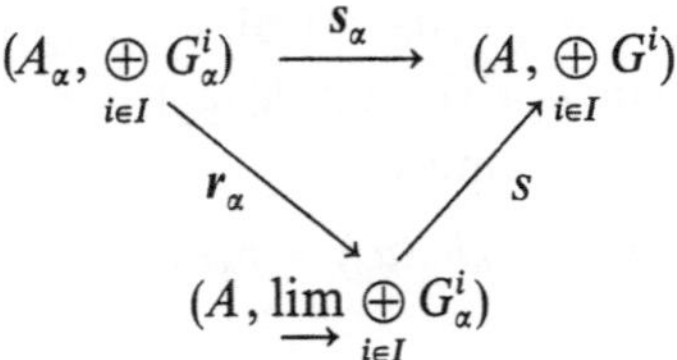

kommutativ sind. Wir beweisen nun den

Satz 1.15. $s : \varinjlim_{i \in I} \oplus G^i_\alpha \to \oplus_{i \in I} \varinjlim G^i_\alpha$ *ist ein Isomorphismus.*

Dieser Satz besagt also, daß $\oplus$ und direkte Limites miteinander vertauschbar sind.

Beweis: Jedes Element $g \in \varinjlim_{i \in I} \oplus G^i_\alpha$ besitzt für ein geeignetes $\alpha \in M$ die Gestalt $g = r_\alpha(\{g^i_\alpha\})$. Nach Definition von s gilt dann $s(g) = \{r^i_\alpha(g^i_\alpha)\}$. Um zu zeigen, daß s ein Monomorphismus ist, betrachten wir ein $g \in \varinjlim_{i \in I} \oplus G^i_\alpha$ mit $s(g) = 0$. Dies bedeutet $r^i_\alpha(g^i_\alpha) = 0$ für alle $i \in I$. Da nur endlich viele g^i_α von Null verschieden sind, gibt es ein $\beta \geqq \alpha$ mit $r^{i\beta}_\alpha(g^i_\alpha) = 0$ für alle $i \in I$. Daher ist $r^\beta_\alpha(\{g^i_\alpha\}) = \{r^{i\beta}_\alpha(g^i_\alpha)\} = 0$, d. h. $g = r_\alpha(\{g^i_\alpha\}) = 0$, s ist also monomorph. Um zu beweisen, daß s ein Epimorphismus ist, gehen wir von einem von Null verschiedenen Element $\{g^i\} \in \oplus_{i \in I} G^i$ aus. $g^{i_1}, \dots, g^{i_k}$ $(k \geqq 1)$ seien die von Null verschiedenen Komponenten von $\{g^i\}$. Offenbar gibt es ein $\alpha \in M$ mit $g^{i_\nu} = r^{i_\nu}_\alpha(g^{i_\nu}_\alpha)$ $(\nu = 1, \dots, k)$. Wir setzen

$$g^i_\alpha = \begin{cases} g^{i_\nu}_\alpha & i = i_\nu, \nu = 1, \dots, k \\ 0 & \text{sonst} \end{cases}$$

und definieren $g \in \varinjlim_{i \in I} \oplus G^i_\alpha$ durch $g = r_\alpha(\{g^i_\alpha\})$. Aus $s(g) = \{g^i\}$ ergibt sich dann die Behauptung.

Als nächstes beschäftigen wir uns mit einigen Eigenschaften des Tensorproduktes von A-Moduln, dessen Definition als bekannt vorausgesetzt werde. Sind G und H zwei A-Moduln, so bezeichne $G \underset{A}{\otimes} H$ wie üblich das Tensorprodukt von G und H; $G \underset{A}{\otimes} H$ ist wieder ein Modul über A.

Definition 1.16. *G und H seien zwei A-Moduln, und K bezeichne einen A'-Modul. Eine bilineare Abbildung $f : (A, G \times H) \to (A', K)$ ist ein Paar von Abbildungen $\bar{f} : A \to A'$, $f : G \times H \to K$ mit den Eigenschaften:*

1) *$\bar{f}$ ist ein Ringhomomorphismus.*
2) *$f(g, h + h') = f(g, h) + f(g, h')$, $f(g + g', h) = f(g, h) + f(g', h)$, $f(ag, h) = \bar{f}(a)f(g, h)$ $= f(g, ah)$ $(a \in A; g, g' \in G; h, h' \in H)$.*

Bekanntlich gilt nun

Satz 1.17. *Ist* $f : (A, G \times H) \to (A', K)$ *eine bilineare Abbildung, so gibt es genau einen Homomorphismus* $f' : (A, G \underset{A}{\otimes} H) \to (A', K)$, *so daß das Diagramm*

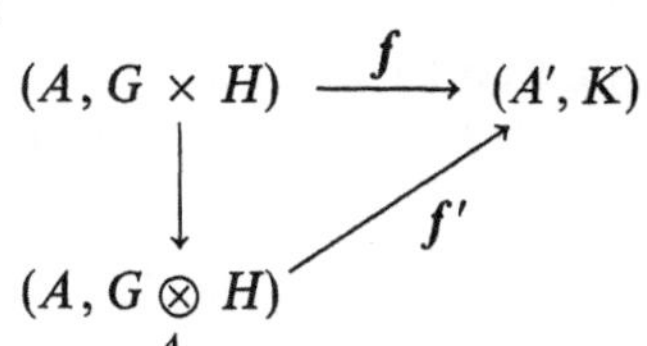

kommutativ ist.

In dem folgenden Satz fassen wir einige elementare Eigenschaften des Tensorproduktes zusammen, die sich leicht beweisen lassen.

Satz 1.18. *Für jeden A-Modul G definieren die Homomorphismen* $g \to g \otimes 1$ *und* $g \to 1 \otimes g$ *Isomorphismen zwischen G und* $G \underset{A}{\otimes} A$ *bzw. G und* $A \underset{A}{\otimes} G$. *Sind G und H zwei A-Moduln, so gibt es einen Isomorphismus zwischen* $G \underset{A}{\otimes} H$ *und* $H \underset{A}{\otimes} G$, *der* $g \otimes h$ *in* $h \otimes g$ *überführt. Ist K ein dritter A-Modul, so gibt es einen Isomorphismus zwischen* $(G \underset{A}{\otimes} H) \underset{A}{\otimes} K$ *und* $G \underset{A}{\otimes} (H \underset{A}{\otimes} K)$, *der* $(g \otimes h) \otimes k$ *in* $g \otimes (h \otimes k)$ *überführt.*

$\{A_\alpha, G_\alpha, \varrho_\alpha^\beta\}$ und $\{A_\alpha, H_\alpha, \sigma_\alpha^\beta\}$ seien zwei direkte Systeme von A_α-Moduln über M, und für jedes Paar (α, β) von Elementen aus M mit $\alpha \leqq \beta$ gelte $\bar{\varrho}_\alpha^\beta = \bar{\sigma}_\alpha^\beta$. Erklären wir

$$r_\alpha'^\beta : G_\alpha \times H_\alpha \longrightarrow G_\beta \underset{A_\beta}{\otimes} H_\beta$$

durch $r_\alpha'^\beta(g_\alpha, h_\alpha) = \varrho_\alpha^\beta(g_\alpha) \otimes \sigma_\alpha^\beta(h_\alpha)$, so ist das Paar $r_\alpha'^\beta = (\bar{\varrho}_\alpha^\beta, r_\alpha'^\beta)$ eine bilineare Abbildung von $(A_\alpha, G_\alpha \times H_\alpha)$ in $(A_\beta, G_\beta \underset{A_\beta}{\otimes} H_\beta)$. Nach Satz 1.17 gibt es dann genau einen Homomorphismus

$$r_\alpha^\beta : (A_\alpha, G_\alpha \underset{A_\alpha}{\otimes} H_\alpha) \longrightarrow (A_\beta, G_\beta \underset{A_\beta}{\otimes} H_\beta),$$

so daß das Diagramm

$$
\begin{array}{ccc}
(A_\alpha, G_\alpha \times H_\alpha) & \xrightarrow{\ r_\alpha'^\beta\ } & (A_\beta, G_\beta \underset{A_\beta}{\otimes} H_\beta) \\
\big\downarrow & \nearrow{\scriptstyle r_\alpha^\beta} & \\
(A_\alpha, G_\alpha \underset{A_\alpha}{\otimes} H_\alpha) & &
\end{array}
$$

kommutativ ist; dabei ist $\bar{r}_\alpha^\beta = \bar{\varrho}_\alpha^\beta = \bar{\sigma}_\alpha^\beta$. Offenbar gilt $r_\alpha^\alpha = \mathrm{id}$, und für $\alpha \leqq \beta \leqq \gamma$ hat man $r_\beta^\gamma r_\alpha^\beta = r_\alpha^\gamma$. Daher ist $\{A_\alpha, G_\alpha \underset{A_\alpha}{\otimes} H_\alpha, r_\alpha^\beta\}$ ein direktes System von A_α-Moduln über M. Weiter seien

$$r_\alpha : (A_\alpha, G_\alpha \underset{A_\alpha}{\otimes} H_\alpha) \longrightarrow (A, \varinjlim (G_\alpha \underset{A_\alpha}{\otimes} H_\alpha))$$

$$\varrho_\alpha : (A_\alpha, G_\alpha) \longrightarrow (A, G), \quad \sigma_\alpha : (A_\alpha, H_\alpha) \longrightarrow (A, H)$$

mit $A = \varinjlim A_\alpha$, $G = \varinjlim G_\alpha$, $H = \varinjlim H_\alpha$ die kanonischen Homomorphismen. Erklären wir

$$s'_\alpha : G_\alpha \times H_\alpha \longrightarrow G \underset{A}{\otimes} H$$

durch $s'_\alpha(g_\alpha, h_\alpha) = \varrho_\alpha(g_\alpha) \otimes \sigma_\alpha(h_\alpha)$, so ist das Paar $s'_\alpha = (\bar\varrho_\alpha, s'_\alpha)$ eine bilineare Abbildung von $(A_\alpha, G_\alpha \times H_\alpha)$ in $(A, G \underset{A}{\otimes} H)$. Nach Satz 1.17 gibt es dann genau einen Homomorphismus

$$s_\alpha : (A_\alpha, G_\alpha \underset{A_\alpha}{\otimes} H_\alpha) \longrightarrow (A, G \underset{A}{\otimes} H),$$

so daß das Diagramm

$$(A_\alpha, G_\alpha \times H_\alpha) \xrightarrow{\ s'_\alpha\ } (A, G \underset{A}{\otimes} H)$$

kommutativ ist. Offensichtlich gilt für jedes Paar (α, β) mit $\alpha \leq \beta$ $s_\alpha = s_\beta r^\beta_\alpha$. Daher existiert nach Satz 1.9 genau ein A-Homomorphismus $s : \varinjlim_{A_\alpha} (G_\alpha \underset{A_\alpha}{\otimes} H_\alpha) \to G \underset{A}{\otimes} H$ mit $s r_\alpha = s_\alpha$ für jedes $\alpha \in M$. Es gilt nun

Satz 1.19. $s : \varinjlim_{A_\alpha} (G_\alpha \underset{A_\alpha}{\otimes} H_\alpha) \to G \underset{A}{\otimes} H$ *ist ein Isomorphismus.*

Dies Resultat besagt also, daß $\otimes$ und direkte Limites miteinander vertauschbar sind.

Beweis: Zum Beweis konstruieren wir zunächst eine Abbildung

$$t' : G \times H \longrightarrow \varinjlim_{A_\alpha} (G_\alpha \underset{A_\alpha}{\otimes} H_\alpha).$$

Ist $g \in G$ und $h \in H$, so gibt es ein $\alpha \in M$ mit $g = \varrho_\alpha(g_\alpha)$ und $h = \sigma_\alpha(h_\alpha)$ $(g_\alpha \in G_\alpha, h_\alpha \in H_\alpha)$. Die Abbildung t' definieren wir dann durch $t'(g,h) = r_\alpha(g_\alpha \otimes h_\alpha)$. Man sieht sofort, daß t' von der Wahl der Repräsentanten g_α und h_α unabhängig ist. Außerdem ist t' bilinear. Daher gibt es nach Satz 1.17 genau einen A-Homomorphismus $t : G \underset{A}{\otimes} H \to \varinjlim_{A_\alpha} (G_\alpha \underset{A_\alpha}{\otimes} H_\alpha)$, so daß das Diagramm

$$G \times H \xrightarrow{\ t'\ } \varinjlim_{A_\alpha} (G_\alpha \underset{A_\alpha}{\otimes} H_\alpha)$$

kommutativ ist. Nun ist nach Definition

$$s t(\varrho_\alpha(g_\alpha) \otimes \sigma_\alpha(h_\alpha)) = s(r_\alpha(g_\alpha \otimes h_\alpha)) = \varrho_\alpha(g_\alpha) \otimes \sigma_\alpha(h_\alpha),$$
$$t s(r_\alpha(g_\alpha \otimes h_\alpha)) = t(\varrho_\alpha(g_\alpha) \otimes \sigma_\alpha(h_\alpha)) = r_\alpha(g_\alpha \otimes h_\alpha),$$

und da die Elemente der Form $r_\alpha(g_\alpha \otimes h_\alpha)$ bzw. $\varrho_\alpha(g_\alpha) \otimes \sigma_\alpha(h_\alpha)$ die A-Moduln $\varinjlim_{A_\alpha}(G_\alpha \otimes H_\alpha)$ bzw. $G \underset{A}{\otimes} H$ erzeugen, gilt $st = \mathrm{id}$, $ts = \mathrm{id}$. Hieraus folgt, daß s ein Isomorphismus ist.

$$\{A_\alpha, G_\alpha, \varrho_\alpha^\beta\}, \quad \{A_\alpha, H_\alpha, \sigma_\alpha^\beta\}, \quad \{A_\alpha, G_\alpha', \varrho_\alpha'^\beta\} \quad \text{und} \quad \{A_\alpha, H_\alpha', \sigma_\alpha'^\beta\}$$

seien direkte Systeme von A_α-Moduln mit $\varrho_\alpha^\beta = \bar\sigma_\alpha^\beta = \bar\varrho_\alpha'^\beta = \bar\sigma_\alpha'^\beta (\alpha \leq \beta)$, deren direkte Limites mit G, H, G' und H' bezeichnet werden sollen. Weiter seien $\{u_\alpha : (A_\alpha, G_\alpha) \to (A_\alpha, G_\alpha')\}$ bzw. $\{v_\alpha : (A_\alpha, H_\alpha) \to (A_\alpha, H_\alpha')\}$ direkte Systeme von Homomorphismen von $\{A_\alpha, G_\alpha, \varrho_\alpha^\beta\}$ in $\{A_\alpha, G_\alpha', \varrho_\alpha'^\beta\}$ bzw. von $\{A_\alpha, H_\alpha, \sigma_\alpha^\beta\}$ in $\{A_\alpha, H_\alpha', \sigma_\alpha'^\beta\}$ mit $\bar u_\alpha = \mathrm{id}$, $\bar v_\alpha = \mathrm{id}\,(\alpha \in M)$. Mit $u : G \to G'$ und $v : H \to H'$ bezeichnen wir dann die zugehörigen Limeshomomorphismen (in diesem Fall handelt es sich um A-Homomorphismen mit $A = \varinjlim A_\alpha$). Die Abbildung $(g_\alpha, h_\alpha) \to u_\alpha(g_\alpha) \otimes v_\alpha(h_\alpha)$ von $G_\alpha \times H_\alpha$ in $G_\alpha' \underset{A_\alpha}{\otimes} H_\alpha'$ ist bilinear und definiert folglich nach Satz 1.17 einen A_α-Homomorphismus von $G_\alpha \underset{A_\alpha}{\otimes} H_\alpha$ in $G_\alpha' \underset{A_\alpha}{\otimes} H_\alpha'$, den wir wie üblich mit $u_\alpha \otimes v_\alpha$ bezeichnen wollen. Da nach Voraussetzung die Diagramme

$$
\begin{array}{ccc}
(A_\alpha, G_\alpha \underset{A_\alpha}{\otimes} H_\alpha) & \xrightarrow{\;u_\alpha \otimes v_\alpha\;} & (A_\alpha, G_\alpha' \underset{A_\alpha}{\otimes} H_\alpha') \\
{\scriptstyle r_\alpha^\beta} \downarrow & & \downarrow {\scriptstyle r_\alpha'^\beta} \qquad (\alpha \leq \beta) \\
(A_\beta, G_\beta \underset{A_\beta}{\otimes} H_\beta) & \xrightarrow[\;u_\beta \otimes v_\beta\;]{} & (A_\beta, G_\beta' \underset{A_\beta}{\otimes} H_\beta')
\end{array}
$$

kommutativ sind, ist $\{u_\alpha \otimes v_\alpha : G_\alpha \underset{A_\alpha}{\otimes} H_\alpha \to G_\alpha' \underset{A_\alpha}{\otimes} H_\alpha'\}$ ein direktes System von Homomorphismen von $\{A_\alpha, G_\alpha \underset{A_\alpha}{\otimes} H_\alpha, r_\alpha^\beta\}$ in $\{A_\alpha, G_\alpha' \underset{A_\alpha}{\otimes} H_\alpha', r_\alpha'^\beta\}$. Wir behaupten nun

Korollar 1.20. *Das Diagramm*

$$
\begin{array}{ccc}
\varinjlim(G_\alpha \otimes H_\alpha) & \xrightarrow{\;\varinjlim(u_\alpha \otimes v_\alpha)\;} & \varinjlim(G_\alpha' \otimes H_\alpha') \\
s \downarrow \Vert\wr & & \Vert\wr \downarrow s \\
G \underset{A}{\otimes} H & \xrightarrow[\;u \otimes v\;]{} & G' \underset{A}{\otimes} H'
\end{array}
$$

ist kommutativ.

Der Beweis ergibt sich unmittelbar aus der Definition der in dem Diagramm auftretenden Abbildungen. Den Inhalt dieses Korollars können wir kurz durch die Schreibweise $\varinjlim(u_\alpha \otimes v_\alpha) = (\varinjlim u_\alpha) \otimes (\varinjlim v_\alpha)$ ausdrücken.

Satz 1.21. *Ist*

$$G' \xrightarrow{k'} G \xrightarrow{k} G'' \longrightarrow 0$$

eine exakte Sequenz von A-Moduln und Homomorphismen, so ist für jeden A-Modul H auch die tensorierte Sequenz

$$G' \underset{A}{\otimes} H \xrightarrow{k' \otimes \mathrm{id}} G \underset{A}{\otimes} H \xrightarrow{k \otimes \mathrm{id}} G'' \underset{A}{\otimes} H \longrightarrow 0$$

exakt.

Beweis: Aus $kk' = 0$ ergibt sich $(k \otimes \mathrm{id})(k' \otimes \mathrm{id}) = 0$, also hat man Bild $(k' \otimes \mathrm{id})$ $\subset$ Kern $(k \otimes \mathrm{id})$. Daher induziert die Abbildung $k \otimes \mathrm{id}$ einen Homomorphismus

$$f : (G \underset{A}{\otimes} H)/\mathrm{Bild}\,(k' \otimes \mathrm{id}) \longrightarrow G'' \underset{A}{\otimes} H.$$

Um die obige Behauptung zu beweisen, zeigen wir, daß f bijektiv ist. Ist $g \otimes h \in G \underset{A}{\otimes} H$, so bezeichne $\overline{g \otimes h}$ die Restklasse von $g \otimes h$ in $(G \underset{A}{\otimes} H)/\mathrm{Bild}\,(k' \otimes \mathrm{id})$. Zu jedem $g'' \in G''$ gibt es nach Voraussetzung ein $g \in G$ mit $k(g) = g''$. Sind g_1, g_2 zwei Elemente aus G mit $k(g_1) = k(g_2) = g''$, so ist offenbar $\overline{g_1 \otimes h} = \overline{g_2 \otimes h}$. Durch die Zuordnung $(g'', h) \to \overline{g \otimes h}$ erhält man dann eine bilineare Abbildung

$$\tilde{f} : G'' \times H \longrightarrow (G \underset{A}{\otimes} H)/\mathrm{Bild}\,(k' \otimes \mathrm{id}),$$

zu der nach Satz 1.17 genau ein Homomorphismus $f' : G'' \underset{A}{\otimes} H \to (G \underset{A}{\otimes} H)/\mathrm{Bild}$ $(k' \otimes \mathrm{id})$ existiert, so daß das Diagramm

$$
\begin{array}{ccc}
G'' \times H & \xrightarrow{\ \tilde{f}\ } & (G \underset{A}{\otimes} H)/\mathrm{Bild}\,(k' \otimes \mathrm{id}) \\
\downarrow & \nearrow{\scriptstyle f'} & \\
G'' \underset{A}{\otimes} H & &
\end{array}
$$

kommutativ ist. Aus $f'f = \mathrm{id}$ und $ff' = \mathrm{id}$ ergibt sich schließlich die Behauptung.

Es sei besonders darauf hingewiesen, daß aus der Exaktheit der Sequenz

$$0 \longrightarrow G' \xrightarrow{k'} G \xrightarrow{k} G'' \longrightarrow 0$$

nicht mehr die Exaktheit der tensorierten Sequenz

$$0 \longrightarrow G' \underset{A}{\otimes} H \xrightarrow{k' \otimes \mathrm{id}} G \underset{A}{\otimes} H \xrightarrow{k \otimes \mathrm{id}} G'' \underset{A}{\otimes} H \longrightarrow 0$$

zu folgen braucht. Wir illustrieren diesen Sachverhalt an dem folgenden Beispiel. $\mathbf{Z}$ bezeichne den Ring der ganzen Zahlen, $\mathbf{Z}_2$ sei der $\mathbf{Z}$-Modul $\mathbf{Z}/2\mathbf{Z}$ und $k : \mathbf{Z} \to \mathbf{Z}_2$

der kanonische Homomorphismus. Definiert man $k': Z \to Z$ durch $k'(z) = 2z(z \in Z)$, so ist die Sequenz

$$0 \longrightarrow Z \xrightarrow{k'} Z \xrightarrow{k} Z_2 \longrightarrow 0$$

von Z-Moduln offensichtlich exakt. $k' \otimes \mathrm{id}: Z \underset{Z}{\otimes} Z_2 \to Z \underset{Z}{\otimes} Z_2$ ist kein Monomorphismus, denn $(k' \otimes \mathrm{id})(1 \otimes \bar{1}) = 2 \otimes \bar{1} = 1 \otimes 2 \cdot \bar{1} = 0 \ (\bar{1} = k(1))$. Also ist die mit Z_2 tensorierte Sequenz

$$0 \longrightarrow Z \underset{Z}{\otimes} Z_2 \longrightarrow Z \underset{Z}{\otimes} Z_2 \longrightarrow Z_2 \underset{Z}{\otimes} Z_2 \longrightarrow 0$$

nicht exakt.

$H^i(i \in I)$ sei eine Familie von A-Moduln. Die durch $f'(g, \{h^i\}) = \{g \otimes h^i\}$ $(g \in G,$ $h^i \in H^i)$ definierte Abbildung

$$f': G \times \underset{i \in I}{\oplus} H^i \longrightarrow \underset{i \in I}{\oplus} (G \underset{A}{\otimes} H^i)$$

ist offenbar bilinear. Daher definiert f' einen A-Homomorphismus

$$f: G \underset{A}{\otimes} (\underset{i \in I}{\oplus} H^i) \longrightarrow \underset{i \in I}{\oplus} (G \underset{A}{\otimes} H^i).$$

Wie man sofort bestätigt, ist f sogar ein Isomorphismus. Diese Tatsache benutzen wir nun, um Satz 1.21 zu ergänzen:

Satz 1.22. *Ist*

$$0 \longrightarrow G' \xrightarrow{k'} G \xrightarrow{k} G'' \longrightarrow 0$$

eine exakte Sequenz von A-Moduln, so ist für jeden freien A-Modul H auch die Sequenz

$$0 \longrightarrow G' \underset{A}{\otimes} H \xrightarrow{k' \otimes \mathrm{id}} G \underset{A}{\otimes} H \xrightarrow{k \otimes \mathrm{id}} G'' \underset{A}{\otimes} H \longrightarrow 0 \qquad (1.1)$$

exakt.

Beweis: Da H nach Voraussetzung ein freier A-Modul ist, gilt $H \cong \underset{i \in I}{\oplus} A^i$ für eine geeignete Indexmenge $I (A^i = A$ für alle $i \in I)$. Wegen

$$G \underset{A}{\otimes} H \cong G \underset{A}{\otimes} (\underset{i \in I}{\oplus} A^i) \cong \underset{i \in I}{\oplus} (G \underset{A}{\otimes} A^i) \cong \underset{i \in I}{\oplus} G^i$$

$(G^i = G)$ besitzt (1.1) die Gestalt

$$0 \longrightarrow \underset{i \in I}{\oplus} G'^i \xrightarrow{\oplus k'} \underset{i \in I}{\oplus} G^i \xrightarrow{\oplus k} \underset{i \in I}{\oplus} G''^i \longrightarrow 0 \qquad (1.2)$$

$(G'^i = G', G''^i = G'')$. (1.2) ist aber nach Voraussetzung exakt.

§ 2 Garben

Wir beginnen diesen Paragraphen mit einer Definition, die in der Garbentheorie eine wichtige Rolle spielt. X und Y mögen topologische Räume bezeichnen.

Definition 2.1. *Eine Abbildung* $f : X \to Y$ *heißt* lokaler Homöomorphismus, *wenn jeder Punkt* $x \in X$ *eine offene Umgebung in* X *besitzt, die durch* f *homöomorph auf eine offene Umgebung von* $f(x)$ *in* Y *abgebildet wird.*

Jeder lokale Homöomorphismus f ist offensichtlich stetig. Darüber hinaus ist f eine offene Abbildung, da diejenigen offenen Teilmengen von X, die vermöge f homöomorph auf offene Teilmengen von Y abgebildet werden, eine Basis der Topologie von X bilden.

Ist $\pi : G \to X$ eine stetige Abbildung, so setzen wir

$$G \circ G = \{(g_1, g_2) \in G \times G : \pi(g_1) = \pi(g_2)\}$$

und versehen diese Menge mit der durch $G \times G$ induzierten Topologie. Nach dieser Vereinbarung sind wir nun in der Lage, Garben von abelschen Gruppen zu definieren.

Definition 2.2. *Eine* Garbe $\mathscr{G}$ *von abelschen Gruppen über* X *ist ein Tripel* (G, π, X) *mit den Eigenschaften:*

1) G und X sind topologische Räume, und π ist ein lokaler Homöomorphismus von G auf X.
2) Für jedes $x \in X$ besitzt $\mathscr{G}_x = \pi^{-1}(x)$ die Struktur einer abelschen Gruppe.
3) Die durch $(g_1, g_2) \to g_1 - g_2$ definierte Abbildung $f : G \circ G \to G$ ist stetig.

$\mathscr{G}_x = \pi^{-1}(x)$ $(x \in X)$ *heißt* Halm von $\mathscr{G}$ über x.

Da $\pi : G \to X$ nach Voraussetzung ein lokaler Homöomorphismus ist, induziert die Topologie von G auf jedem Halm die diskrete Topologie. Wir behaupten nun

Satz 2.3. $\mathscr{G} = (G, \pi, X)$ *sei eine Garbe von abelschen Gruppen über* X *und* 0_x *das Nullelement von* $\mathscr{G}_x$. *Dann gilt:*
1) Die durch $\varphi(x) = 0_x$ erklärte Abbildung $\varphi : X \to G$ ist stetig.
2) Die durch $(g_1, g_2) \to g_1 + g_2$ definierte Abbildung $\hat{f} : G \circ G \to G$ ist stetig.

Beweis: Die Elemente von $\mathscr{G}_x$ bezeichnen wir im folgenden mit g_x, g'_x usw. Wir beweisen zunächst die Stetigkeit von φ. W sei eine offene Umgebung von $\varphi(x_0) = 0_{x_0}$ (x_0 fest). Wegen der Stetigkeit von $f : G \circ G \to G$ gibt es eine offene Umgebung V von 0_{x_0} mit $g_x - g'_x \in W$ für $g_x, g'_x \in V$. Aus der Offenheit von π folgt, daß $U = \pi(V)$ eine offene Umgebung von x_0 in X ist. Zu jedem $x \in U$ wählen wir ein $g_x \in V$ und haben

$$\varphi(x) = 0_x = g_x - g_x \in W,$$

d. h. $\varphi(U) \subset W$, φ ist also im Punkt x_0 stetig. Aus der Stetigkeit von φ und f ergibt sich schließlich die Richtigkeit von Behauptung 2).

Wir geben nun ein einfaches Beispiel einer Garbe von abelschen Gruppen an; weniger triviale Beispiele werden wir später in § 6 behandeln.

Beispiel 2.4. X sei ein topologischer Raum und H eine abelsche Gruppe, versehen mit der diskreten Topologie. Versieht man $X \times H$ mit der Produkttopologie, so ist die Projektion $\pi : X \times H \to X$ ein lokaler Homöomorphismus. Setzt man $(x, h_1) \pm (x, h_2) = (x, h_1 \pm h_2)$, so wird $(X \times H, \pi, X)$ zu einer Garbe von abelschen Gruppen, die man auch als **konstante Garbe** bezeichnet.

Durch Modifizierung der Eigenschaften 2) und 3) in Definition 2.2 können Garben definiert werden, deren Halme andere algebraische Strukturen besitzen. Verzichtet man dagegen auf die Forderungen 2) und 3), so erhält man die Definition der **Garben von Mengen**.

Definition 2.5. *Eine Garbe $\mathcal{G}$ von Ringen über X ist ein Tripel (G, π, X) mit den Eigenschaften:*

1) π ist ein lokaler Homöomorphismus von G auf X.
2) Für jedes $x \in X$ besitzt $\mathcal{G}_x = \pi^{-1}(x)$ die Struktur eines Ringes.
3) Die durch $(g_1, g_2) \to g_1 - g_2$, $(g_1, g_2) \to g_1 g_2$ und $x \to 1_x (1_x$ das Einselement von $\mathcal{G}_x)$ definierten Abbildungen $f : G \circ G \to G$, $k : G \circ G \to G$ und $\psi : X \to G$ sind stetig.

Bevor wir diese Definition verallgemeinern, betrachten wir zwei Garben $\mathcal{A} = (A, \tau, X)$ und $\mathcal{G} = (G, \pi, X)$ von abelschen Gruppen. Wir setzen

$$A \circ G = \{(a, g) \in A \times G : \tau(a) = \pi(g)\}$$

und versehen $A \circ G$ mit der durch $A \times G$ induzierten Topologie.

Definition 2.6. $\mathcal{A} = (A, \tau, X)$ *sei eine Garbe von Ringen über X. Eine Garbe $\mathcal{G}$ von $\mathcal{A}$-Moduln über X ist ein Tripel (G, π, X) mit den Eigenschaften:*

1) π ist ein lokaler Homöomorphismus von G auf X.
2) Für jedes $x \in X$ ist $\mathcal{G}_x = \pi^{-1}(x)$ ein $\mathcal{A}_x$-Modul.
3) Die durch $(g_1, g_2) \to g_1 - g_2$ und $(a, g) \to ag$ definierten Abbildungen $f : G \circ G \to G$ und $k : A \circ G \to G$ sind stetig.

Ist $\mathcal{A}$ eine Garbe von Ringen, so kann $\mathcal{A}$ als Garbe von $\mathcal{A}$-Moduln aufgefaßt werden. Um die Sprechweise zu vereinfachen, werden wir Garben von $\mathcal{A}$-Moduln in Zukunft kurz als $\mathcal{A}$-Garben bezeichnen.

Definition 2.7. B *sei ein Ring. Eine Garbe von B-Moduln über X ist ein Tripel (G, π, X) mit den Eigenschaften:*

1) π ist ein lokaler Homöomorphismus von G auf X.
2) Für jedes $x \in X$ ist $\mathcal{G}_x = \pi^{-1}(x)$ ein B-Modul.
3) Die durch $(g_1, g_2) \to g_1 - g_2$ und $g \to bg$ $(b \in B)$ definierten Abbildungen $f : G \circ G \to G$ und $h_b : G \to G$ sind stetig.

Jede Garbe von abelschen Gruppen ist offenbar eine Garbe von **Z**-Moduln. Außerdem kann man jede Garbe von B-Moduln über X als $\mathscr{A}$-Garbe über X auffassen, wenn $\mathscr{A}$ die konstante Garbe $(X \times B, \tau, X)$ bezeichnet. Daher werden wir uns in Zukunft meistens auf das Studium von $\mathscr{A}$-Garben beschränken.

Definition 2.8. $\mathscr{G} = (G, \pi, X)$ *sei eine Garbe von Mengen. Eine auf dem Unterraum* Y *von* X *definierte stetige Abbildung* $\sigma : Y \to G$ *heißt* Schnitt *in* $\mathscr{G}$ *über* Y, *wenn* $\pi\sigma = \mathrm{id}_Y$. *Die Menge* $\sigma(Y) \subset G$ *heißt* Schnittfläche *über* Y.

Eine Schnittfläche über Y schneidet jeden Halm $\mathscr{G}_x (x \in Y)$ in genau einem Punkt.

Ist $\mathscr{G} = (G, \pi, X)$ eine Garbe von abelschen Gruppen, so ist die durch $\varphi(x) = 0_x$ erklärte Abbildung $\varphi : X \to G$ ein Schnitt in $\mathscr{G}$ über X, da φ nach Satz 2.3 stetig ist. φ bezeichnet man auch als Nullschnitt von $\mathscr{G}$.

Bemerkung 2.9. Ist $\sigma : Y \to G$ ein Schnitt, so ist σ ein Homöomorphismus von Y auf $\sigma(Y)$. $\sigma : Y \to \sigma(Y)$ und $\pi | \sigma(Y) : \sigma(Y) \to Y$ sind nämlich stetige Abbildungen mit den Eigenschaften $\pi\sigma = \mathrm{id}_Y$, $\sigma(\pi | \sigma(Y)) = \mathrm{id}_{\sigma(Y)}$.

Satz 2.10. *Ist* $\sigma : U \to G$ *ein Schnitt in der Garbe von Mengen* $\mathscr{G} = (G, \pi, X)$ *über der offenen Menge* $U \subset X$, *so ist die Schnittfläche* $\sigma(U)$ *offen in* G.

Beweis: Ist $g \in \sigma(U)$, so besitzt g eine offene Umgebung $\tilde{V}$ in G, die durch π homöomorph auf eine offene Umgebung von $\pi(g)$ in X abgebildet wird. $\sigma(U) \cap \tilde{V}$ ist eine offene Umgebung von g in $\sigma(U)$. Dann ist $\pi(\sigma(U) \cap \tilde{V})$ eine offene Umgebung von $\pi(g)$ in U und daher auch eine offene Umgebung von $\pi(g)$ in $\pi(\tilde{V})$. Da $\pi | \tilde{V}$ nach Voraussetzung ein Homöomorphismus ist, ist $\sigma(U) \cap \tilde{V}$ eine offene Umgebung von g in $\tilde{V}$ und daher auch eine offene Umgebung von g in G. Wegen $\sigma(U) \cap \tilde{V} \subset \sigma(U)$ ist $\sigma(U)$ offen.

Als nächstes zeigen wir, daß durch jeden Punkt von G mindestens eine Schnittfläche von $\mathscr{G}$ geht[1]).

Satz 2.11. *Zu jedem* $g \in G$ *gibt es eine offene Umgebung* U *von* $x = \pi(g)$ *und einen Schnitt* $\sigma : U \to G$ *in* $\mathscr{G}$ *mit* $\sigma(x) = g$.

Beweis: Da $\pi : G \to X$ ein lokaler Homöomorphismus ist, besitzt g eine offene Umgebung $\tilde{U}$ in G, die durch π homöomorph auf eine offene Umgebung U von $\pi(g)$ in X abgebildet wird. Setzt man $\sigma = (\pi | \tilde{U})^{-1}$, so erhält man einen Schnitt mit den obigen Eigenschaften.

Als Folgerung ergibt sich

Satz 2.12. *Ist* $\mathscr{G} = (G, \pi, X)$ *eine Garbe von Mengen, so bildet die Menge der Schnittflächen von* $\mathscr{G}$ *über offenen Teilmengen von* X *eine Basis der Topologie von* G.

---

[1]) $\mathscr{G}$ sei wieder eine Garbe von Mengen.

Beweis: Zum Beweis zeigen wir, daß zu jeder offenen Teilmenge W von G und jedem $g \in W$ eine Schnittfläche $\sigma(U)$ (U offen in X) existiert mit $g \in \sigma(U) \subset W$. Nach dem letzten Satz gibt es eine Schnittfläche $\tau(V)$ über der offenen Menge V mit $g \in \tau(V)$. Setzt man $U = \pi(\tau(V) \cap W)$, so ist $\sigma = \tau|U$ ein Schnitt mit $g \in \sigma(U) \subset W$.

Satz 2.13. U_1, U_2 seien offene Umgebungen von $x_0 \in X$ und $\sigma_1 : U_1 \to G$, $\sigma_2 : U_2 \to G$ Schnitte in $\mathscr{G}$ mit $\sigma_1(x_0) = \sigma_2(x_0)$. Dann ist $V = \{x \in U_1 \cap U_2 : \sigma_1(x) = \sigma_2(x)\}$ eine offene Teilmenge von X.

Beweis: Die Behauptung folgt aus $V = \pi(\sigma_1(U_1) \cap \sigma_2(U_2))$, da $\sigma_1(U_1)$ und $\sigma_2(U_2)$ nach Satz 2.10 offene Teilmengen von G sind.

Sind also $\sigma_1 : U_1 \to G$, $\sigma_2 : U_2 \to G$ (U_1, U_2 offen, $U_1 \cap U_2 \neq \emptyset$) zwei Schnitte in $\mathscr{G}$ mit $\sigma_1(x_0) = \sigma_2(x_0)$, so stimmen diese sogar in einer geeigneten Umgebung von x_0 überein. Unter geeigneten Voraussetzungen läßt sich dieses Resultat noch verschärfen.

Korollar 2.14. G sei separiert und U eine zusammenhängende offene Teilmenge von X. Sind $\sigma_1, \sigma_2 : U \to G$ zwei Schnitte in $\mathscr{G}$, die in einem Punkt von U übereinstimmen, so ist $\sigma_1 = \sigma_2$.

Beweis: $V = \{x \in U : \sigma_1(x) = \sigma_2(x)\}$ ist nach 2.13 eine offene Teilmenge von U. Andererseits ist V in U auch abgeschlossen, da wir G als separiert vorausgesetzt haben. Daher ist $V = U$, denn U sollte eine zusammenhängende Teilmenge von X sein.

$\mathscr{G} = (G, \pi, X)$ sei wieder eine Garbe von Mengen und Y eine nichtleere Teilmenge von X; $\Gamma(Y, \mathscr{G})$ bezeichne dann die Menge der Schnitte in $\mathscr{G}$ über Y. Ist $\mathscr{G}$ eine Garbe von abelschen Gruppen und $\sigma, \tau \in \Gamma(Y, \mathscr{G})$, so definieren wir die Abbildungen $\sigma + \tau$ und $-\sigma$ von Y in G durch

$$(\sigma + \tau)(x) = \sigma(x) + \tau(x), \quad (-\sigma)(x) = -\sigma(x) \quad (x \in Y).$$

$\sigma + \tau$ und $-\sigma$ sind wiederum Schnitte in $\mathscr{G}$ über Y, da $f : G \circ G \to G$ (vgl. Definition 2.2) als stetig vorausgesetzt wurde. $\Gamma(Y, \mathscr{G})$ wird vermöge dieser Definitionen zu einer abelschen Gruppe, deren Nullelement durch den Nullschnitt von $\mathscr{G}$ über Y gegeben ist. Schließlich sei $\Gamma(\emptyset, \mathscr{G})$ die Nullgruppe [1]. Ebenso gilt: Ist $\mathscr{G}$ eine Garbe von Ringen bzw. $\mathscr{A}$-Moduln bzw. B-Moduln, so kann man $\Gamma(Y, \mathscr{G})$ in natürlicher Weise als Ring bzw. $\Gamma(Y, \mathscr{A})$-Modul bzw. B-Modul auffassen.

Ist $\sigma : U \to G$ (U offen) ein Schnitt in der Garbe $\mathscr{G} = (G, \pi, X)$ von abelschen Gruppen, so ist $\{x \in U : \sigma(x) = 0_x\}$ nach Satz 2.13 offen in U. Wir definieren nun

Definition 2.15. Ist $\sigma \in \Gamma(U, \mathscr{G})$, so heißt die Menge $\mathrm{Tr}(\sigma) = \{x \in U : \sigma(x) \neq 0_x\}$ der Träger von σ.

---

[1] $\emptyset$ bezeichne die leere Menge.

Der Träger von σ ist nach der obigen Bemerkung in U abgeschlossen. Diese Definition wird in Kapitel II eine wichtige Rolle spielen.

§ 3 Garbenhomomorphismen

Definition 3.1. $\mathcal{G} = (G, \pi, X)$ *und* $\mathcal{G}' = (G', \pi', X)$ *seien* $\mathcal{A}$-*Garben über* X. *Eine stetige Abbildung* $h : G \to G'$ *heißt* Homomorphismus *von* $\mathcal{G}$ *in* $\mathcal{G}'$, *wenn gilt:*

1) h *ist halmtreu, d. h.* $\pi' h = \pi$.
2) *Für jedes* $x \in X$ *ist* $h_x = h|\mathcal{G}_x : \mathcal{G}_x \to \mathcal{G}'_x$ *ein* $\mathcal{A}_x$-*Homomorphismus.*

Als Abkürzung schreiben wir $h : \mathcal{G} \to \mathcal{G}'$. h heißt Monomorphismus bzw. Epimorphismus bzw. Isomorphismus, wenn $h_x : \mathcal{G}_x \to \mathcal{G}'_x$ für jedes $x \in X$ monomorph bzw. epimorph bzw. isomorph ist.

Satz 3.2. $h : \mathcal{G} \to \mathcal{G}'$ *sei ein Homomorphismus. Dann gilt:*

1) *Ist* $\sigma \in \Gamma(Y, \mathcal{G})$, *so ist* $h\sigma : Y \to G'$ *ein Schnitt in* $\mathcal{G}'$ *über* Y.
2) $h : G \to G'$ *ist ein lokaler Homöomorphismus.*
3) $h(G)$ *ist eine offene Teilmenge von* G'.

Beweis: 1) $h\sigma : Y \to G'$ ist stetig und $\pi'(h\sigma) = \pi\sigma = \mathrm{id}_Y$. 2) $g \in G$ ist nach Satz 2.10 in einer geeigneten Schnittfläche $\sigma(U)$ enthalten. Dann ist $h|\sigma(U)$ eine stetige eineindeutige Abbildung der offenen Umgebung $\sigma(U)$ von g in G auf die offene Umgebung $h\sigma(U)$ von $h(g)$ in G'. Wegen $(h|\sigma(U))^{-1} = \sigma\pi'|h\sigma(U)$ ist auch die Umkehrung von $h|\sigma(U)$ stetig, also ist $h|\sigma(U)$ ein Homöomorphismus. 3) folgt unmittelbar aus 2).

Ist $h : \mathcal{G} \to \mathcal{G}'$ ein Homomorphismus und Y eine nichtleere Teilmenge von X, so bezeichne h_Y die durch die Zuordnung $\sigma \to h\sigma$ definierte Abbildung von $\Gamma(Y, \mathcal{G})$ in $\Gamma(Y, \mathcal{G}')$. $h_Y : \Gamma(Y, \mathcal{G}) \to \Gamma(Y, \mathcal{G}')$ ist offensichtlich ein $\Gamma(Y, \mathcal{A})$-Homomorphismus. Für jeden Isomorphismus h ist $h : G \to G'$ eineindeutig, also ein Homöomorphismus, da h nach Satz 3.2 eine offene Abbildung ist.

Die folgenden Hilfssätze werden uns des öfteren wichtige Dienste leisten.

Hilfssatz 3.3. $\mathcal{G} = (G, \pi, X)$ *und* $\mathcal{G}' = (G', \pi', X)$ *seien Garben von Mengen über* X, *und* $h : G \to G'$ *sei eine Abbildung mit* $\pi' h = \pi$. *Ist jeder Punkt von* G *in einer Schnittfläche* $\sigma(U)$ *von* $\mathcal{G}$ *enthalten, die durch* h *auf eine Schnittfläche* $\sigma'(U)$ *von* $\mathcal{G}'$ *abgebildet wird, so ist* h *stetig.*

Beweis: $\sigma(U)$ werde durch h auf die Schnittfläche $\sigma'(U)$ abgebildet. Dann ist $h|\sigma(U)$ wegen $h|\sigma(U) = \sigma'\pi|\sigma(U)$ stetig. $h : G \to G'$ ist also eine lokal stetige Abbildung, woraus die Behauptung folgt.

Hilfssatz 3.4. $\mathcal{G} = (G, \pi, X)$ *und* $\mathcal{G}' = (G', \pi', X)$ *seien* $\mathcal{A}$*-Garben,* $h : \mathcal{G} \to \mathcal{G}'$ *sei ein Epimorphismus und* $\sigma' \in \Gamma(X, \mathcal{G}')$. *Dann gibt es zu jedem* $x \in X$ *eine Umgebung* $V(x)$ *und ein* $\sigma_x \in \Gamma(V(x), \mathcal{G})$ *mit* $h\sigma_x = \sigma' | V(x)$.

Beweis: Da $h : \mathcal{G} \to \mathcal{G}'$ als epimorph vorausgesetzt wurde, gibt es ein $g_x \in \mathcal{G}_x$ mit $h(g_x) = \sigma'(x)$. Nach Satz 2.11 existiert eine Schnittfläche $\tau_x(U)$ in $\mathcal{G}$, die g_x enthält. Die Schnitte $h\tau_x$ und σ' stimmen dann im Punkte x überein, also gibt es nach Satz 2.13 eine Umgebung $V(x)$ von x mit $h\tau_x | V(x) = \sigma' | V(x)$. $\sigma_x = \tau_x | V(x)$ besitzt dann die im Satz behauptete Eigenschaft.

Definition 3.5. $\mathcal{G} = (G, \pi, X)$ *sei eine* $\mathcal{A}$*-Garbe. Das Tripel* $\mathcal{G}' = (G', \pi', X)$ *heißt* Untergarbe *von* $\mathcal{G}$, *wenn gilt:*

1) G' *ist ein offener Teilraum von* G.
2) π' *ist die Einschränkung von* π *auf* G' *und bildet* G' *auf* X *ab.*
3) $\pi'^{-1}(x)$ *ist für jedes* $x \in X$ *ein* $\mathcal{A}_x$*-Untermodul von* $\mathcal{G}_x$.

Wir müssen uns nun davon überzeugen, daß Untergarben von $\mathcal{A}$-Garben wieder $\mathcal{A}$-Garben sind.

Satz 3.6. *Jede Untergarbe einer* $\mathcal{A}$*-Garbe ist eine* $\mathcal{A}$*-Garbe.*

Beweis: Wir zeigen nur, daß $\pi' : G' \to X$ ein lokaler Homöomorphismus ist. Zu $g \in G'$ gibt es nach Satz 2.11 einen Schnitt $\sigma : U \to G$ mit $g \in \sigma(U)$ (U offen in X). Dann ist $\pi | \sigma(U) : \sigma(U) \to U$ ein Homöomorphismus. Daher ist $\pi' | \sigma(U) \cap G' = \pi | \sigma(U) \cap G'$ ein Homöomorphismus von der offenen Umgebung $\sigma(U) \cap G'$ von g in G' auf die offene Umgebung $\pi'(\sigma(U) \cap G')$ von $\pi'(g)$ in X.

Für jede Untergarbe $\mathcal{G}'$ von $\mathcal{G}$ ist die Inklusion $i : G' \subset G$ offensichtlich ein Garbenhomomorphismus. Ist $\mathcal{G} = (G, \pi, X)$ eine $\mathcal{A}$-Garbe, so sei

$$G' = \{0_x \in \mathcal{G}_x, x \in X\}, \quad \pi' = \pi | G'.$$

G' ist als Nullschnittfläche von $\mathcal{G}$ in G offen (Satz 2.10). Daher ist $\mathcal{G}' = (G', \pi', X)$ eine Untergarbe von $\mathcal{G}$, die wir **Nullgarbe** nennen und mit 0 bezeichnen. 0 kann mit der konstanten Garbe $(X \times 0, \pi, X)$ identifiziert werden.

Satz 3.7. $h : \mathcal{G} \to \mathcal{G}'$ *sei ein Garbenhomomorphismus von* $\mathcal{G} = (G, \pi, X)$ *in* $\mathcal{G}' = (G', \pi', X)$. *Dann gilt:*

1) *Ist* $\tilde{G} = \{g \in G : h(g) = 0_{\pi(g)}\}$, *so bildet* $\tilde{\mathcal{G}} = (\tilde{G}, \pi | \tilde{G}, X)$ *eine Untergarbe von* $\mathcal{G}$.
2) *Ist* $\hat{G} = h(G)$, *so bildet* $\hat{\mathcal{G}} = (\hat{G}, \pi' | \hat{G}, X)$ *eine Untergarbe von* $\mathcal{G}'$.

Beweis: 1) 0 bezeichne die Nullschnittfläche von $\mathcal{G}'$. Wegen $\tilde{G} = h^{-1}(0)$ ist $\tilde{G}$ in G offen. Für jedes $x \in X$ ist $\tilde{\mathcal{G}}_x$ der Kern von h_x, also ein $\mathcal{A}_x$-Untermodul von $\mathcal{G}_x$. 2) $h(G)$ ist nach Satz 3.2 in G' offen. Für jedes $x \in X$ ist $\hat{\mathcal{G}}_x$ das Bild von h_x, also ein $\mathcal{A}_x$-Untermodul von $\mathcal{G}'_x$.

Die Garbe $\check{\mathscr{G}}$ heißt K e r n v o n h (in Zeichen: Kern h), $\hat{\mathscr{G}}$ nennt man B i l d v o n h (in Zeichen: Bild h). Der Homomorphismus $h : \mathscr{G} \to \mathscr{G}'$ ist genau dann ein Monomorphismus bzw. Epimorphismus bzw. Isomorphismus, wenn Kern $h = 0$ bzw. Bild $h = \mathscr{G}'$ bzw. Kern $h = 0$ und Bild $h = \mathscr{G}'$ ist.

Definition 3.8. *Eine endliche oder unendliche Sequenz von $\mathscr{A}$-Garben und Homomorphismen*

$$\cdots \to \mathscr{G}^{q-1} \xrightarrow{h^{q-1}} \mathscr{G}^q \xrightarrow{h^q} \mathscr{G}^{q+1} \to \cdots$$

heißt exakt an der Stelle $\mathscr{G}^q$, *wenn* Bild $h^{q-1} = $ Kern h^q. *Die Sequenz heißt* exakt, *wenn sie an jeder mittleren Stelle exakt ist.*

Die obige Sequenz ist offenbar genau dann exakt, wenn für jedes $x \in X$ die Sequenz der Halme

$$\cdots \to \mathscr{G}^{q-1}_x \xrightarrow{h^{q-1}_x} \mathscr{G}^q_x \xrightarrow{h^q_x} \mathscr{G}^{q+1}_x \to \cdots$$

exakt ist.

Satz 3.9. $\qquad\qquad 0 \to \mathscr{G}' \xrightarrow{h'} \mathscr{G} \xrightarrow{h} \mathscr{G}'' \to 0$

sei eine exakte Sequenz von $\mathscr{A}$-Garben. Dann ist für jeden Teilraum Y von X auch die induzierte Sequenz

$$0 \to \Gamma(Y, \mathscr{G}') \xrightarrow{h'_Y} \Gamma(Y, \mathscr{G}) \xrightarrow{h_Y} \Gamma(Y, \mathscr{G}'')$$

exakt.

B e w e i s : Die Exaktheit an der Stelle $\Gamma(Y, \mathscr{G}')$ ist unmittelbar klar, ebenso die Richtigkeit von Bild $h'_Y \subset$ Kern h_Y. Es bleibt nur noch zu zeigen, daß Kern $h_Y \subset$ Bild h'_Y. Aus $h_Y(\sigma) = 0$ $(\sigma \in \Gamma(Y, \mathscr{G}))$ folgt $h_x \sigma(x) = 0$ für alle $x \in Y$. Nach Voraussetzung gibt es für jedes $x \in Y$ ein $g'_x \in \mathscr{G}'_x$ mit $h'_x(g'_x) = \sigma(x)$. Definiert man $\tau : Y \to G'$ durch $\tau(x) = g'_x (x \in Y)$, so folgt $\tau \in \Gamma(Y, \mathscr{G}')$, da h' ein Homöomorphismus von G' auf $h'(G')$ ist. Aus $h'_Y(\tau) = \sigma$ ergibt sich schließlich die Behauptung.

Es sei noch darauf hingewiesen, daß aus der Exaktheit der Sequenz $0 \to \mathscr{G}' \to \mathscr{G} \to \mathscr{G}''$ $\to 0$ nicht mehr die Exaktheit von $0 \to \Gamma(U, \mathscr{G}') \to \Gamma(U, \mathscr{G}) \to \Gamma(U, \mathscr{G}'') \to 0$ zu folgen braucht. Vgl. dazu § 6, Beispiel 6.1.

§ 4 Garbendaten

Die in den verschiedenen mathematischen Disziplinen auftretenden Garben werden vielfach mit Hilfe von Garbendaten konstruiert, denen wir uns nun zuwenden wollen.

Definition 4.1. *Jeder offenen Menge U des topologischen Raumes X sei ein Ring A_U und ein A_U-Modul G_U zugeordnet, ferner gebe es für jedes Paar U, V offener Mengen von*

X *mit* $V \subset U$ *einen Homomorphismus* $r_U^V : (A_U, G_U) \to (A_V, G_V)$. $\{A_U, G_U, r_U^V\}$ *heißt* Garbendatum von A_U-Moduln über X, *wenn gilt:*

1) *Ist* $U = \emptyset$, *so ist* $A_U = 0$, $G_U = 0$.
2) $r_U^U = \mathrm{id}$.
3) *Für* $W \subset V \subset U$ *gilt* $r_V^W r_U^V = r_U^W$.

Um ein Garbendatum anzugeben, brauchen die A_U, G_U und r_U^V nur für nichtleere U und V definiert zu werden.

Wir betrachten noch einige Spezialfälle dieser Definition. Dazu bezeichnen wir mit Ω die Menge der offenen Teilmengen von X. Ist B ein Ring, $A_U = B$ für alle $U \in \Omega (U \neq \emptyset)$ und $\bar{r}_U^V = \mathrm{id}_B$ ($V \subset U$; $U, V \in \Omega$; $V \neq \emptyset$), so spricht man von einem **Garbendatum von B-Moduln**. Ein Garbendatum von $\mathbf{Z}$-Moduln bezeichnet man als **Garbendatum von abelschen Gruppen**. Ist schließlich $A_U = G_U$ für alle $U \in \Omega$ und $\bar{r}_U^V = r_U^V$ ($V \subset U$; $U, V \in \Omega$), so hat man ein **Garbendatum von Ringen**.

Beispiel 4.2. $\mathscr{G}$ sei eine $\mathscr{A}$-Garbe. Für jedes $U \in \Omega$ setzen wir $A_U = \Gamma(U, \mathscr{A})$ und $G_U = \Gamma(U, \mathscr{G})$. In § 2 haben wir gesehen, daß man G_U in natürlicher Weise als A_U-Modul auffassen kann. Für $V \subset U (V \neq \emptyset)$ sei $\bar{r}_U^V : A_U \to A_V$ bzw. $r_U^V : G_U \to G_V$ derjenige Homomorphismus, der jedem Schnitt von $\mathscr{A}$ bzw. $\mathscr{G}$ über U seine Einschränkung auf V zuordnet. $\bar{r}_U^V$ und r_U^V nennt man daher **Restriktionshomomorphismen**. Schließlich sei $\bar{r}_U^V = 0, r_U^V = 0$, wenn $V = \emptyset$. Dann ist $\{\Gamma(U, \mathscr{A}), \Gamma(U, \mathscr{G}), r_U^V\}$ ein Garbendatum, das man als **kanonisches Garbendatum von $\mathscr{G}$** bezeichnet.

Wir wollen nun zeigen, wie man aus einem Garbendatum $\{A_U, G_U, r_U^V\}$ von A_U-Moduln eine $\mathscr{A}$-Garbe gewinnen kann. Dazu bezeichnen wir mit Ω_x die Menge der offenen Umgebungen von $x \in X$. Ω_x ist bezüglich der mengentheoretischen Beziehung $\supset$ gerichtet (vgl. Beispiel 1.3). Dann ist $\{A_U, G_U, r_U^V\}$ ($U \in \Omega_x$) ein direktes System von A_U-Moduln über Ω_x (vgl. Definition 1.8). Durch Übergang zum direkten Limes erhält man den Ring $\mathscr{A}_x = \lim\limits_{\overrightarrow{U \in \Omega_x}} A_U$, den $\mathscr{A}_x$-Modul $\mathscr{G}_x = \lim\limits_{\overrightarrow{U \in \Omega_x}} G_U$ und den kanonischen Homomorphismus $r_U^x : (A_U, G_U) \to (\mathscr{A}_x, \mathscr{G}_x)$. Ist $a \in A_U$, so heißt $a_x = \bar{r}_U^x(a) \in \mathscr{A}_x$ **Keim von a in x**. Für $a \in A_U$ und $a' \in A_V$ ($U, V \in \Omega_x$) gilt $a_x = a'_x$ genau dann, wenn ein in $U \cap V$ enthaltenes $W \in \Omega_x$ existiert mit $\bar{r}_U^W(a) = \bar{r}_V^W(a')$. Entsprechend definiert man Keime von Elementen aus G_U. Wir setzen $A = \bigcup\limits_{x \in X} \mathscr{A}_x$ und $G = \bigcup\limits_{x \in X} \mathscr{G}_x$ (man bilde jeweils die punktfremde Vereinigung) und definieren $\tau : A \to X$ bzw. $\pi : G \to X$ durch $\tau(a_x) = x$ bzw. $\pi(g_x) = x$ ($a_x \in \mathscr{A}_x$, $g_x \in \mathscr{G}_x$). Unser Ziel ist es nun, A und G mit einer geeigneten Topologie zu versehen, so daß die Tripel (A, τ, X) und (G, π, X) eine $\mathscr{A}$-Garbe bilden. Ist $a \in A_U$, $g \in G_U$ (U offen in X), so sei

$$a_U = \{\bar{r}_U^x(a), x \in U\}, \quad g_U = \{r_U^x(g), x \in U\}.$$

Wir beweisen zunächst den

Hilfssatz 4.3. *Ist* $a_U \cap a'_V \neq \emptyset$ *und* $p \in a_U \cap a'_V$, *so gibt es ein* $\hat{a}_W$ *mit* $p \in \hat{a}_W \subset a_U \cap a'_V$.

Beweis: Ist $y = \tau(p)$, so gilt wegen $p \in a_U \cap a'_V$

$$p = \bar{r}_U^y(a) = \bar{r}_V^y(a') \qquad (a \in A_U, a' \in A_V).$$

Dann gibt es ein $W \in \Omega_y$ mit $W \subset U \cap V$, so daß $\bar{r}_U^W(a) = \bar{r}_V^W(a')$. Wir setzen $\hat{a} = \bar{r}_U^W(a)$ $= \bar{r}_V^W(a')$ und haben für alle $x \in W$

$$\bar{r}_W^x(\hat{a}) = \bar{r}_W^x \bar{r}_U^W(a) = \bar{r}_U^x(a),$$

d. h. $\hat{a}_W \subset a_U$; ebenso findet man $\hat{a}_W \subset a'_V$. Hieraus ergibt sich schließlich die Behauptung.

Ein entsprechendes Resultat gilt für die g_U. Wegen Hilfssatz 4.3 können wir die a_U bzw. g_U als Basis einer Topologie auf A bzw. G wählen. Man hat dann

Satz 4.4. *Ist* $\{A_U, G_U, r_U^V\}$ *ein Garbendatum von* A_U*-Moduln über* X, *so ist* $\mathscr{A} = (A, \tau, X)$ *eine Garbe von Ringen und* $\mathscr{G} = (G, \pi, X)$ *eine* $\mathscr{A}$*-Garbe über* X.

Beweis: 1) Wir beweisen zunächst, daß $\tau : A \to X$ ein lokaler Homöomorphismus ist. Jedem $a \in A_U$ ordnen wir eine Abbildung $\tilde{a} : U \to A$ zu, die durch $\tilde{a}(x) = \bar{r}_U^x(a)$ $(x \in U)$ erklärt sei. Ist $y \in U$ und $\tilde{a}(y) \in a'_V$ $(a' \in A_V)$, so gilt $\bar{r}_U^y(a) = \bar{r}_V^y(a')$. Dann gibt es ein $W \in \Omega_y$ mit $W \subset U \cap V$, so daß $\bar{r}_U^W(a) = \bar{r}_V^W(a')$. Wegen $\bar{r}_U^x(a) = \bar{r}_W^x \bar{r}_U^W(a)$ $= \bar{r}_W^x \bar{r}_V^W(a') = \bar{r}_V^x(a')$ $(x \in W)$ ist $\tilde{a}(W) \subset a'_V$. Damit haben wir gezeigt, daß $\tilde{a}$ eine stetige Abbildung ist. $\tilde{a}$ ist aber auch offen, denn für jede in U offene Teilmenge V gilt

$$\tilde{a}(V) = \{\bar{r}_U^x(a), x \in V\} = \{\bar{r}_V^x \bar{r}_U^V(a), x \in V\} = (\bar{r}_U^V(a))_V.$$

Daher ist $\tilde{a} : U \to \tilde{a}(U) = a_U$ ein Homöomorphismus mit der Inversen $\tau|a_U : a_U \to U$.

2) Als nächstes zeigen wir, daß die durch die Zuordnung $(a_1, a_2) \to a_1 - a_2$ $(a_1, a_2 \in A)$ definierte Abbildung $f : A \circ A \to A$ stetig ist. $y \in X$ sei fest gewählt, und a_y, a'_y seien Elemente aus $\mathscr{A}_y$, d. h.

$$a_y = \bar{r}_U^y(a), \qquad a'_y = \bar{r}_{U'}^y(a') \qquad (a \in A_U, a' \in A_{U'}).$$

Ist $f(a_y, a'_y) \in a''_{U''}(a'' \in A_{U''})$, so gilt $a_y - a'_y = \bar{r}_{U''}^y(a'')$. Nach Definition von $\mathscr{A}_y$ gibt es ein $V \in \Omega_y$ mit $V \subset U \cap U' \cap U''$, so daß

$$\bar{r}_U^V(a) - \bar{r}_{U'}^V(a') = \bar{r}_{U''}^V(a'').$$

$W = \{(\bar{r}_U^x(a), \bar{r}_{U'}^x(a')), x \in V\}$ ist eine Umgebung von (a_y, a'_y) in $A \circ A$. Aus

$$f(\bar{r}_U^x(a), \bar{r}_{U'}^x(a')) = \bar{r}_U^x(a) - \bar{r}_{U'}^x(a') = \bar{r}_V^x(\bar{r}_U^V(a) - \bar{r}_{U'}^V(a')) = \bar{r}_V^x \bar{r}_{U''}^V(a'') = \bar{r}_{U''}^x(a'') \in a''_{U''}$$

$$(x \in V)$$

ergibt sich dann die Stetigkeit von f.

3) Die Stetigkeit der durch die Zuordnung $(a_1, a_2) \to a_1 a_2$ definierten Abbildung $k : A \circ A \to A$ beweist man wie die Stetigkeit von f.

4) Wir zeigen nun, daß $\psi : X \to A$ mit $\psi(x) = 1_x$ stetig ist (1_x das Einselement von $\mathscr{A}_x$). $y \in X$ sei fest und $\psi(y) \in a_U (a \in A_U)$, d. h. $1_y = \bar{r}_U^y(a)$. Dann existiert ein $V \in \Omega_y$ mit $V \subset U$, so daß $\bar{r}_U^V(a) = 1_V$, wobei 1_V das Einselement von A_V bezeichne. Wegen

$$\psi(x) = 1_x = \bar{r}_V^x(1_V) = \bar{r}_V^x \bar{r}_U^V(a) = \bar{r}_U^x(a) \qquad (x \in V)$$

hat man $\psi(V) \subset a_U$, d. h. ψ ist stetig. Hieraus folgt zusammen mit 1) bis 3), daß $\mathscr{A} = (A, \tau, X)$ eine Garbe von Ringen über X ist.

5) Um zu beweisen, daß $\pi : G \to X$ ein lokaler Homöomorphismus und die Subtraktion in $\mathscr{G}$ sowie die durch die Zuordnung $(a, g) \to ag$ erklärte Abbildung $A \circ G \to G$ stetig ist, braucht man nur die Beweise 1) und 2) auf den vorliegenden Fall zu übertragen. Damit ist der Satz vollständig bewiesen.

Wir wollen noch bemerken, daß die im Beweis auftretenden Abbildungen $\tilde{a} : U \to A$ Schnitte in $\mathscr{A}$ sind. Ebenso ist die durch $\tilde{g}(x) = r_U^x(g)$ ($g \in G_U, x \in U$) definierte Abbildung $\tilde{g} : U \to G$ ein Schnitt in $\mathscr{G}$. Ist $\{\Gamma(U, \mathscr{A}), \Gamma(U, \mathscr{G}), r_U^V\}$ das kanonische Garbendatum einer $\mathscr{A}$-Garbe $\mathscr{G}$, so erhält man durch Anwendung der obigen Konstruktion die Garbe $\mathscr{G}$ wieder zurück. Der Beweis dieser Tatsache ergibt sich leicht aus den Sätzen 2.11 und 2.13.

Beispiel 4.5. Für jedes $U \in \Omega (U \neq \emptyset)$ sei $G_U = H$ (H eine abelsche Gruppe) und $r_U^V : G_U \to G_V (V \subset U, V \neq \emptyset)$ die Identität von H. $\{G_U, r_U^V\}$ ist dann ein Garbendatum abelscher Gruppen. Wir untersuchen nun die durch $\{G_U, r_U^V\}$ definierte Garbe $\mathscr{G} = (G, \pi, X)$. Wegen $\mathscr{G}_x = \varinjlim_{U \in \Omega_x} G_U = H$ ist $G = X \times H$, und es gilt $\pi(x, h) = x$. Die Mengen $U \times h (U \in \Omega, h \in H)$ bilden eine Basis der Topologie von G, d. h. G ist das topologische Produkt von X und H, H versehen mit der diskreten Topologie. Das obige Garbendatum definiert also eine konstante Garbe.

$\{G_U, r_U^V\}$ sei ein Garbendatum von abelschen Gruppen über X, $\mathscr{G} = (G, \pi, X)$ die zugehörige Garbe, $\{\Gamma(U, \mathscr{G}), r_U'^V\}$ das kanonische Garbendatum von $\mathscr{G}$ und $r_U^x : G_U \to \mathscr{G}_x$ der kanonische Homomorphismus. Ist $g \in G_U$, so bezeichne $\tilde{g} : U \to G$ wieder den Schnitt $\tilde{g}(x) = r_U^x(g)$. Die Zuordnung $g \to \tilde{g}$ definiert dann einen Homomorphismus $r_U : G_U \to \Gamma(U, \mathscr{G})$.

Hilfssatz 4.6. *Ist $V \subset U$, so ist das Diagramm*

$$
\begin{array}{ccc}
G_U & \xrightarrow{r_U} & \Gamma(U, \mathscr{G}) \\
{\scriptstyle r_U^V}\big\downarrow & & \big\downarrow{\scriptstyle r_U'^V} \\
G_V & \xrightarrow[r_V]{} & \Gamma(V, \mathscr{G})
\end{array}
$$

kommutativ.

Beweis: Für jedes $x \in V$ gilt

$$(r_U'^V r_U(g))(x) = (r_U(g))(x) = r_U^x(g) = r_V^x r_U^V(g) = (r_V r_U^V(g))(x).$$

Wir fragen nun, unter welchen Bedingungen r_U ein Isomorphismus ist. Diese Frage wird durch die beiden folgenden Sätze beantwortet:

Satz 4.7. *Der Homomorphismus* $r_U : G_U \to \Gamma(U, \mathscr{G})$ *ist genau dann injektiv, wenn die folgende Bedingung erfüllt ist:*

(G 1) *Ist* $g \in G_U$ *und ist* $\{U_i\}_{i \in I}$ *eine Familie von offenen Teilmengen von* X *mit* $U = \bigcup_{i \in I} U_i$, *so daß für alle* $i \in I$ *gilt* $r_U^{U_i}(g) = 0$, *so ist* $g = 0$.

Beweis: Zunächst sei (G 1) erfüllt. Ist $r_U(g) = 0 (g \in G_U)$, so gilt für jedes $x \in U$ $r_U^x(g) = 0$. Nach Definition von $\mathscr{G}_x$ existiert für jedes $x \in U$ ein $U_x \in \Omega_x$ mit $U_x \subset U$, so daß $r_U^{U_x}(g) = 0$. Nach (G 1) folgt hieraus $g = 0$, r_U ist also injektiv. Umgekehrt sei r_U injektiv und g ein Element aus G_U mit $r_U^{U_i}(g) = 0$ für alle $i \in I$. Für jedes $x \in X$ ist $r_U^x(g) = r_{U_i}^x r_U^{U_i}(g) = 0$ (i geeignet), d. h. $r_U(g) = 0$. Da r_U injektiv sein sollte, folgt hieraus $g = 0$, also ist Bedingung (G 1) erfüllt.

Satz 4.8. *Für jede in der offenen Menge* U *enthaltene offene Menge* V *sei* $r_V : G_V \to \Gamma(V, \mathscr{G})$ *injektiv.* $r_U : G_U \to \Gamma(U, \mathscr{G})$ *ist genau dann surjektiv (und damit bijektiv), wenn die folgende Bedingung erfüllt ist:*

(G 2) *Ist* $\{U_i\}_{i \in I}$ *eine Familie von offenen Teilmengen von* X *mit* $U = \bigcup_{i \in I} U_i$ *und sind Elemente* $g_i \in G_{U_i}$ *gegeben, so daß für alle Paare* (i, j) *gilt* $r_{U_i}^{U_i \cap U_j}(g_i) = r_{U_j}^{U_i \cap U_j}(g_j)$, *so gibt es ein* $g \in G_U$ *mit* $r_U^{U_i}(g) = g_i$ *für alle* $i \in I$.

Beweis: 1) Wir nehmen an, daß (G 2) erfüllt ist. $s \in \Gamma(U, \mathscr{G})$ sei vorgegeben. Für jedes $x \in U$ läßt sich $s(x) \in \mathscr{G}_x$ in der Form

$$s(x) = r_{V_x}^x(f^x) \qquad (f^x \in G_{V_x})$$

darstellen mit $x \in V_x \subset U$. Für den durch f^x definierten Schnitt $\tilde{f}^x : V_x \to G$ gilt offensichtlich $s(x) = \tilde{f}^x(x)$. Nach Satz 2.13 gibt es eine offene Teilmenge U_x mit $x \in U_x \subset V_x$, so daß $s | U_x = \tilde{f}^x | U_x$. Daher hat man für alle $z \in U_x$

$$s(z) = \tilde{f}^x(z) = r_{V_x}^z(f^x) = r_{U_x}^z(g^x),$$

wobei $g^x = r_{V_x}^{U_x}(f^x)$. Wir zeigen nun, daß die $g^x \in G_{U_x} (x \in U)$ die Verträglichkeitseigenschaft von (G 2) besitzen. Ist $U_x \cap U_y \neq \emptyset$, so seien $\sigma, \sigma' \in \Gamma(U_x \cap U_y, \mathscr{G})$ die Schnitte

$$\sigma = r_{U_x \cap U_y}(r_{U_x}^{U_x \cap U_y}(g^x)), \qquad \sigma' = r_{U_x \cap U_y}(r_{U_y}^{U_x \cap U_y}(g^y)).$$

Dann ist

$$\sigma(z) = r_{U_x}^z(g^x) = s(z) = r_{U_y}^z(g^y) = \sigma'(z)$$

für alle $z \in U_x \cap U_y$, d. h. σ und σ' stimmen überein. Da $r_{U_x \cap U_y}$ nach Voraussetzung injektiv ist, folgt $r_{U_x}^{U_x \cap U_y}(g^x) = r_{U_y}^{U_x \cap U_y}(g^y)$. Nach (G 2) gibt es daher ein $g \in G_U$ mit $r_U^{U_x}(g) = g^x$. Schließlich ist $r_U(g) = s$, denn

$$(r_U(g))(x) = r_U^x(g) = r_{U_x}^x r_U^{U_x}(g) = r_{U_x}^x(g^x) = s(x) \qquad (x \in U).$$

Damit haben wir gezeigt, daß r_U eine surjektive Abbildung ist.

2) Nun sei r_U surjektiv und $g_i \in G_{U_i}$ seien Elemente mit $r_{U_i}^{U_i \cap U_j}(g_i) = r_{U_j}^{U_i \cap U_j}(g_j)$ für alle Paare (i,j). Setzt man $\sigma_i = r_{U_i}(g_i) \in \Gamma(U_i, \mathscr{G})$, so gilt nach Hilfssatz 4.6

$$r'^{U_i \cap U_j}_{U_i}(\sigma_i) = r'^{U_i \cap U_j}_{U_i} r_{U_i}(g_i) = r_{U_i \cap U_j} r_{U_i}^{U_i \cap U_j}(g_i) = r_{U_i \cap U_j} r_{U_j}^{U_i \cap U_j}(g_j) = r'^{U_i \cap U_j}_{U_j} r_{U_j}(g_j)$$
$$= r'^{U_i \cap U_j}_{U_j}(\sigma_j).$$

Daher gibt es ein $\sigma \in \Gamma(U, \mathscr{G})$ mit $r'^{U_i}_U(\sigma) = \sigma_i$ für alle $i \in I$. $r_U : G_U \to \Gamma(U, \mathscr{G})$ ist nach Voraussetzung surjektiv, also existiert ein $g \in G_U$ mit $r_U(g) = \sigma$. Aus

$$r_{U_i} r_U^{U_i}(g) = r'^{U_i}_U r_U(g) = r'^{U_i}_U(\sigma) = \sigma_i = r_{U_i}(g_i)$$

und der Tatsache, daß r_{U_i} injektiv ist, folgt schließlich $r_U^{U_i}(g) = g_i$. Damit ist Bedingung (G 2) erfüllt.

Aus den beiden letzten Sätzen ergibt sich, daß eine eineindeutige Beziehung zwischen Garben und denjenigen Garbendaten besteht, die für alle U den Bedingungen (G 1) und (G 2) genügen.

§ 5 Garbendatenhomomorphismen

Definition 5.1. $\{A_U, G_U, r_U^V\}$ *und* $\{A_U, G'_U, r_U'^V\}$ *seien Garbendaten von* A_U*-Moduln über dem topologischen Raum* X *mit* $\bar{r}_U^V = \bar{r}_U'^V$ $(V \subset U)$. *Ein Homomorphismus* h *von* $\{A_U, G_U, r_U^V\}$ *in* $\{A_U, G'_U, r_U'^V\}$ *ist ein System* $\{h_U\}$ *von* A_U*-Homomorphismen* $h_U : G_U \to G'_U$ *(U offen in X), so daß die Diagramme*

$$
\begin{array}{ccc}
G_U & \xrightarrow{\;h_U\;} & G'_U \\
{\scriptstyle r_U^V} \downarrow & & \downarrow {\scriptstyle r_U'^V} \qquad (V \subset U)\\
G_V & \xrightarrow[\;h_V\;]{} & G'_V
\end{array}
$$

kommutativ sind.

Beispiel 5.2. $\mathfrak{G} = \{G_U, r_U^V\}$ sei ein Garbendatum von abelschen Gruppen über X ($A_U = \mathbf{Z}$ für alle $U \neq \emptyset$), $\mathscr{G}$ die zugehörige Garbe und $\mathfrak{G}' = \{\Gamma(U, \mathscr{G}), r_U^V\}$ das kanonische Garbendatum von $\mathscr{G}$. Nach Hilfssatz 4.6 definieren die $r_U : G_U \to \Gamma(U, \mathscr{G})$ einen Homomorphismus r von $\mathfrak{G}$ in $\mathfrak{G}'$.

Beispiel 5.3. $\mathscr{G}$ und $\mathscr{G}'$ seien $\mathscr{A}$-Garben über X und $h : \mathscr{G} \to \mathscr{G}'$ ein Garbenhomomorphismus. Für jede offene Teilmenge U von X induziert h einen $\Gamma(U, \mathscr{A})$-Homomorphismus $h_U : \Gamma(U,\mathscr{G}) \to \Gamma(U,\mathscr{G}')$ (vgl. § 3). Offenbar ist das System $\{h_U\}$ ein Homomorphismus von

$$\{\Gamma(U,\mathscr{A}), \Gamma(U,\mathscr{G}), r_U^V\} \quad \text{in} \quad \{\Gamma(U,\mathscr{A}), \Gamma(U,\mathscr{G}'), r_U'^V\}.$$

$\mathfrak{G} = \{A_U, G_U, r_U^V\}$ und $\mathfrak{G}' = \{A_U, G_U', r_U'^V\}$ seien Garbendaten mit $\bar{r}_U^V = \bar{r}_U'^V (V \subset U)$, $\mathscr{G} = (G, \pi, X)$ und $\mathscr{G}' = (G', \pi', X)$ die zugehörigen $\mathscr{A}$-Garben und $\{h_U\} : \mathfrak{G} \to \mathfrak{G}'$ ein Garbendatenhomomorphismus. $\{h_U\}$ induziert einen Garbenhomomorphismus von $\mathscr{G}$ in $\mathscr{G}'$, den wir mit h bezeichnen wollen: Für jedes $x \in X$ bilden die $h_U : G_U \to G_U'$ ($U \in \Omega_x$) ein direktes System von Homomorphismen (vgl. Definition 1.10). Durch Übergang zum direkten Limes erhält man dann den $\mathscr{A}_x$-Homomorphismus $h_x = \lim\limits_{\overrightarrow{U \in \Omega_x}} h_U : \mathscr{G}_x \to \mathscr{G}'_x$. $h : G \to G'$ erklären wir durch $h|\mathscr{G}_x = h_x (x \in X)$. Um zu zeigen, daß h eine stetige Abbildung (und damit ein Garbenhomomorphismus) ist, verwenden wir Hilfssatz 3.3. Ist $g_x \in \mathscr{G}_x$, so besitzt g_x die Darstellung $g_x = r_U^x(g)$ mit $g \in G_U$. g_x ist daher in der Schnittfläche $g_U = \{r_U^y(g), y \in U\}$ von $\mathscr{G}$ enthalten. Wegen

$$h r_U^y(g) = h_y r_U^y(g) = r_U'^y h_U(g)$$

bildet h die Schnittfläche g_U von $\mathscr{G}$ auf die Schnittfläche $(h_U(g))_U$ von $\mathscr{G}'$ ab. h ist daher nach Hilfssatz 3.3 stetig.

Beispiel 5.4. Das in Beispiel 5.2 auftretende Garbendatum $\mathfrak{G}'$ definiert die Garbe $\mathscr{G}$. Der in dem Beispiel auftretende Garbendatenhomomorphismus $r : \mathfrak{G} \to \mathfrak{G}'$ induziert daher einen Garbenhomomorphismus von $\mathscr{G}$ in $\mathscr{G}$. Man sieht leicht, daß es sich hierbei um den identischen Homomorphismus handelt.

Beispiel 5.5. Jeder Garbenhomomorphismus $h : \mathscr{G} \to \mathscr{G}'$ definiert einen Garbendatenhomomorphismus $\{h_U\}$ von $\{\Gamma(U,\mathscr{A}), \Gamma(U,\mathscr{G}), r_U^V\}$ in $\{\Gamma(U,\mathscr{A}), \Gamma(U,\mathscr{G}'), r_U'^V\}$ (Beispiel 5.3). Der durch $\{h_U\}$ induzierte Garbenhomomorphismus von $\mathscr{G}$ in $\mathscr{G}'$ ist mit h identisch.

$\mathfrak{G} = \{G_U, r_U^V\}$ und $\mathfrak{G}' = \{G_U', r_U'^V\}$ seien Garbendaten von abelschen Gruppen über X, $\mathscr{G}$ und $\mathscr{G}'$ die zugehörigen Garben und $\{h_U\}$ ein Garbendatenhomomorphismus von $\mathfrak{G}$ in $\mathfrak{G}'$. Der durch $\{h_U\}$ definierte Garbenhomomorphismus von $\mathscr{G}$ in $\mathscr{G}'$ induziert für jede offene Teilmenge U von X einen Homomorphismus $\tilde{h}_U : \Gamma(U,\mathscr{G}) \to \Gamma(U,\mathscr{G}')$ (Beispiel 5.3). Dann gilt, wie man sofort bestätigt, der

Satz 5.6 *Für jede offene Teilmenge U von X ist das Diagramm*

$$
\begin{array}{ccc}
G_U & \longrightarrow & \Gamma(U,\mathscr{G}) \\
\Big\downarrow h_U & & \Big\downarrow \tilde{h}_U \\
G_U' & \longrightarrow & \Gamma(U,\mathscr{G}')
\end{array}
$$

kommutativ.

Definition 5.7. *Eine endliche oder unendliche Sequenz von Garbendaten* $\mathfrak{G}^q = \{A_U, G_U^q, r_U^{qV}\}$ *und Homomorphismen* $\{h_U^q\}$

$$\cdots \longrightarrow \mathfrak{G}^{q-1} \xrightarrow{\{h_U^{q-1}\}} \mathfrak{G}^q \xrightarrow{\{h_U^q\}} \mathfrak{G}^{q+1} \longrightarrow \cdots$$

heißt exakt an der Stelle $\mathfrak{G}^q$, *wenn für jedes* $U \in \Omega$ *die Sequenz*

$$\cdots \longrightarrow G_U^{q-1} \xrightarrow{h_U^{q-1}} G_U^q \xrightarrow{h_U^q} G_U^{q+1} \longrightarrow \cdots$$

an der Stelle G_U^q *exakt ist. Die obige Sequenz heißt* exakt, *wenn sie an jeder mittleren Stelle exakt ist.*

$\mathscr{G}^q$ sei die durch $\mathfrak{G}^q$ definierte $\mathscr{A}$-Garbe und $h^q : \mathscr{G}^q \to \mathscr{G}^{q+1}$ der durch $\{h_U^q\}$ induzierte Garbenhomomorphismus. Aus Satz 1.14 ergibt sich dann

Satz 5.8. *Ist die Sequenz*

$$\cdots \longrightarrow \mathfrak{G}^{q-1} \xrightarrow{\{h_U^{q-1}\}} \mathfrak{G}^q \xrightarrow{\{h_U^q\}} \mathfrak{G}^{q+1} \longrightarrow \cdots$$

von Garbendaten und Homomorphismen (an der Stelle $\mathfrak{G}^q$ *) exakt, so ist auch die zugehörige Sequenz*

$$\cdots \longrightarrow \mathscr{G}^{q-1} \xrightarrow{h^{q-1}} \mathscr{G}^q \xrightarrow{h^q} \mathscr{G}^{q+1} \longrightarrow \cdots$$

(an der Stelle $\mathscr{G}^q$ *) exakt.*

Definition 5.9. $\mathfrak{G}' = \{A_U, G_U', r_U'^V\}$ und $\mathfrak{G} = \{A_U, G_U, r_U^V\}$ seien Garbendaten von A_U-Moduln über X mit $\bar{r}_U'^V = \bar{r}_U^V$. $\{A_U, G_U', r_U'^V\}$ heißt Untergarbendatum von $\{A_U, G_U, r_U^V\}$, wenn für jede offene Teilmenge U von X G_U' ein A_U-Untermodul von G_U und $r_U'^V : G_U' \to G_V'$ für jede offene Teilmenge V von U die Einschränkung von r_U^V auf G_U' ist.

Die Inklusionen $i_U : G_U' \to G_U$ definieren offenbar einen Homomorphismus von $\mathfrak{G}'$ in $\mathfrak{G}$. $\{i_U\}$ induziert einen Homomorphismus $i : \mathscr{G}' \to \mathscr{G}$, wenn $\mathscr{G}'$ und $\mathscr{G}$ die zu den Garbendaten $\mathfrak{G}'$ und $\mathfrak{G}$ gehörenden Garben bezeichnen. Aus der Exaktheit der Sequenz

$$0 \longrightarrow \mathfrak{G}' \xrightarrow{\{i_U\}} \mathfrak{G} \quad {}^1)$$

folgt nach Satz 5.8 die Exaktheit von

$$0 \longrightarrow \mathscr{G}' \xrightarrow{i} \mathscr{G},$$

d. h. $\mathscr{G}'$ ist zu einer Untergarbe von $\mathscr{G}$ isomorph.

---

^{1}) 0 bezeichne hier das Nullgarbendatum, welches jeder offenen Teilmenge U von X den Nullmodul zuordnet.

Beispiel 5.10. $h = \{h_U\}$ sei ein Garbendatenhomomorphismus von $\mathfrak{G} = \{A_U, G_U, r_U^V\}$ in $\mathfrak{G}' = \{A_U, G_U', r_U'^V\}$. Dann ist $\{A_U, h_U^{-1}(0), r_U^V|(A_U, h_U^{-1}(0))\}$ ein Untergarbendatum von $\mathfrak{G}$, das man als **Kern von** h bezeichnet. Entsprechend bezeichnet man das Untergarbendatum $\{A_U, h_U(G_U), r_U'^V|(A_U, h_U(G_U))\}$ von $\mathfrak{G}'$ als **Bild von** h.

$\mathfrak{G}' = \{A_U, G_U', r_U'^V\}$ sei ein Untergarbendatum von $\mathfrak{G} = \{A_U, G_U, r_U^V\}$, und $i_U : G_U' \to G_U$ habe wieder die obige Bedeutung. Für jedes Paar (U, V) offener Teilmengen von X mit $V \subset U$ hat man das kommutative Diagramm

$$
\begin{array}{ccccccc}
G_U' & \xrightarrow{i_U} & G_U & \xrightarrow{p_U} & G_U/G_U' & \longrightarrow & 0 \\
{\scriptstyle r_U'^V}\downarrow & & {\scriptstyle r_U^V}\downarrow & & & & \\
G_V' & \xrightarrow[i_V]{} & G_V & \xrightarrow[p_V]{} & G_V/G_V' & \longrightarrow & 0 .
\end{array}
$$

Nach Hilfssatz 1.12 existiert genau ein Homomorphismus $r_U''^V : (A_U, G_U/G_U') \to (A_V, G_V/G_V')$, so daß das Diagramm

$$
\begin{array}{ccc}
(A_U, G_U) & \xrightarrow{(\mathrm{id}_{A_U}, p_U)} & (A_U, G_U/G_U') \\
{\scriptstyle r_U^V}\downarrow & & \downarrow{\scriptstyle r_U''^V} \\
(A_V, G_V) & \xrightarrow[(\mathrm{id}_{A_V}, p_V)]{} & (A_V, G_V/G_V')
\end{array}
$$

kommutativ ist. Für $W \subset V \subset U$ gilt $r_V''^W r_U''^V = r_U''^W$, d.h. $\{A_U, G_U/G_U', r_U''^V\}$ ist ein Garbendatum, das man als **Quotientengarbendatum** $\mathfrak{G}/\mathfrak{G}'$ bezeichnet. Offensichtlich ist die Sequenz

$$
0 \longrightarrow \mathfrak{G}' \xrightarrow{\{i_U\}} \mathfrak{G} \xrightarrow{\{p_U\}} \mathfrak{G}/\mathfrak{G}' \longrightarrow 0
$$

exakt.

Bevor wir den Begriff der Quotientengarbe einführen, beweisen wir den

Hilfssatz 5.11.

$$
\begin{array}{ccccccc}
\mathscr{G}' & \xrightarrow{h'} & \mathscr{G} & \xrightarrow{h} & \mathscr{G}'' & \longrightarrow & 0 \\
{\scriptstyle \varphi'}\downarrow & & {\scriptstyle \varphi}\downarrow & & & & \\
\tilde{\mathscr{G}}' & \xrightarrow[\tilde{h}']{} & \tilde{\mathscr{G}} & \xrightarrow[\tilde{h}]{} & \tilde{\mathscr{G}}'' & \longrightarrow & 0
\end{array}
$$

sei ein kommutatives Diagramm von $\mathscr{A}$-Garben über X und Garbenhomomorphismen mit exakten Zeilen. Dann gibt es genau einen Garbenhomomorphismus $\varphi'' : \mathscr{G}'' \to \tilde{\mathscr{G}}''$, so daß das ergänzte Diagramm kommutativ ist.

Beweis: Für jedes $x \in X$ hat man das kommutative Diagramm

$$\begin{array}{ccccccc}
\mathcal{G}'_x & \xrightarrow{h'_x} & \mathcal{G}_x & \xrightarrow{h_x} & \mathcal{G}''_x & \longrightarrow & 0 \\
\Big\downarrow{\varphi'_x} & & \Big\downarrow{\varphi_x} & & & & \\
\tilde{\mathcal{G}}'_x & \xrightarrow[\tilde{h}'_x]{} & \tilde{\mathcal{G}}_x & \xrightarrow[\tilde{h}_x]{} & \tilde{\mathcal{G}}''_x & \longrightarrow & 0
\end{array}$$

von $\mathcal{A}_x$-Moduln und $\mathcal{A}_x$-Homomorphismen. Nach Hilfssatz 1.12 gibt es genau einen $\mathcal{A}_x$-Homomorphismus $\varphi''_x : \mathcal{G}''_x \to \tilde{\mathcal{G}}''_x$, so daß $\varphi''_x h_x = \tilde{h}_x \varphi_x$. $\varphi'' : G'' \to \tilde{G}''$ definieren wir durch $\varphi'' | \mathcal{G}''_x = \varphi''_x$. Um zu zeigen, daß φ'' stetig (und damit ein Garbenhomomorphismus) ist, verwenden wir wieder Hilfssatz 3.3. Ist $g''_x \in \mathcal{G}''_x$, so besitzt g''_x die Darstellung $g''_x = h_x(g_x)$ $(g_x \in \mathcal{G}_x)$. Zu g_x gibt es nach Satz 2.11 eine Schnittfläche $\sigma(U)$ in $\mathcal{G}$ mit $\sigma(x) = g_x$. $h\sigma(U)$ ist dann eine Schnittfläche in $\mathcal{G}''$, die g''_x enthält. $h\sigma(U)$ wird durch φ'' auf die Schnittfläche $\tilde{h}\varphi\sigma(U)$ von $\tilde{\mathcal{G}}''$ abgebildet, d.h. φ'' ist nach Hilfssatz 3.3 stetig.

Bemerkung 5.12. Ist φ ein Isomorphismus und φ' ein Epimorphismus, so ist φ'' ein Isomorphismus. Dies ist eine unmittelbare Folgerung aus Hilfssatz 1.13.

Satz 5.13. *Ist* $\mathcal{G}' = (G', \pi', X)$ *eine Untergarbe der* $\mathcal{A}$-*Garbe* $\mathcal{G} = (G, \pi, X)$, *so gibt es bis auf Isomorphie genau eine* $\mathcal{A}$-*Garbe* $\mathcal{G}''$ *über* X, *die mit* $\mathcal{G}'$ *und* $\mathcal{G}$ *die exakte Sequenz*

$$0 \longrightarrow \mathcal{G}' \xrightarrow{i} \mathcal{G} \xrightarrow{p} \mathcal{G}'' \longrightarrow 0$$

bildet, wobei i die Einbettung von $\mathcal{G}'$ *in* $\mathcal{G}$ *bezeichnet.*

Beweis: 1) Wir beweisen zunächst die Existenz von $\mathcal{G}''$. Für jede offene Teilmenge U von X ist $\Gamma(U, \mathcal{G}')$ ein $\Gamma(U, \mathcal{A})$-Untermodul von $\Gamma(U, \mathcal{G})$.

$$r'^V_U : (\Gamma(U, \mathcal{A}), \Gamma(U, \mathcal{G}')) \to (\Gamma(V, \mathcal{A}), \Gamma(V, \mathcal{G}'))$$

bezeichne die Einschränkung von

$$r^V_U : (\Gamma(U, \mathcal{A}), \Gamma(U, \mathcal{G})) \longrightarrow (\Gamma(V, \mathcal{A}), \Gamma(V, \mathcal{G}))$$

auf $(\Gamma(U, \mathcal{A}), \Gamma(U, \mathcal{G}'))$. Dann ist $\mathfrak{G}' = \{\Gamma(U, \mathcal{A}), \Gamma(U, \mathcal{G}'), r'^V_U\}$ ein Untergarbendatum von $\mathfrak{G} = \{\Gamma(U, \mathcal{A}), \Gamma(U, \mathcal{G}), r^V_U\}$. $\mathcal{G}''$ sei nun die zu dem Quotientengarbendatum $\mathfrak{G}/\mathfrak{G}'$ gehörende $\mathcal{A}$-Garbe. Aus der Exaktheit der Sequenz

$$0 \longrightarrow \mathfrak{G}' \xrightarrow{\{i_U\}} \mathfrak{G} \xrightarrow{\{p_U\}} \mathfrak{G}'' \longrightarrow 0$$

von Garbendaten ergibt sich nach Satz 5.8 die Exaktheit von

$$0 \longrightarrow \mathcal{G}' \xrightarrow{i} \mathcal{G} \xrightarrow{p} \mathcal{G}'' \longrightarrow 0.$$

2) Wir haben noch zu zeigen, daß $\mathscr{G}''$ bis auf Isomorphie eindeutig bestimmt ist. $\mathscr{G}''$ und $\tilde{\mathscr{G}}''$ seien $\mathscr{A}$-Garben, die mit $\mathscr{G}'$ und $\mathscr{G}$ eine kurze exakte Sequenz bilden. Das kommutative Diagramm

$$\begin{array}{ccccccccc} 0 & \longrightarrow & \mathscr{G}' & \longrightarrow & \mathscr{G} & \longrightarrow & \mathscr{G}'' & \longrightarrow & 0 \\ & & & & \mathrm{id}\Big\downarrow & & \mathrm{id}\Big\downarrow & & \\ 0 & \longrightarrow & \mathscr{G}' & \longrightarrow & \mathscr{G} & \longrightarrow & \tilde{\mathscr{G}}'' & \longrightarrow & 0 \end{array}$$

läßt sich nach Hilfssatz 5.11 durch einen Homomorphismus $\varphi'' : \mathscr{G}'' \to \tilde{\mathscr{G}}''$ zu einem kommutativen Diagramm ergänzen. Nach Bemerkung 5.12 ist φ'' sogar ein Isomorphismus, woraus die Behauptung folgt.

Die soeben konstruierte Garbe heißt Quotientengarbe, die wir mit $\mathscr{G}/\mathscr{G}'$ bezeichnen wollen. Für jedes $x \in X$ ist offensichtlich $(\mathscr{G}/\mathscr{G}')_x \cong \mathscr{G}_x/\mathscr{G}'_x$.

$\mathscr{G}/\mathscr{G}'$ kann auch ohne Benutzung von Garbendaten konstruiert werden. Ist $G'' = \bigcup_{x \in X} \mathscr{G}_x/\mathscr{G}'_x$, so seien $p : G \to G''$ und $\pi'' : G'' \to X$ die kanonischen Projektionen. Versieht man G'' mit der Identifikationstopologie bezüglich p, dann ist (G'', π'', X) die Quotientengarbe $\mathscr{G}/\mathscr{G}'$.

§ 6 Beispiele

Beispiel 6.1. Für jede nichtleere offene Teilmenge U des topologischen Raumes X sei C_U die abelsche Gruppe der auf U definierten stetigen komplexwertigen Funktionen. $r_U^V : C_U \to C_V \,(V \subset U)$ sei derjenige Homomorphismus, der jeder Funktion aus C_U ihre Einschränkung auf V zuordnet. $\{C_U, r_U^V\}$ ist offenbar ein Garbendatum, dessen zugehörige Garbe mit $\mathscr{C}$ bezeichnet werde. $\mathscr{C}$ heißt Garbe der Keime von lokalen stetigen komplexwertigen Funktionen. Man sieht leicht, daß $\{C_U, r_U^V\}$ den Bedingungen (G 1) und (G 2) von § 4 genügt, d. h. für jede nichtleere offene Teilmenge U von X gilt $C_U \cong \Gamma(U, \mathscr{C})$.

Als nächstes ordnen wir jeder nichtleeren offenen Teilmenge U von X die abelsche Gruppe $\tilde{C}_U$ der auf U definierten nicht-verschwindenden stetigen komplexwertigen Funktionen zu. Die Gruppenoperation ist in diesem Falle die gewöhnliche Multiplikation. $\tilde{r}_U^V : \tilde{C}_U \to \tilde{C}_V \,(V \subset U)$ sei der Restriktionshomomorphismus. Die durch das Garbendatum $\{\tilde{C}_U, \tilde{r}_U^V\}$ definierte Garbe $\tilde{\mathscr{C}}$ heißt Garbe der Keime von lokalen nicht-verschwindenden stetigen komplexwertigen Funktionen. $\{\tilde{C}_U, \tilde{r}_U^V\}$ genügt wieder den Bedingungen (G 1) in Satz 4.7 und (G 2) in Satz 4.8. $h_U : C_U \to \tilde{C}_U$ sei die Abbildung, die jeder Funktion $f \in C_U$ die Funktion $\mathrm{e}^{2\pi i f} \in \tilde{C}_U$ zuordnet. Aus dem Additionstheorem der e-Funktion folgt sofort, daß h_U ein Homomorphismus ist. Die h_U bilden einen Homomorphismus von $\{C_U, r_U^V\}$ in $\{\tilde{C}_U, \tilde{r}_U^V\}$, der einen Garbenhomomorphismus $h : \mathscr{C} \to \tilde{\mathscr{C}}$ induziert.

Die konstante Garbe $\mathscr{Z} = (X \times \mathbf{Z}, \pi, X)$ ist eine Untergarbe von $\mathscr{C}$. Wir wollen nun beweisen, daß die Sequenz

$$ 0 \longrightarrow \mathscr{Z} \xrightarrow{\ i\ } \mathscr{C} \xrightarrow{\ h\ } \widetilde{\mathscr{C}} \longrightarrow 0 $$

exakt ist. Dies bedeutet nach Satz 5.13, daß $\widetilde{\mathscr{C}}$ zu der Quotientengarbe $\mathscr{C}/\mathscr{Z}$ isomorph ist. Zum Nachweis der obigen Behauptung gehen wir von der exakten Sequenz

$$ 0 \longrightarrow \Gamma(U,\mathscr{Z}) \longrightarrow \Gamma(U,\mathscr{C}) \xrightarrow{\ h_U\ } \Gamma(U,\widetilde{\mathscr{C}}) $$

aus. Nach Satz 5.8 ist damit auch die Sequenz

$$ 0 \longrightarrow \mathscr{Z} \xrightarrow{\ i\ } \mathscr{C} \xrightarrow{\ h\ } \widetilde{\mathscr{C}} $$

exakt. Wir haben noch zu zeigen, daß h ein Epimorphismus ist. $\tilde{f}_x$ sei der Keim von $\tilde{f} \in \widetilde{C}_U$ im Punkte x. O. B. d. A. können wir annehmen, daß $\tilde{f}(U)$ in einer Umgebung von $\tilde{f}(x)$ enthalten ist, in der man für $\log z$ einen eindeutigen Zweig wählen kann.

$f = \dfrac{1}{2\pi i}\log \tilde{f}$ ist eine stetige Funktion auf U mit $h(f_x) = \tilde{f}_x$, wobei f_x den Keim von f in x bezeichne. Damit ist die obige Behauptung bewiesen.

Am Ende von § 3 haben wir darauf hingewiesen, daß aus der Exaktheit der Sequenz $0 \to \mathscr{G}' \to \mathscr{G} \to \mathscr{G}'' \to 0$ nicht die Exaktheit von $0 \to \Gamma(U,\mathscr{G}') \to \Gamma(U,\mathscr{G}) \to \Gamma(U,\mathscr{G}'')$ $\to 0$ zu folgen braucht. Diesen Sachverhalt wollen wir an dem Beispiel

$$ 0 \longrightarrow \mathscr{Z} \longrightarrow \mathscr{C} \longrightarrow \widetilde{\mathscr{C}} \longrightarrow 0 $$

illustrieren; wir behaupten nämlich, daß die Sequenz

$$ 0 \longrightarrow \Gamma(U,\mathscr{Z}) \longrightarrow \Gamma(U,\mathscr{C}) \xrightarrow{\ h_U\ } \Gamma(U,\widetilde{\mathscr{C}}) \longrightarrow 0 $$

an der Stelle $\Gamma(U,\widetilde{\mathscr{C}})$ im allgemeinen nicht exakt ist. U sei ein offener Kreisring um den Nullpunkt des $\mathbf{R}^2$ und $\tilde{f} \in \Gamma(U,\widetilde{\mathscr{C}})$ die Funktion $\tilde{f}(x,y) = x + iy$. Offensichtlich gibt es keine Funktion $f \in \Gamma(U,\mathscr{C})$, die vermöge h_U in $\tilde{f}$ übergeht.

Beispiel 6.2. Ein separierter topologischer Raum M mit abzählbarer Basis heißt n-dimensionale Mannigfaltigkeit, wenn jeder Punkt von M eine offene Umgebung besitzt, die zu einer offenen Teilmenge des $\mathbf{R}^n$ homöomorph ist. Ist $h: U \to \mathbf{R}^n$ ein Homöomorphismus von der offenen Umgebung U von $x \in M$ auf eine offene Teilmenge des $\mathbf{R}^n$, so heißt das Paar (U, h) lokales Koordinatensystem oder Karte von M. Eine n-dimensionale Mannigfaltigkeit ist als lokalkompakter Raum mit abzählbarer Basis parakompakt.

U sei eine offene Teilmenge des $\mathbf{R}^n$. Eine auf U definierte reellwertige Funktion f heiße differenzierbar, wenn auf U die partiellen Ableitungen von f jeder Ordnung existieren und stetig sind. Jede Abbildung $f: U \to \mathbf{R}^n$ definiert n reellwertige Funktionen $f_1, \dots, f_n$. $f: U \to \mathbf{R}^n$ heißt differenzierbar, wenn alle zugehörigen f_i ($i = 1, \dots, n$) im obigen Sinne differenzierbar sind.

M sei wieder eine n-dimensionale Mannigfaltigkeit. Eine differenzierbare Struktur auf M ist ein System $\mathfrak{D} = \{(U_i, h_i)\}$ von Karten von M mit den Eigenschaften:

1) Die U_i überdecken M.

2) Für jedes Paar (i,j) ist die Abbildung

$$h_j h_i^{-1} : h_i(U_i \cap U_j) \longrightarrow \mathbf{R}^n$$

differenzierbar.

3) Ist (U,h) eine Karte von M, so daß für alle i die Abbildungen $h h_i^{-1} : h_i(U_i \cap U)$ $\to \mathbf{R}^n$, $h_i h^{-1} : h(U_i \cap U) \to \mathbf{R}^n$ differenzierbar sind, so gehört (U,h) zu $\mathfrak{D}$.

Eine n-dimensionale differenzierbare Mannigfaltigkeit ist eine n-dimensionale Mannigfaltigkeit M zusammen mit einer differenzierbaren Struktur $\mathfrak{D}$ auf M. Die Elemente von $\mathfrak{D}$ heißen lokale Koordinatensysteme oder Karten der differenzierbaren Mannigfaltigkeit M. $\mathfrak{D}' = \{(U_i, h_i)\}$ sei ein System von Karten der n-dimensionalen Mannigfaltigkeit M mit den Eigenschaften 1) und 2). $\mathfrak{D}'$ bestimmt in eindeutiger Weise eine differenzierbare Struktur $\mathfrak{D}$ auf M, die $\mathfrak{D}'$ enthält. $\mathfrak{D}$ besteht aus allen Karten (U,h) von M, für die die Abbildungen

$$h h_i^{-1} : h_i(U_i \cap U) \longrightarrow \mathbf{R}^n, \qquad h_i h^{-1} : h(U_i \cap U) \longrightarrow \mathbf{R}^n$$

mit $(U_i, h_i) \in \mathfrak{D}'$ differenzierbar sind. $\mathfrak{D}'$ heißt Basis der differenzierbaren Struktur $\mathfrak{D}$. $\mathbf{R}^n$ wird zu einer differenzierbaren Mannigfaltigkeit, wenn man als Basis die Karte $\mathrm{id} : \mathbf{R}^n \to \mathbf{R}^n$ wählt.

U sei eine offene Teilmenge der differenzierbaren Mannigfaltigkeit M. $f: U \to \mathbf{R}$ heißt differenzierbar, wenn die Funktionen

$$f h_i^{-1} : h_i(U \cap U_i) \longrightarrow \mathbf{R}$$

für alle $(U_i, h_i) \in \mathfrak{D}$ differenzierbar sind. $f: U \to \mathbf{C}$ heißt differenzierbar, wenn Real- und Imaginärteil von f differenzierbar sind.

Für jede nichtleere offene Teilmenge U der differenzierbaren Mannigfaltigkeit M sei D_U die abelsche Gruppe der auf U differenzierbaren komplexwertigen Funktionen. $r_U^V : D_U \to D_V$ bezeichne den Restriktionshomomorphismus. $\{D_U, r_U^V\}$ ist ein Garbendatum, dessen zugehörige Garbe mit $\mathcal{D}$ bezeichnet werde. $\mathcal{D}$ heißt Garbe der Keime von lokalen differenzierbaren komplexwertigen Funktionen. Analog definiert man die Garbe $\tilde{\mathcal{D}}$ der Keime von lokalen nicht-verschwindenden differenzierbaren komplexwertigen Funktionen. Wie in Beispiel 6.1 hat man eine exakte Sequenz

$$0 \longrightarrow \mathscr{Z} \longrightarrow \mathcal{D} \longrightarrow \tilde{\mathcal{D}} \longrightarrow 0.$$

Beispiel 6.3. Die Elemente des C^n bezeichnen wir mit $(z_1, \ldots, z_n)$, wobei $z_i \in C$ ($i = 1, \ldots, n$). Eine auf der offenen Menge $U \subset C^n$ definierte komplexwertige Funktion f heißt in U **holomorph**, wenn jeder Punkt $(w_1, \ldots, w_n) \in U$ eine offene Umgebung V mit $V \subset U$ besitzt, so daß $f(z_1, \ldots, z_n)$ in V durch eine Potenzreihe

$$\sum_{v_1, \ldots, v_n = 0}^{\infty} a_{v_1, \ldots, v_n} (z_1 - w_1)^{v_1} \ldots (z_n - w_n)^{v_n}$$

dargestellt wird, die für alle $(z_1, \ldots, z_n) \in V$ konvergiert. Die Menge der in U holomorphen Funktionen bezeichnen wir mit O_U. Die Summe bzw. das Produkt zweier in U holomorpher Funktionen ist eine in U holomorphe Funktion. O_U ist bezüglich dieser Operationen ein Ring.

U sei eine offene Teilmenge des C^m. Jede Abbildung $f : U \to C^n$ definiert n komplexwertige Funktionen $f_1, \ldots, f_n$. $f : U \to C^n$ heißt **holomorph**, wenn alle zugehörigen $f_i (i = 1, \ldots, n)$ im obigen Sinne auf U holomorph sind.

M sei eine $2n$-dimensionale Mannigfaltigkeit. Eine **komplexe Struktur** auf M ist ein System $\Re$ von Homöomorphismen h_i von offenen Mengen $U_i \subset M$ auf offene Mengen des C^n mit den Eigenschaften:

1) Die U_i überdecken M.
2) Für jedes Paar (i,j) ist die Abbildung

$$h_j h_i^{-1} : h_i(U_i \cap U_j) \longrightarrow C^n$$

holomorph.
3) Ist h ein Homöomorphismus der offenen Menge $U \subset M$ auf eine offene Menge des C^n, so daß für alle i die Abbildungen $h h_i^{-1} : h_i(U_i \cap U) \to C^n$, $h_i h^{-1} : h(U_i \cap U) \to C^n$ holomorph sind, so gehört h zu $\Re$.

Eine **n-dimensionale komplexe Mannigfaltigkeit** ist eine $2n$-dimensionale Mannigfaltigkeit M zusammen mit einer komplexen Struktur $\Re$ auf M. Die Elemente von $\Re$ heißen **lokale Koordinatensysteme** oder **Karten** der komplexen Mannigfaltigkeit M. $\Re'$ sei ein System von Homöomorphismen h_i von offenen Mengen $U \subset M$ auf offene Mengen des C^n mit den Eigenschaften 1) und 2). $\Re'$ bestimmt wie in Beispiel 6.2 in eindeutiger Weise eine komplexe Struktur $\Re$ auf M, die $\Re'$ enthält. $\Re'$ heißt **Basis** der komplexen Struktur $\Re$. C^n wird zu einer komplexen Mannigfaltigkeit, wenn man als Basis die Karte $\mathrm{id} : C^n \to C^n$ wählt.

U sei eine offene Teilmenge der komplexen Mannigfaltigkeit M. $f : U \to C$ heißt in U **holomorph**, wenn die Funktionen

$$f h_i^{-1} : h_i(U_i \cap U) \longrightarrow C$$

für alle $h_i \in \Re$ holomorph sind. Die in U holomorphen Funktionen bilden einen kommutativen Ring O_U. $r_U^V : O_U \to O_V (V \subset U)$ sei wieder der Restriktionshomomorphismus. $\{O_U, r_U^V\}$ ist ein Garbendatum, dessen zugehörige Garbe (von Ringen) mit $\mathcal{O}$ bezeichnet werde. $\mathcal{O}$ heißt **Garbe der Keime von lokalen holomorphen Funktionen**. Ähnlich definiert man die Garbe $\tilde{\mathcal{O}}$ (von abelschen Gruppen) der Keime von lokalen nicht-verschwindenden holomorphen Funktionen. Wie in Beispiel 6.1 hat man eine exakte Sequenz

$$0 \longrightarrow \mathscr{Z} \longrightarrow \mathcal{O} \longrightarrow \tilde{\mathcal{O}} \longrightarrow 0$$

von Garben von abelschen Gruppen über M.

Beispiel 6.4. Ist G eine abelsche Gruppe, X ein topologischer Raum und U eine nichtleere offene Teilmenge von X, so sei $A^n(U;G)$ die abelsche Gruppe der Abbildungen $f: U^{n+1} \to G$ ($n \geq 0$ fest). Weiter sei $r_U^V: A^n(U;G) \to A^n(V;G)$ $(V \subset U)$ der Restriktionshomomorphismus. Die durch das Garbendatum $\{A^n(U;G), r_U^V\}$ definierte Garbe von abelschen Gruppen nennt man **Garbe der Keime von n-dimensionalen Alexander-Spanier-Koketten von X mit Werten in G**. Wir bezeichnen sie im folgenden mit $\mathscr{A}^n(X;G)$.

Für jedes $n \geq 0$ definieren wir nun einen Homomorphismus

$$\delta_U^n: A^n(U;G) \longrightarrow A^{n+1}(U;G).$$

Ist $f \in A^n(U;G)$, so sei $\delta_U^n f$ die $(n+1)$-dimensionale Kokette

$$(\delta_U^n f)(x_0,\ldots,x_{n+1}) = \sum_{i=0}^{n+1} (-1)^i f(x_0,\ldots,\hat{x}_i,\ldots,x_{n+1}) \qquad (x_0,\ldots,x_{n+1} \in U)$$

(Das Dach über x_i bedeutet, daß x_i weggelassen werden soll.)

$$\varepsilon_U: G \longrightarrow A^0(U;G)$$

sei gegeben durch $\varepsilon_U(g)(x_0) = g$ ($x_0 \in U, g \in G$). Wir beweisen nun, daß die Sequenz

$$0 \longrightarrow G \xrightarrow{\varepsilon_U} A^0(U;G) \xrightarrow{\delta_U^0} A^1(U;G) \xrightarrow{\delta_U^1} A^2(U;G) \xrightarrow{\delta_U^2} \cdots$$

exakt ist. Die Exaktheit an den Stellen G und $A^0(U;G)$ läßt sich sofort nachprüfen. Als nächstes zeigen wir, daß für jedes $f \in A^n(U;G)$ $(n \geq 0)$ $\delta_U^{n+1} \delta_U^n f = 0$ ist:

$$
\begin{aligned}
(\delta_U^{n+1} \delta_U^n f)(x_0,\ldots,x_{n+2}) &= \sum_{i=0}^{n+2} (-1)^i (\delta_U^n f)(x_0,\ldots,\hat{x}_i,\ldots,x_{n+2}) \\
&= \sum_{i=0}^{n+2} (-1)^i \left(\sum_{\substack{j=0 \\ j<i}}^{n+2} (-1)^j f(x_0,\ldots,\hat{x}_j,\ldots,\hat{x}_i,\ldots,x_{n+2}) + \right. \\
&\qquad\qquad \left. + \sum_{\substack{j=0 \\ j>i}}^{n+2} (-1)^{j-1} f(x_0,\ldots,\hat{x}_i,\ldots,\hat{x}_j,\ldots,x_{n+2}) \right) \\
&= \sum_{\substack{i,j=0 \\ j<i}}^{n+2} (-1)^{i+j} f(x_0,\ldots,\hat{x}_j,\ldots,\hat{x}_i,\ldots,x_{n+2}) - \\
&\qquad - \sum_{\substack{i,j=0 \\ j>i}}^{n+2} (-1)^{i+j} f(x_0,\ldots,\hat{x}_i,\ldots,\hat{x}_j,\ldots,x_{n+2}) = 0.
\end{aligned}
$$

Daher ist Bild $\delta_U^n \subset \mathrm{Kern}\,\delta_U^{n+1}$. Um die umgekehrte Inklusion zu zeigen, gehen wir von einem Element $f \in \mathrm{Kern}\,\delta_U^{n+1}$ aus. Wir wählen ein festes $x \in U$ und definieren $g \in A^n(U;G)$ durch

$$g(x_0, \ldots, x_n) = f(x, x_0, \ldots, x_n) \,.$$

Nach Voraussetzung ist

$$(\delta_U^{n+1} f)(x, x_0, \ldots, x_{n+1}) = f(x_0, \ldots, x_{n+1}) - \sum_{i=0}^{n+1} (-1)^i f(x, x_0, \ldots, \hat{x}_i, \ldots, x_{n+1}) = 0 \,.$$

Daher gilt

$$\begin{aligned}
(\delta_U^n g)(x_0, \ldots, x_{n+1}) &= \sum_{i=0}^{n+1} (-1)^i g(x_0, \ldots, \hat{x}_i, \ldots, x_{n+1}) \\
&= \sum_{i=0}^{n+1} (-1)^i f(x, x_0, \ldots, \hat{x}_i, \ldots, x_{n+1}) = f(x_0, \ldots, x_{n+1}) \,,
\end{aligned}$$

also ist $f \in \mathrm{Bild}\,\delta_U^n$. Damit ist die Exaktheit der obigen Sequenz bewiesen. Wegen der Kommutativität der Diagramme

$$
\begin{array}{ccc}
A^n(U;G) & \xrightarrow{\ \delta_U^n\ } & A^{n+1}(U;G) \\
{\scriptstyle r_U^V}\big\downarrow & & \big\downarrow{\scriptstyle r_U^V} \qquad (V \subset U) \\
A^n(V;G) & \xrightarrow[\ \delta_V^n\ ]{} & A^{n+1}(V;G)
\end{array}
$$

definieren die Homomorphismen δ_U^n einen Garbenhomomorphismus

$$\delta^n : \mathscr{A}^n(X;G) \longrightarrow \mathscr{A}^{n+1}(X;G) \,.$$

Aus der Exaktheit von

$$0 \longrightarrow G \xrightarrow{\ \varepsilon_U\ } A^0(U;G) \xrightarrow{\ \delta_U^0\ } A^1(U;G) \xrightarrow{\ \delta_U^1\ } A^2(U;G) \xrightarrow{\ \delta_U^2\ } \cdots$$

ergibt sich dann die Exaktheit der Sequenz

$$0 \longrightarrow \mathscr{G} \xrightarrow{\ \varepsilon\ } \mathscr{A}^0(X;G) \xrightarrow{\ \delta^0\ } \mathscr{A}^1(X;G) \xrightarrow{\ \delta^1\ } \mathscr{A}^2(X;G) \xrightarrow{\ \delta^2\ } \cdots \,,$$

wobei $\mathscr{G} = (X \times G, \pi, X)$.

Beispiel 6.5. Unter dem **Standard-n-Simplex** $\varDelta_n (n \geq 0)$ versteht man die Punktmenge $\varDelta_n = \left\{ \mathfrak{x} = (x_i) \in \boldsymbol{R}^{n+1} : \sum_{i=1}^{n+1} x_i = 1, \, x_i \geq 0 \right\}$. Eine stetige Abbildung von $\varDelta_n$ in den topologischen Raum X heißt **singuläres n-Simplex von** X. Die Menge der singulären n-Simplexe von X bezeichnen wir mit $D_n(X)$. Ist G eine abelsche Gruppe, so sei $S^n(X;G)$ die abelsche Gruppe der Abbildungen von $D_n(X)$ in G.

Sind U, V offene Teilmengen von X mit $V \subset U$, so hat man eine Injektion $D_n(V)$ $\to D_n(U)$ und damit einen Restriktionshomomorphismus

$$r_U^V : S^n(U; G) \longrightarrow S^n(V; G).$$

Das Garbendatum $\{S^n(U; G), r_U^V\}$ definiert eine Garbe $\mathscr{S}^n(X; G)$ von abelschen Gruppen über X, die man als **Garbe der singulären n-Koketten von X mit Werten in G** bezeichnet.

Beispiel 6.6. M sei eine n-dimensionale differenzierbare Mannigfaltigkeit (vgl. Beispiel 6.2), U eine offene Teilmenge von M und ω eine differenzierbare Differentialform auf U vom Grad p ($1 \leqq p \leqq n$), d. h. ist (U_α, h_α) ein lokales Koordinatensystem von M mit den Koordinaten $(x_1, \ldots, x_n)$, so besitzt ω lokal die Gestalt

$$\omega = \sum_{i_1 < \cdots < i_p} \omega_{i_1 \ldots i_p}(x)\, \mathrm{d}x_{i_1} \wedge \cdots \wedge \mathrm{d}x_{i_p} \qquad (x \in U_\alpha \cap U)$$

($\omega_{i_1 \ldots i_p}(x)$ auf $U_\alpha \cap U$ reellwertig und differenzierbar); ist (U_β, h_β) ein anderes Koordinatensystem von M mit den lokalen Koordinaten $(\bar{x}_1, \ldots, \bar{x}_n)$ und läßt sich ω lokal in der Form

$$\omega = \sum_{j_1 < \cdots < j_p} \bar{\omega}_{j_1 \ldots j_p}(x)\, \mathrm{d}\bar{x}_{j_1} \wedge \cdots \wedge \mathrm{d}\bar{x}_{j_p} \qquad (x \in U_\beta \cap U)$$

darstellen, so gilt für alle $x \in U_\alpha \cap U_\beta \cap U$

$$\bar{\omega}_{j_1 \ldots j_p}(x) = \sum_{i_1 < \cdots < i_p} \omega_{i_1 \ldots i_p}(x) \frac{\partial(x_{i_1}, \ldots, x_{i_p})}{\partial(\bar{x}_{j_1}, \ldots, \bar{x}_{j_p})}(x).$$

Unter einer differenzierbaren Differentialform auf U vom Grad 0 verstehen wir eine auf U differenzierbare Funktion. Das Differential $\mathrm{d}\omega$ der Differentialform ω vom Grad p über U ist diejenige differenzierbare Differentialform über U vom Grad $p + 1$, die lokal die Gestalt

$$\mathrm{d}\omega = \sum_{i_1 < \cdots < i_p} \mathrm{d}\omega_{i_1 \ldots i_p}(x) \wedge \mathrm{d}x_{i_1} \wedge \cdots \wedge \mathrm{d}x_{i_p}$$

besitzt. Ist A_U^p ($p \geqq 0$) der R-Modul der differenzierbaren Differentialformen vom Grad p über U, so erhält man damit einen Homomorphismus $\mathrm{d}_U^p : A_U^p \to A_U^{p+1}$. $r_U^V : A_U^p \to A_V^p$ ($V \subset U$) sei der Restriktionshomomorphismus. $\{A_U^p, r_U^V\}$ ist offensichtlich ein Garbendatum, dessen zugehörige Garbe mit $\mathscr{A}^p$ bezeichnet werde. $\mathscr{A}^p$ heißt **Garbe der Keime von differenzierbaren Differentialformen vom Grad p.** Die Homomorphismen d_U^p definieren einen Garbenhomomorphismus $\mathrm{d}^p : \mathscr{A}^p \to \mathscr{A}^{p+1}$. Schließlich sei $\mathscr{R}$ die konstante Garbe $\mathscr{R} = (M \times \mathbf{R}, \pi, M)$ und $\varepsilon : \mathscr{R} \to \mathscr{A}^0$ die Einbettung von $\mathscr{R}$ in $\mathscr{A}^0$. Wir zeigen nun, daß die Sequenz

$$0 \longrightarrow \mathscr{R} \xrightarrow{\varepsilon} \mathscr{A}^0 \xrightarrow{\mathrm{d}^0} \mathscr{A}^1 \xrightarrow{\mathrm{d}^1} \mathscr{A}^2 \xrightarrow{\mathrm{d}^2} \cdots$$

von Garben von R-Moduln exakt ist. Die Exaktheit an den Stellen $\mathscr{R}$ und $\mathscr{A}^0$ ist unmittelbar klar. Wegen $\mathrm{d}\,\mathrm{d}\omega = 0\,(\omega \in A_U^p; p \geqq 0)$ ist $\mathrm{d}^{p+1}\,\mathrm{d}^p = 0$ für alle $p \geqq 0$.

$\omega_x \in \operatorname{Kern} d_x^{p+1}$ $(x \in M)$ werde durch $\omega \in A_U^{p+1}$ mit $d_U^{p+1} \omega = 0$ repräsentiert. Nach einem klassischen Resultat von Poincaré[1]) gibt es auf einer in U enthaltenen Umgebung V von x eine Differentialform ψ vom Grad p mit $d_V^p \psi = \omega \,|\, V$. Bezeichnet ψ_x den Keim von ψ in x, so gilt $d_x^p \psi_x = \omega_x$. Damit ist die Exaktheit der obigen Sequenz bewiesen.

Beispiel 6.7. M sei eine n-dimensionale komplexe Mannigfaltigkeit (vgl. Beispiel 6.3), U eine offene Teilmenge von M und ω eine differenzierbare Differentialform auf U vom Bigrad (p, q), d.h. ist (U_α, h_α) ein lokales Koordinatensystem von M mit den Koordinaten $(z_1, \ldots, z_n)$, so besitzt ω lokal die Gestalt

$$\omega = \sum_{\substack{i_1 < \cdots < i_p \\ j_1 < \cdots < j_q}} a_{i_1 \ldots i_p j_1 \ldots j_q}(x)\, dz_{i_1} \wedge \cdots \wedge dz_{i_p} \wedge d\bar{z}_{j_1} \wedge \cdots \wedge d\bar{z}_{j_q} \qquad (x \in U_\alpha \cap U)$$

$(a_{i_1 \ldots i_p j_1 \ldots j_q}(x)$ auf $U_\alpha \cap U$ komplexwertig und differenzierbar); der Übergang zu einem anderen Koordinatensystem mit den Koordinaten $(w_1, \ldots, w_n)$ ist durch die Matrix

$$\left(\frac{\partial(z_{i_1}, \ldots, z_{i_p})}{\partial(w_{i_1'}, \ldots, w_{i_p'})} \right) \otimes \overline{\left(\frac{\partial(z_{j_1}, \ldots, z_{j_q})}{\partial(w_{j_1'}, \ldots, w_{j_q'})} \right)}$$

gegeben $(i_1 < \cdots < i_p; i_1' < \cdots < i_p'; j_1 < \cdots < j_q; j_1' < \cdots < j_q')$. Das Differential $\bar\partial \omega$ der Differentialform ω vom Bigrad (p, q) über U ist diejenige Differentialform über U vom Bigrad $(p, q + 1)$, die lokal die Gestalt

$$\bar\partial \omega = \sum_{\substack{i_1 < \cdots < i_p \\ j_1 < \cdots < j_q}} \bar\partial a_{i_1 \ldots i_p j_1 \ldots j_q}(x) \wedge dz_{i_1} \wedge \cdots \wedge dz_{i_p} \wedge d\bar{z}_{j_1} \wedge \cdots \wedge d\bar{z}_{j_q}$$

besitzt; dabei ist

$$\bar\partial a_{i_1 \ldots i_p j_1 \ldots j_q} = \sum_{k=1}^{n} \frac{\partial a_{i_1 \ldots i_p j_1 \ldots j_q}}{\partial \bar{z}_k}\, d\bar{z}_k$$

mit
$$\frac{\partial}{\partial \bar{z}_k} = \frac{1}{2}\left(\frac{\partial}{\partial x_k} + i\, \frac{\partial}{\partial y_k} \right) \qquad (z_k = x_k + i y_k).$$

Ist $A_U^{p,q}$ der C-Modul der differenzierbaren Differentialformen vom Bigrad (p, q) über U, so erhält man damit einen Homomorphismus $\bar\partial_U^{p,q} : A_U^{p,q} \to A_U^{p,q+1}$. $r_U^V : A_U^{p,q} \to A_V^{p,q}$ $(V \subset U)$ sei der Restriktionshomomorphismus. $\{A_U^{p,q}, r_U^V\}$ ist ein Garbendatum, dessen zugehörige Garbe mit $\mathscr{A}^{p,q}$ bezeichnet werde. $\mathscr{A}^{p,q}$ heißt Garbe der Keime von differenzierbaren Differentialformen vom Bigrad (p, q). Die Homomorphismen $\bar\partial_U^{p,q}$ definieren einen Garbenhomomorphismus $\bar\partial^{p,q} : \mathscr{A}^{p,q} \to \mathscr{A}^{p,q+1}$. Eine Differentialform ω vom Bigrad $(p, 0)$ heißt holomorph,

---

[1]) Ein Beweis findet sich z.B. bei Nickerson-Spencer-Steenrod: Advanced Calculus. Princeton, N.J. 1959.

wenn für alle Karten (U_α, h_α) die Funktionen $a_{i_1 \ldots i_p}$ holomorph sind. ω ist offensichtlich genau dann holomorph, wenn $\bar\partial\omega = 0$. Ω^p sei die Garbe der holomorphen Differentialformen vom Bigrad $(p,0)$ und $\varepsilon : \Omega^p \to \mathscr{A}^{p,0}$ die Einbettung von Ω^p in $\mathscr{A}^{p,0}$. Wir zeigen nun, daß die Sequenz

$$0 \longrightarrow \Omega^p \overset{\varepsilon}{\longrightarrow} \mathscr{A}^{p,0} \overset{\bar\partial^{p,0}}{\longrightarrow} \mathscr{A}^{p,1} \overset{\bar\partial^{p,1}}{\longrightarrow} \mathscr{A}^{p,2} \longrightarrow \cdots$$

exakt ist. Die Exaktheit an den Stellen Ω^p und $\mathscr{A}^{p,0}$ ist unmittelbar klar. Wegen $\bar\partial\,\bar\partial\omega = 0$ $(\omega \in A_U^{p,q})$ ist $\bar\partial^{p,q+1}\,\bar\partial^{p,q} = 0$ für alle $q \geq 0$. $\omega_x \in \mathrm{Kern}\,\bar\partial_x^{p,q+1}$ $(x \in M)$ werde durch $\omega \in A_U^{p,q+1}$ mit $\bar\partial_U^{p,q+1}\,\omega = 0$ repräsentiert. Nach einem Lemma von Dolbeault[1] gibt es auf einer in U enthaltenen Umgebung V von x eine Differentialform ψ vom Bigrad (p,q) mit $\bar\partial_V^{p,q}\psi = \omega\,|\,V$. Bezeichnet ψ_x den Keim von ψ in x, so gilt $\bar\partial_x^{p,q}\psi_x = \omega_x$, und damit ist die Exaktheit der obigen Sequenz bewiesen.

§ 7 Direkte Summen und Produkte

$\{\mathscr{G}^i\}_{i \in I}$ sei eine Familie von $\mathscr{A}$-Garben über X und $\{\Gamma(U,\mathscr{A}), \Gamma(U,\mathscr{G}^i), r_U^{iV}\}$ das kanonische Garbendatum von $\mathscr{G}^i$. Die r_U^{iV} $(i \in I)$ definieren einen Homomorphismus

$$r_U^V : (\Gamma(U,\mathscr{A}), \bigoplus_{i \in I} \Gamma(U,\mathscr{G}^i)) \longrightarrow (\Gamma(V,\mathscr{A}), \bigoplus_{i \in I} \Gamma(V,\mathscr{G}^i)).$$

$\{\Gamma(U,\mathscr{A}), \bigoplus_{i \in I} \Gamma(U,\mathscr{G}^i), r_U^V\}$ ist ein Garbendatum, dessen zugehörige Garbe mit $\bigoplus_{i \in I} \mathscr{G}^i$ bezeichnet werde. Die $\mathscr{A}$-Garbe $\bigoplus_{i \in I} \mathscr{G}^i$ über X heißt direkte Summe der $\mathscr{G}^i$. Nach Satz 1.15 ist

$$(\bigoplus_{i \in I} \mathscr{G}^i)_x = \varinjlim_{U \in \Omega_x} \bigoplus_{i \in I} \Gamma(U,\mathscr{G}^i) \cong \bigoplus_{i \in I} \varinjlim_{U \in \Omega_x} \Gamma(U,\mathscr{G}^i) \cong \bigoplus_{i \in I} \mathscr{G}_x^i,$$

d. h. der Halm von $\bigoplus_{i \in I} \mathscr{G}^i$ über x kann mit der direkten Summe der Halme $\mathscr{G}_x^i$ identifiziert werden.

Für jedes $j \in I$ hat man einen kanonischen $\Gamma(U,\mathscr{A})$-Homomorphismus $\varepsilon_U^j : \Gamma(U,\mathscr{G}^j) \to \bigoplus_{i \in I} \Gamma(U,\mathscr{G}^i)$. Wegen der Kommutativität der Diagramme

$$
\begin{array}{ccc}
\Gamma(U,\mathscr{G}^j) & \overset{\varepsilon_U^j}{\longrightarrow} & \bigoplus_{i \in I} \Gamma(U,\mathscr{G}^i) \\
{\scriptstyle r_U^{jV}}\downarrow & & \downarrow{\scriptstyle r_U^V} \qquad (V \subset U) \\
\Gamma(V,\mathscr{G}^j) & \underset{\varepsilon_V^j}{\longrightarrow} & \bigoplus_{i \in I} \Gamma(V,\mathscr{G}^i)
\end{array}
$$

bilden die ε_U^j $(U \in \Omega)$ einen Garbendatenhomomorphismus von $\{\Gamma(U,\mathscr{A}), \Gamma(U,\mathscr{G}^j),$

---

[1] Vgl. z. B. [25] chap. I.

$r_U^{jV}\}$ in $\{\Gamma(U,\mathscr{A}),\ \bigoplus_{i\in I}\Gamma(U,\mathscr{G}^i),\ r_U^V\}$, der einen Garbenhomomorphismus $\varepsilon^j:\mathscr{G}^j\to\bigoplus_{i\in I}\mathscr{G}^i$ induziert.

Satz 7.1. *Ist $\mathscr{H}$ eine $\mathscr{A}$-Garbe und $h^i:\mathscr{G}^i\to\mathscr{H}$ $(i\in I)$ eine Familie von Garbenhomomorphismen, so existiert genau ein Garbenhomomorphismus $h:\bigoplus_{i\in I}\mathscr{G}^i\to\mathscr{H}$ mit $h\varepsilon^i=h^i$ für alle i.*

Beweis: Wir beweisen nur die Existenz einer solchen Abbildung h. Ist $g_x=\{g_x^i\}$ $(g_x\in(\bigoplus_{i\in I}\mathscr{G}^i)_x,\ g_x^i\in\mathscr{G}_x^i;\ g_x^i=0$ bis auf $i=i_1,\dots,i_n)$, so sei $h_x:(\bigoplus_{i\in I}\mathscr{G}^i)_x\to\mathscr{H}_x$ der durch $h_x(g_x)=\sum_{i\in I}h_x^i(g_x^i)$ definierte Homomorphismus. $h:\bigoplus_{i\in I}\mathscr{G}^i\to\mathscr{H}$ erklären wir durch $h|(\bigoplus_{i\in I}\mathscr{G}^i)_x=h_x(x\in X)$. Um zu zeigen, daß h eine stetige Abbildung (und damit ein Garbenhomomorphismus) ist, benutzen wir Hilfssatz 3.3. $\sigma_v\in\Gamma(U,\mathscr{G}^{iv})$ $(U\ni x)$ habe die Eigenschaft $\sigma_v(x)=g_x^{iv}(v=1,\dots,n)$. Definieren wir $\sigma\in\Gamma(U,\bigoplus_{i\in I}\mathscr{G}^i)$ durch

$$\sigma(y)=\sum_{v=1}^n \varepsilon^{iv}\sigma_v(y)\qquad(y\in U),$$

so gilt $\sigma(x)=g_x$. $h\sigma(U)$ ist eine Schnittfläche in $\mathscr{H}$, d.h. h ist nach Hilfssatz 3.3 stetig. Nach Konstruktion gilt offensichtlich $h\varepsilon^i=h^i$ für alle $i\in I$.

$\mathscr{A}=(A,\tau,X)$ sei eine Garbe von Ringen und Y ein nichtleerer Teilraum von X. Versieht man $\tau^{-1}(Y)$ mit der Relativtopologie bezüglich A, so ist $\mathscr{A}|Y=(\tau^{-1}(Y),\tau|\tau^{-1}(Y),Y)$ eine Garbe von Ringen über Y. $\mathscr{A}|Y$ heißt Einschränkung von $\mathscr{A}$ auf Y. Für jede $\mathscr{A}$-Garbe $\mathscr{G}=(G,\pi,X)$ ist $\mathscr{G}|Y=(\pi^{-1}(Y),\pi|\pi^{-1}(Y),Y)$ eine $\mathscr{A}|Y$-Garbe über Y.

$\mathscr{G}^p(p\geq1)$ bezeichne die direkte Summe von p Exemplaren der Garbe $\mathscr{G}$. Wir definieren dann

Definition 7.2. *Die $\mathscr{A}$-Garbe $\mathscr{G}$ über X heißt frei, wenn für jedes U_i einer geeigneten offenen Überdeckung $\{U_i\}_{i\in I}$ von X ein $\mathscr{A}$-Isomorphismus $\varphi_i:\mathscr{G}|U_i\to\mathscr{A}^{p_i}|U_i$ existiert.*

Ist X zusammenhängend, so ist $p_i=p_j$ für alle $i,j\in I$. $p=p_i$ heißt dann R a n g v o n $\mathscr{G}$ über X.

Satz 7.3. *Sind $\mathscr{G}$ und $\mathscr{G}'$ freie Garben über X, so ist auch $\mathscr{G}\oplus\mathscr{G}'$ frei.*

Beweis: Offensichtlich gibt es eine offene Überdeckung $\{W_k\}_{k\in K}$ von X mit $\mathscr{G}|W_k\cong\mathscr{A}^{p_k}|W_k$ und $\mathscr{G}'|W_k\cong\mathscr{A}^{q_k}|W_k$. Daher ist $(\mathscr{G}\oplus\mathscr{G}')|W_k\cong\mathscr{A}^{p_k+q_k}|W_k$.

$\{\mathscr{G}^i\}_{i\in I}$ sei wieder eine Familie von $\mathscr{A}$-Garben über X und $\{\Gamma(U,\mathscr{A}),\Gamma(U,\mathscr{G}^i),r_U^{iV}\}$ das kanonische Garbendatum von $\mathscr{G}^i$. Die r_U^{iV} $(i\in I)$ definieren einen Homomorphismus

$$r_U^V:(\Gamma(U,\mathscr{A}),\prod_{i\in I}\Gamma(U,\mathscr{G}^i))\longrightarrow(\Gamma(V,\mathscr{A}),\prod_{i\in I}\Gamma(V,\mathscr{G}^i)).$$

$\{\Gamma(U,\mathscr{A}), \prod_{i\in I}\Gamma(U,\mathscr{G}^i), r_U^V\}$ ist ein Garbendatum, dessen zugehörige Garbe mit $\prod_{i\in I}\mathscr{G}^i$ bezeichnet werde. Die $\mathscr{A}$-Garbe $\prod_{i\in I}\mathscr{G}^i$ über X heißt **direktes Produkt** der $\mathscr{G}^i$.

Für jedes $j\in I$ hat man einen kanonischen $\Gamma(U,\mathscr{A})$-Homomorphismus $p_U^j:\prod_{i\in I}\Gamma(U,\mathscr{G}^i)\to\Gamma(U,\mathscr{G}^j)$. Wegen der Kommutativität der Diagramme

$$
\begin{array}{ccc}
\prod_{i\in I}\Gamma(U,\mathscr{G}^i) & \xrightarrow{\;p_U^j\;} & \Gamma(U,\mathscr{G}^j)\\[2mm]
{\scriptstyle r_U^V}\Big\downarrow & & \Big\downarrow{\scriptstyle r_U^{jV}}\\[2mm]
\prod_{i\in I}\Gamma(V,\mathscr{G}^i) & \xrightarrow[\;p_V^j\;]{} & \Gamma(V,\mathscr{G}^j)
\end{array}
\qquad (V\subset U)
$$

bilden die $p_U^j\,(U\in\Omega)$ einen Garbendatenhomomorphismus von $\{\Gamma(U,\mathscr{A}),\prod_{i\in I}\Gamma(U,\mathscr{G}^i), r_U^V\}$ in $\{\Gamma(U,\mathscr{A}),\Gamma(U,\mathscr{G}^j), r_U^{jV}\}$, der einen Garbenhomomorphismus $p^j:\prod_{i\in I}\mathscr{G}^i\to\mathscr{G}^j$ induziert.

Satz 7.4. *Ist $\mathscr{H}$ eine $\mathscr{A}$-Garbe und $h^i:\mathscr{H}\to\mathscr{G}^i\,(i\in I)$ eine Familie von Garbenhomomorphismen, so existiert genau ein Garbenhomomorphismus $h:\mathscr{H}\to\prod_{i\in I}\mathscr{G}^i$ mit $p^i h=h^i$ für alle i.*

Beweis: Wir beweisen nur die Existenz von h. Der Garbenhomomorphismus $h^i:\mathscr{H}\to\mathscr{G}^i$ definiert einen Garbendatenhomomorphismus $\{h_U^i\}$ von $\{\Gamma(U,\mathscr{A}),\Gamma(U,\mathscr{H}),s_U^V\}$ in $\{\Gamma(U,\mathscr{A}),\Gamma(U,\mathscr{G}^i), r_U^{iV}\}$ (vgl. Beispiel 5.5). Für jedes offene U gibt es einen Homomorphismus $h_U:\Gamma(U,\mathscr{H})\to\prod_{i\in I}\Gamma(U,\mathscr{G}^i)$ mit $p_U^j h_U=h_U^j$. Die h_U bilden einen Garbendatenhomomorphismus von $\{\Gamma(U,\mathscr{A}),\Gamma(U,\mathscr{H}),s_U^V\}$ in $\{\Gamma(U,\mathscr{A}),\prod_{i\in I}\Gamma(U,\mathscr{G}^i)r_U^V\}$, der einen Garbenhomomorphismus $h:\mathscr{H}\to\prod_{i\in I}\mathscr{G}^i$ induziert. Nach Konstruktion gilt $p^i h=h^i$ für alle i.

§ 8 Tensorprodukte

$\mathscr{G}$ und $\mathscr{H}$ seien Garben von $\mathscr{A}$-Moduln über X mit den kanonischen Garbendaten $\{\Gamma(U,\mathscr{A}),\Gamma(U,\mathscr{G}),r_U^V\}$ und $\{\Gamma(U,\mathscr{A}),\Gamma(U,\mathscr{H}),s_U^V\}$. Die zu dem Garbendatum $\{\Gamma(U,\mathscr{A}),\Gamma(U,\mathscr{G})\underset{\Gamma(U,\mathscr{A})}{\otimes}\Gamma(U,\mathscr{H}),r_U^V\otimes s_U^V\}$ gehörende $\mathscr{A}$-Garbe über X heißt **Tensorprodukt von** $\mathscr{G}$ **und** $\mathscr{H}$ und werde mit $\mathscr{G}\underset{\mathscr{A}}{\otimes}\mathscr{H}$ bezeichnet. Nach Satz 1.19 ist

$$
(\mathscr{G}\underset{\mathscr{A}}{\otimes}\mathscr{H})_x=\varinjlim_{U\in\Omega_x}(\Gamma(U,\mathscr{G})\underset{\Gamma(U,\mathscr{A})}{\otimes}\Gamma(U,\mathscr{H}))\cong(\varinjlim_{U\in\Omega_x}\Gamma(U,\mathscr{G}))\underset{\mathscr{A}_x}{\otimes}(\varinjlim_{U\in\Omega_x}\Gamma(U,\mathscr{H}))
$$
$$
\cong\mathscr{G}_x\underset{\mathscr{A}_x}{\otimes}\mathscr{H}_x,
$$

d. h. der Halm von $\mathscr{G} \otimes_{\mathscr{A}} \mathscr{H}$ über x kann mit dem Tensorprodukt der Halme $\mathscr{G}_x$ und $\mathscr{H}_x$ identifiziert werden.

$h: \mathscr{G} \to \mathscr{G}'$ und $k: \mathscr{H} \to \mathscr{H}'$ seien zwei Garbenhomomorphismen. h und k induzieren die Garbendatenhomomorphismen

$$\{h_U\} : \{\Gamma(U,\mathscr{A}),\Gamma(U,\mathscr{G}),r_U^V\} \longrightarrow \{\Gamma(U,\mathscr{A}),\Gamma(U,\mathscr{G}'),r_U'^V\}$$
$$\{k_U\} : \{\Gamma(U,\mathscr{A}),\Gamma(U,\mathscr{H}),s_U^V\} \longrightarrow \{\Gamma(U,\mathscr{A}),\Gamma(U,\mathscr{H}'),s_U'^V\}.$$

Wegen der Kommutativität der Diagramme

$$
\begin{array}{ccc}
\Gamma(U,\mathscr{G}) \underset{\Gamma(U,\mathscr{A})}{\otimes} \Gamma(U,\mathscr{H}) & \xrightarrow{\ h_U \otimes k_U\ } & \Gamma(U,\mathscr{G}') \underset{\Gamma(U,\mathscr{A})}{\otimes} \Gamma(U,\mathscr{H}') \\
{\scriptstyle r_U^V \otimes s_U^V}\Big\downarrow & & \Big\downarrow{\scriptstyle r_U'^V \otimes s_U'^V} \\
\Gamma(V,\mathscr{G}) \underset{\Gamma(V,\mathscr{A})}{\otimes} \Gamma(V,\mathscr{H}) & \xrightarrow[\ h_V \otimes k_V\ ]{} & \Gamma(V,\mathscr{G}') \underset{\Gamma(V,\mathscr{A})}{\otimes} \Gamma(V,\mathscr{H}')
\end{array}
$$

bilden die $h_U \otimes k_U$ einen Garbendatenhomomorphismus von $\{\Gamma(U,\mathscr{A}),$ $\Gamma(U,\mathscr{G}) \underset{\Gamma(U,\mathscr{A})}{\otimes} \Gamma(U,\mathscr{H}),r_U^V \otimes s_U^V\}$ in $\{\Gamma(U,\mathscr{A}),\Gamma(U,\mathscr{G}') \underset{\Gamma(U,\mathscr{A})}{\otimes} \Gamma(U,\mathscr{H}'),r_U'^V \otimes s_U'^V\}$, der einen Garbenhomomorphismus $h \otimes k : \mathscr{G} \underset{\mathscr{A}}{\otimes} \mathscr{H} \to \mathscr{G}' \underset{\mathscr{A}}{\otimes} \mathscr{H}'$ induziert. Nach Satz 1.20 ist das Diagramm

$$
\begin{array}{ccc}
(\mathscr{G} \underset{\mathscr{A}}{\otimes} \mathscr{H})_x & \xrightarrow{\ (h \otimes k)_x\ } & (\mathscr{G}' \underset{\mathscr{A}}{\otimes} \mathscr{H}')_x \\
{\scriptstyle \wr}\Big\downarrow & & \Big\downarrow{\scriptstyle \wr} \\
\mathscr{G}_x \underset{\mathscr{A}_x}{\otimes} \mathscr{H}_x & \xrightarrow[\ h_x \otimes k_x\ ]{} & \mathscr{G}'_x \underset{\mathscr{A}_x}{\otimes} \mathscr{H}'_x
\end{array}
\qquad (8.1)
$$

kommutativ.

Satz 8.1. *Sind $\mathscr{G},\mathscr{H}$ und $\mathscr{K}$ $\mathscr{A}$-Garben über X, so gibt es kanonische Isomorphismen*

$$\mathscr{G} \underset{\mathscr{A}}{\otimes} \mathscr{A} \cong \mathscr{G}, \quad \mathscr{G} \underset{\mathscr{A}}{\otimes} \mathscr{H} \cong \mathscr{H} \underset{\mathscr{A}}{\otimes} \mathscr{G}, \quad \mathscr{G} \underset{\mathscr{A}}{\otimes} (\mathscr{H} \oplus \mathscr{K}) \cong (\mathscr{G} \underset{\mathscr{A}}{\otimes} \mathscr{H}) \oplus (\mathscr{G} \underset{\mathscr{A}}{\otimes} \mathscr{K}),$$
$$(\mathscr{G} \underset{\mathscr{A}}{\otimes} \mathscr{H}) \underset{\mathscr{A}}{\otimes} \mathscr{K} \cong \mathscr{G} \underset{\mathscr{A}}{\otimes} (\mathscr{H} \underset{\mathscr{A}}{\otimes} \mathscr{K}).$$

Beweis: Die Behauptung folgt aus den entsprechenden Eigenschaften von Moduln (vgl. § 1).

Satz 8.2. *Ist*

$$\mathscr{G}' \xrightarrow{\ h'\ } \mathscr{G} \xrightarrow{\ h\ } \mathscr{G}'' \longrightarrow 0$$

eine exakte Sequenz von $\mathscr{A}$-Garben über X, so ist für jede $\mathscr{A}$-Garbe $\mathscr{H}$ über X auch die Sequenz

$$\mathscr{G}' \underset{\mathscr{A}}{\otimes} \mathscr{H} \xrightarrow{\ h' \otimes \mathrm{id}\ } \mathscr{G} \underset{\mathscr{A}}{\otimes} \mathscr{H} \xrightarrow{\ h \otimes \mathrm{id}\ } \mathscr{G}'' \underset{\mathscr{A}}{\otimes} \mathscr{H} \longrightarrow 0$$

exakt.

Beweis: Nach Voraussetzung ist die Sequenz

$$\mathcal{G}'_x \xrightarrow{\;h'_x\;} \mathcal{G}_x \xrightarrow{\;h_x\;} \mathcal{G}''_x \longrightarrow 0$$

von $\mathcal{A}_x$-Moduln für jedes $x \in X$ exakt. Nach Satz 1.21 folgt hieraus die Exaktheit der Folge

$$\mathcal{G}'_x \underset{\mathcal{A}_x}{\otimes} \mathcal{H}_x \xrightarrow{\;h'_x \otimes \mathrm{id}\;} \mathcal{G}_x \underset{\mathcal{A}_x}{\otimes} \mathcal{H}_x \xrightarrow{\;h_x \otimes \mathrm{id}\;} \mathcal{G}''_x \underset{\mathcal{A}_x}{\otimes} \mathcal{H}_x \longrightarrow 0 .$$

Durch Benutzung der Kommutativität von (8.1) zeigt man sofort, daß dann auch die Sequenz

$$(\mathcal{G}' \underset{\mathcal{A}}{\otimes} \mathcal{H})_x \xrightarrow{\;(h' \otimes \mathrm{id})_x\;} (\mathcal{G} \underset{\mathcal{A}}{\otimes} \mathcal{H})_x \xrightarrow{\;(h \otimes \mathrm{id})_x\;} (\mathcal{G}'' \underset{\mathcal{A}}{\otimes} \mathcal{H})_x \longrightarrow 0$$

für jedes $x \in X$ exakt ist. Dies ist aber gerade die Behauptung des Satzes.

Satz 8.3. *Ist*

$$0 \longrightarrow \mathcal{G}' \xrightarrow{\;h'\;} \mathcal{G} \xrightarrow{\;h\;} \mathcal{G}'' \longrightarrow 0$$

eine exakte Sequenz von $\mathcal{A}$-Garben über X, so ist für jede freie $\mathcal{A}$-Garbe $\mathcal{H}$ über X auch die Sequenz

$$0 \longrightarrow \mathcal{G}' \underset{\mathcal{A}}{\otimes} \mathcal{H} \xrightarrow{\;h' \otimes \mathrm{id}\;} \mathcal{G} \underset{\mathcal{A}}{\otimes} \mathcal{H} \xrightarrow{\;h \otimes \mathrm{id}\;} \mathcal{G}'' \underset{\mathcal{A}}{\otimes} \mathcal{H} \longrightarrow 0$$

exakt.

Beweis: Wegen $\mathcal{H}_x \cong \mathcal{A}_x^{p_i}$ ist $\mathcal{H}_x$ ein freier $\mathcal{A}_x$-Modul. Daher ist nach Satz 1.22 die Sequenz

$$0 \longrightarrow \mathcal{G}'_x \underset{\mathcal{A}_x}{\otimes} \mathcal{H}_x \xrightarrow{\;h'_x \otimes \mathrm{id}\;} \mathcal{G}_x \underset{\mathcal{A}_x}{\otimes} \mathcal{H}_x \xrightarrow{\;h_x \otimes \mathrm{id}\;} \mathcal{G}''_x \underset{\mathcal{A}_x}{\otimes} \mathcal{H}_x \longrightarrow 0$$

exakt. Hieraus folgt schließlich die Exaktheit der Folge

$$0 \longrightarrow (\mathcal{G}' \underset{\mathcal{A}}{\otimes} \mathcal{H})_x \xrightarrow{\;(h' \otimes \mathrm{id})_x\;} (\mathcal{G} \underset{\mathcal{A}}{\otimes} \mathcal{H})_x \xrightarrow{\;(h \otimes \mathrm{id})_x\;} (\mathcal{G}'' \underset{\mathcal{A}}{\otimes} \mathcal{H})_x \longrightarrow 0$$

für alle $x \in X$.

Analog zu Satz 7.3 gilt

Satz 8.4. *Sind $\mathcal{G}$ und $\mathcal{G}'$ freie $\mathcal{A}$-Garben über X, so ist auch $\mathcal{G} \underset{\mathcal{A}}{\otimes} \mathcal{G}'$ frei.*

Beweis: $\{W_k\}_{k \in K}$ sei eine offene Überdeckung von X mit $\mathcal{G}\,|\,W_k \cong \mathcal{A}^{p_k}\,|\,W_k$ und $\mathcal{G}'\,|\,W_k \cong \mathcal{A}^{q_k}\,|\,W_k$. Dann ist $(\mathcal{G} \underset{\mathcal{A}}{\otimes} \mathcal{G}')\,|\,W_k \cong \mathcal{A}^{p_k q_k}\,|\,W_k$.

§ 9 Die Garbe $\mathcal{H}om_{\mathcal{A}}(\mathcal{G},\mathcal{H})$

Sind $\mathcal{G}$ und $\mathcal{H}$ $\mathcal{A}$-Garben über X, so bezeichne $\mathrm{Hom}_{\mathcal{A}}(\mathcal{G},\mathcal{H})$ die abelsche Gruppe der Garbenhomomorphismen von $\mathcal{G}$ in $\mathcal{H}$.

$$r_U^V : \mathrm{Hom}_{\mathcal{A}|U}(\mathcal{G}|U,\mathcal{H}|U) \longrightarrow \mathrm{Hom}_{\mathcal{A}|V}(\mathcal{G}|V,\mathcal{H}|V) \qquad (V \subset U)$$

sei derjenige Homomorphismus, der jedem Garbenhomomorphismus von $\mathcal{G}|U$ in $\mathcal{H}|U$ seine Einschränkung auf $\mathcal{G}|V$ zuordnet. Für jedes $\sigma \in \Gamma(U,\mathcal{A})$ und $h \in \mathrm{Hom}_{\mathcal{A}|U}(\mathcal{G}|U,\mathcal{H}|U)$ definieren wir $\sigma h \in \mathrm{Hom}_{\mathcal{A}|U}(\mathcal{G}|U,\mathcal{H}|U)$ durch

$$(\sigma h)(g_x) = \sigma(x)h(g_x) \qquad (g_x \in \mathcal{G}|U);$$

auf diese Weise wird $\mathrm{Hom}_{\mathcal{A}|U}(\mathcal{G}|U,\mathcal{H}|U)$ zu einem $\Gamma(U,\mathcal{A})$-Modul. Bezeichnet $\bar{r}_U^V : \Gamma(U,\mathcal{A}) \to \Gamma(V,\mathcal{A})$ den Restriktionshomomorphismus, so ist das Paar $r_U^V = (\bar{r}_U^V, r_U^V)$ ein Homomorphismus von $(\Gamma(U,\mathcal{A}),\mathrm{Hom}_{\mathcal{A}|U}(\mathcal{G}|U,\mathcal{H}|U))$ in $(\Gamma(V,\mathcal{A}),\mathrm{Hom}_{\mathcal{A}|V}(\mathcal{G}|V,\mathcal{H}|V))$. Die zu dem Garbendatum $\{\Gamma(U,\mathcal{A}),\mathrm{Hom}_{\mathcal{A}|U}(\mathcal{G}|U,\mathcal{H}|U), r_U^V\}$ gehörende $\mathcal{A}$-Garbe über X heißt **Garbe der Keime von Homomorphismen von $\mathcal{G}$ in $\mathcal{H}$** und werde mit $\mathcal{H}om_{\mathcal{A}}(\mathcal{G},\mathcal{H})$ bezeichnet.

Für jedes $x \in X$ sei

$$\mu : (\mathcal{H}om_{\mathcal{A}}(\mathcal{G},\mathcal{H}))_x \longrightarrow \mathrm{Hom}_{\mathcal{A}_x}(\mathcal{G}_x,\mathcal{H}_x)$$

der kanonische Homomorphismus, der durch die Zuordnung $h^x \to h|\mathcal{G}_x$ gegeben ist, wobei $h : \mathcal{G}|U \to \mathcal{H}|U$ das Element $h^x \in (\mathcal{H}om_{\mathcal{A}}(\mathcal{G},\mathcal{H}))_x$ repräsentiere. μ ist im allgemeinen weder injektiv noch surjektiv (vgl. jedoch § 27).

Sind $\varphi : \mathcal{G}' \to \mathcal{G}$ und $\psi : \mathcal{H} \to \mathcal{H}'$ Garbenhomomorphismen, so sei $\varphi_U = \varphi|(\mathcal{G}'|U)$ und $\psi_U = \psi|(\mathcal{H}|U)$. Die Zuordnung $h \to \psi_U h \varphi_U$ $(h \in \mathrm{Hom}_{\mathcal{A}|U}(\mathcal{G}|U,\mathcal{H}|U))$ liefert einen Homomorphismus

$$\mathrm{Hom}(\varphi_U,\psi_U) : \mathrm{Hom}_{\mathcal{A}|U}(\mathcal{G}|U,\mathcal{H}|U) \longrightarrow \mathrm{Hom}_{\mathcal{A}|U}(\mathcal{G}'|U,\mathcal{H}'|U).$$

Die Abbildungen $\mathrm{Hom}(\varphi_U,\psi_U)$ bilden offensichtlich einen Garbendatenhomomorphismus von $\{\Gamma(U,\mathcal{A}),\mathrm{Hom}_{\mathcal{A}|U}(\mathcal{G}|U,\mathcal{H}|U),r_U^V\}$ in $\{\Gamma(U,\mathcal{A}),\mathrm{Hom}_{\mathcal{A}|U}(\mathcal{G}'|U,\mathcal{H}'|U),r_U'^V\}$, der einen Garbenhomomorphismus $\mathcal{H}om(\varphi,\psi) : \mathcal{H}om_{\mathcal{A}}(\mathcal{G},\mathcal{H}) \to \mathcal{H}om_{\mathcal{A}}(\mathcal{G}',\mathcal{H}')$ induziert. Sind $\varphi' : \mathcal{G}'' \to \mathcal{G}'$ und $\psi' : \mathcal{H}' \to \mathcal{H}''$ weitere Garbenhomomorphismen, so gilt, wie man sofort bestätigt

$$\mathcal{H}om(\varphi\varphi',\psi'\psi) = \mathcal{H}om(\varphi',\psi')\,\mathcal{H}om(\varphi,\psi).$$

Satz 9.1. *Ist*
$$0 \longrightarrow \mathcal{H}' \xrightarrow{\psi'} \mathcal{H} \xrightarrow{\psi} \mathcal{H}'' \tag{9.1}$$
eine exakte Sequenz von $\mathcal{A}$-Garben über X, so ist für jede $\mathcal{A}$-Garbe $\mathcal{G}$ über X auch die Sequenz

$$0 \longrightarrow \mathcal{H}om_{\mathcal{A}}(\mathcal{G},\mathcal{H}') \xrightarrow{\mathcal{H}om(\mathrm{id},\psi')} \mathcal{H}om_{\mathcal{A}}(\mathcal{G},\mathcal{H}) \xrightarrow{\mathcal{H}om(\mathrm{id},\psi)} \mathcal{H}om_{\mathcal{A}}(\mathcal{G},\mathcal{H}'')$$

exakt.

Beweis: Wir zeigen, daß die Sequenz

$$0 \longrightarrow \mathrm{Hom}_{\mathscr{A}|U}(\mathscr{G}|U, \mathscr{H}'|U) \xrightarrow{\mathrm{Hom}(\mathrm{id}, \psi'_U)} \mathrm{Hom}_{\mathscr{A}|U}(\mathscr{G}|U, \mathscr{H}|U)$$

$$\xrightarrow{\mathrm{Hom}(\mathrm{id}, \psi_U)} \mathrm{Hom}_{\mathscr{A}|U}(\mathscr{G}|U, \mathscr{H}''|U)$$

für jedes nichtleere offene $U \subset X$ exakt ist. Durch Übergang zum direkten Limes ergibt sich dann hieraus die Behauptung. Die Exaktheit an der Stelle $\mathrm{Hom}_{\mathscr{A}|U}(\mathscr{G}|U, \mathscr{H}'|U)$ ist unmittelbar klar. Aus $\psi \psi' = 0$ folgt außerdem $\mathrm{Hom}(\mathrm{id}, \psi_U)\,\mathrm{Hom}(\mathrm{id}, \psi'_U) = 0$. Es bleibt nur noch zu zeigen, daß $\mathrm{Kern}\,\mathrm{Hom}(\mathrm{id}, \psi_U) \subset \mathrm{Bild}\,\mathrm{Hom}(\mathrm{id}, \psi'_U)$. Ist $k \in \mathrm{Kern}\,\mathrm{Hom}(\mathrm{id}, \psi_U)$, so gilt $\psi_U k(g_x) = 0$ für alle $g_x \in \mathscr{G}|U$. Wegen der Exaktheit von (9.1) gibt es zu jedem g_x genau ein $h'_x \in \mathscr{H}'_x$ mit $\psi'_U(h'_x) = k(g_x)$. Die Zuordnung $g_x \to h'_x$ liefert einen Garbenhomomorphismus $k': \mathscr{G}|U \to \mathscr{H}'|U$, und es gilt $\mathrm{Hom}(\mathrm{id}, \psi'_U)\, k' = k$. Daher ist die obige Inklusion richtig.

Satz 9.2. *Für jede $\mathscr{A}$-Garbe $\mathscr{G}$ gilt*

$$\mathscr{H}\!om_{\mathscr{A}}(\mathscr{A}, \mathscr{G}) \cong \mathscr{G}.$$

Beweis: Ist $h: \mathscr{A}|U \to \mathscr{G}|U$ ein Garbenhomomorphismus, so definiert die Zuordnung $h \to \sigma$ mit $\sigma(x) = h(1_x)\,(x \in U)$ einen Homomorphismus

$$f_U: \mathrm{Hom}_{\mathscr{A}|U}(\mathscr{A}|U, \mathscr{G}|U) \longrightarrow \Gamma(U, \mathscr{G}).$$

f_U ist offensichtlich bijektiv. Die f_U bilden einen Garbendatenisomorphismus, der einen Garbenisomorphismus $f: \mathscr{H}\!om_{\mathscr{A}}(\mathscr{A}, \mathscr{G}) \to \mathscr{G}$ induziert.

Satz 9.3. *Sind $\mathscr{G}$, $\mathscr{H}$ und $\mathscr{K}$ $\mathscr{A}$-Garben über X, so gilt*

$$\mathscr{H}\!om_{\mathscr{A}}(\mathscr{G} \oplus \mathscr{H}, \mathscr{K}) \cong \mathscr{H}\!om_{\mathscr{A}}(\mathscr{G}, \mathscr{K}) \oplus \mathscr{H}\!om_{\mathscr{A}}(\mathscr{H}, \mathscr{K})$$

$$\mathscr{H}\!om_{\mathscr{A}}(\mathscr{G}, \mathscr{H} \oplus \mathscr{K}) \cong \mathscr{H}\!om_{\mathscr{A}}(\mathscr{G}, \mathscr{H}) \oplus \mathscr{H}\!om_{\mathscr{A}}(\mathscr{G}, \mathscr{K}).$$

Beweis: Für jedes nichtleere offene $U \subset X$ ist

$$\mathrm{Hom}_{\mathscr{A}|U}((\mathscr{G} \oplus \mathscr{H})|U, \mathscr{K}|U) \cong \mathrm{Hom}_{\mathscr{A}|U}(\mathscr{G}|U, \mathscr{K}|U) \oplus \mathrm{Hom}_{\mathscr{A}|U}(\mathscr{H}|U, \mathscr{K}|U)$$

$$\cong \Gamma(U, \mathscr{H}\!om_{\mathscr{A}}(\mathscr{G}, \mathscr{K})) \oplus \Gamma(U, \mathscr{H}\!om_{\mathscr{A}}(\mathscr{H}, \mathscr{K}));$$

dabei ergibt sich der erste Isomorphismus aus Satz 7.1. Durch Übergang zum direkten Limes folgt hieraus die erste Behauptung. Die zweite Aussage wird analog bewiesen.

Satz 9.4. *Sind $\mathscr{G}$ und $\mathscr{H}$ freie $\mathscr{A}$-Garben über X, so ist auch $\mathscr{H}\!om_{\mathscr{A}}(\mathscr{G}, \mathscr{H})$ frei.*

Beweis: $\{W_k\}_{k \in K}$ sei eine offene Überdeckung von X, mit $\mathscr{G}|W_k \cong \mathscr{A}^{p_k}|W_k$ und $\mathscr{H}|W_k \cong \mathscr{A}^{q_k}|W_k$. $\mathscr{H}\!om_{\mathscr{A}}(\mathscr{G}, \mathscr{H})|W_k$ wird durch das Garbendatum $\{\Gamma(U, \mathscr{A}), \Gamma(U, \mathscr{H}\!om_{\mathscr{A}}(\mathscr{G}, \mathscr{H})), r'^V_U\}\,(U \subset W_k)$ induziert, das mit dem Garbendatum $\{\Gamma(U, \mathscr{A}), \mathrm{Hom}_{\mathscr{A}|U}(\mathscr{G}|U, \mathscr{H}|U), r^V_U\}\,(U \subset W_k)$ identifiziert werden kann. Ebenso wird $\mathscr{H}\!om_{\mathscr{A}}(\mathscr{A}^{p_k}, \mathscr{A}^{q_k})|W_k$ durch das Garbendatum $\{\Gamma(U, \mathscr{A}), \mathrm{Hom}_{\mathscr{A}|U}(\mathscr{A}^{p_k}|U, \mathscr{A}^{q_k}|U),$

$s_U^V\}$ $(U \subset W_k)$ definiert. Wegen

$$\mathrm{Hom}_{\mathscr{A}|U}(\mathscr{G}|U, \mathscr{H}|U) \cong \mathrm{Hom}_{\mathscr{A}|U}(\mathscr{A}^{p_k}|U, \mathscr{A}^{q_k}|U) \qquad (U \subset W_k)$$

ist $\mathscr{H}\!om_{\mathscr{A}}(\mathscr{G}, \mathscr{H})|W_k \cong \mathscr{H}\!om_{\mathscr{A}}(\mathscr{A}^{p_k}, \mathscr{A}^{q_k})|W_k$. Die letzte Garbe ist aber nach den Sätzen 9.2 und 9.3 isomorph zu $\mathscr{A}^{p_k q_k}|W_k$.

§ 10 Bild- und Urbildgarben

$f: X \to Y$ sei stetig und $\mathscr{A}$ eine Garbe von Ringen über X. Für jede offene Teilmenge U von Y setzen wir $A_U = \Gamma(f^{-1}(U), \mathscr{A})$; für $V \subset U$ sei $\bar{r}_U^V : A_U \to A_V$ der Restriktionshomomorphismus. Die durch das Garbendatum $\{A_U, \bar{r}_U^V\}$ definierte Garbe von Ringen über Y werde mit $f(\mathscr{A})$ bezeichnet. $f(\mathscr{A})$ heißt **Bildgarbe von** $\mathscr{A}$ bezüglich f.

Ist $\mathscr{G}$ eine $\mathscr{A}$-Garbe über X, so sei $G_U = \Gamma(f^{-1}(U), \mathscr{G})$ für jede offene Teilmenge U von Y; ferner bezeichne $r_U^V : G_U \to G_V$ den Restriktionshomomorphismus. G_U ist offensichtlich ein A_U-Modul und $r_U^V = (\bar{r}_U^V, r_U^V)$ ein Homomorphismus von (A_U, G_U) in (A_V, G_V). Das Garbendatum $\{A_U, G_U, r_U^V\}$ definiert eine $f(\mathscr{A})$-Garbe über Y, die wir mit $f(\mathscr{G})$ bezeichnen wollen. Auch $f(\mathscr{G})$ heißt Bildgarbe von $\mathscr{G}$ bezüglich f.

$\mathscr{G}$ und $\mathscr{H}$ seien nun $\mathscr{A}$-Garben über X und $h: \mathscr{G} \to \mathscr{H}$ ein Garbenhomomorphismus. Für jede offene Teilmenge U von Y induziert h einen Homomorphismus

$$h_{f^{-1}(U)} : \Gamma(f^{-1}(U), \mathscr{G}) \longrightarrow \Gamma(f^{-1}(U), \mathscr{H}).$$

Die $h_{f^{-1}(U)}$ bilden einen Garbendatenhomomorphismus von $\{\Gamma(f^{-1}(U), \mathscr{A}), \Gamma(f^{-1}(U), \mathscr{G}), r_U^V\}$ in $\{\Gamma(f^{-1}(U), \mathscr{A}), \Gamma(f^{-1}(U), \mathscr{H}), s_U^V\}$, der einen Garbenhomomorphismus $f(h) : f(\mathscr{G}) \to f(\mathscr{H})$ induziert. Ist weiter h' ein Garbenhomomorphismus von $\mathscr{H}$ in $\mathscr{K}$, so gilt offensichtlich $f(h' h) = f(h') f(h)$.

Satz 10.1. *Ist*

$$0 \longrightarrow \mathscr{G}' \xrightarrow{h'} \mathscr{G} \xrightarrow{h} \mathscr{G}''$$

eine exakte Sequenz von $\mathscr{A}$-Garben über X, so ist auch die Sequenz

$$0 \longrightarrow f(\mathscr{G}') \xrightarrow{f(h')} f(\mathscr{G}) \xrightarrow{f(h)} f(\mathscr{G}'')$$

von $f(\mathscr{A})$-Garben über Y exakt.

Beweis: Nach Satz 3.9 ist die Sequenz

$$0 \longrightarrow \Gamma(f^{-1}(U), \mathscr{G}') \xrightarrow{h'_{f^{-1}(U)}} \Gamma(f^{-1}(U), \mathscr{G}) \xrightarrow{h_{f^{-1}(U)}} \Gamma(f^{-1}(U), \mathscr{G}'')$$

für alle offenen Teilmengen U von Y exakt. Durch Übergang zum direkten Limes erhält man die Behauptung.

$f: X \to Y$ sei wieder eine stetige Abbildung und $\mathscr{G} = (G, \pi, Y)$ eine Garbe abelscher Gruppen über Y. Mit Hilfe von f und $\mathscr{G}$ konstruieren wir nun eine Garbe abelscher

Gruppen $f^*(\mathcal{G}) = (H, \tau, X)$ über X, die man als Urbildgarbe von $\mathcal{G}$ bezüglich f bezeichnet. Wir setzen $H = \{(x, g) \in X \times G : f(x) = \pi(g)\}$ und erklären $\tau : H \to X$ durch $\tau(x, g) = x$. H werde mit der durch $X \times G$ induzierten Topologie versehen. Wir beweisen zunächst, daß $\tau : H \to X$ ein lokaler Homöomorphismus ist. $(x, g) \in H$ sei fest gewählt. Zu $g \in G$ gibt es nach Satz 2.11 eine offene Umgebung U von $f(x)$ und einen Schnitt $\sigma : U \to G$ mit $\sigma(f(x)) = g$. Dann ist

$$(f^{-1}(U) \times \sigma(U)) \cap H = \{(\tilde{x}, \sigma(f(\tilde{x}))) : \tilde{x} \in f^{-1}(U)\}$$

eine offene Umgebung von (x, g) in H, die von τ homöomorph auf $f^{-1}(U)$ abgebildet wird.

$$f_x^* : \mathcal{G}_{f(x)} \longrightarrow \tau^{-1}(x)$$

bezeichne die durch die Zuordnung $g \to (x, g)$ erklärte Bijektion. Die Gruppenstruktur auf $\tau^{-1}(x)$ definieren wir so, daß f_x^* ein Isomorphismus wird. Man sieht dann leicht, daß die durch

$$((x, g_1), (x, g_2)) \longrightarrow (x, g_1 - g_2)$$

definierte Abbildung $\varphi : H \circ H \to H$ stetig ist. Daher ist $f^*(\mathcal{G}) = (H, \tau, X)$ eine Garbe abelscher Gruppen über X.

Sind $\mathcal{G}$ und $\mathcal{G}'$ Garben abelscher Gruppen über Y und ist $h : \mathcal{G} \to \mathcal{G}'$ ein Garbenhomomorphismus, so liefert die Zuordnung $(x, g) \to (x, h(g))$ $(g \in G)$ einen Garbenhomomorphismus $f^*(h) : f^*(\mathcal{G}) \to f^*(\mathcal{G}')$. Ist weiter h' ein Garbenhomomorphismus von $\mathcal{G}'$ in $\mathcal{G}''$, so gilt offenbar $f^*(h'h) = f^*(h') f^*(h)$. Der Beweis der beiden folgenden Sätze ist trivial.

Satz 10.2. *Ist*

$$0 \longrightarrow \mathcal{G}' \xrightarrow{h'} \mathcal{G} \xrightarrow{h} \mathcal{G}'' \longrightarrow 0$$

eine exakte Sequenz von Garben abelscher Gruppen über Y, so ist auch die Sequenz

$$0 \longrightarrow f^*(\mathcal{G}') \xrightarrow{f^*(h')} f^*(\mathcal{G}) \xrightarrow{f^*(h)} f^*(\mathcal{G}'') \longrightarrow 0$$

von Garben abelscher Gruppen über X exakt.

Satz 10.3. *Ist A ein Teilraum von X, $i : A \to X$ die kanonische Injektion und $\mathcal{G}$ eine Garbe abelscher Gruppen über X, so gilt*

$$i^*(\mathcal{G}) \cong \mathcal{G}|A .$$

Bislang haben wir nur die Urbilder von Garben abelscher Gruppen betrachtet. Ist $\mathcal{G}$ dagegen eine Garbe von Ringen, so kann die Urbildgarbe $f^*(\mathcal{G})$ in natürlicher Weise als Garbe von Ringen aufgefaßt werden. Entsprechend ist $f^*(\mathcal{G})$ eine $f^*(\mathcal{A})$-Garbe über X, wenn $\mathcal{G}$ eine $\mathcal{A}$-Garbe über Y ist.

§ 11 Die Erweiterung von Garben

Satz 11.1. *A sei eine Teilmenge des topologischen Raumes X. Die folgenden Aussagen sind äquivalent:*

1) *Jedes $a \in A$ besitzt eine offene Umgebung $U(a)$ in X, so daß $U(a) \cap A$ bezüglich $U(a)$ abgeschlossen ist.*

2) *A ist bezüglich $\bar{A}$ offen.*

3) *$A = U \cap B$, wobei U offen und B abgeschlossen in X ist.*

Beweis: Wir zeigen zunächst, daß 2) aus 1) folgt. a sei ein beliebiger Punkt aus A. a besitzt nach 1) eine offene Umgebung $U(a)$ in X, so daß $U(a) \cap A$ bezüglich $U(a)$ abgeschlossen ist. Daher gilt $U(a) \cap A = \overline{U(a) \cap A} \cap U(a)$. Andererseits ist wegen der Offenheit von $U(a)$ $U(a) \cap \bar{A} \subset \overline{U(a) \cap A} \cap U(a)$, also hat man $U(a) \cap \bar{A} \subset U(a) \cap A$, d. h. $U(a) \cap \bar{A} = U(a) \cap A$. $U(a) \cap A$ ist damit eine Umgebung von a bezüglich $\bar{A}$, die ganz in A enthalten ist, A ist also bezüglich $\bar{A}$ offen. Ist Bedingung 2) erfüllt, so besitzt A die Gestalt $A = U \cap \bar{A}$, U offen in X, d. h. 3) folgt aus 2). Weiter ergibt sich 1) aus 3): A habe die Gestalt $A = U \cap B$. Für jedes $a \in A$ setzen wir $U(a) = U$. Dann ist $U(a) \cap A = U(a) \cap B$, also ist $U(a) \cap A$ bezüglich $U(a)$ abgeschlossen.

Definition 11.2. *Eine Teilmenge A des topologischen Raumes X heißt* lokalabgeschlossen *in X, wenn sie einer der drei Bedingungen von Satz 11.1 (und damit allen) genügt.*

Aus dieser Definition folgt unmittelbar, daß insbesondere alle offenen bzw. abgeschlossenen Teilmengen von X lokalabgeschlossen sind.

Satz 11.3. *Ist A eine lokalabgeschlossene Teilmenge von X und $\mathcal{G}$ eine Garbe abelscher Gruppen über A, so gibt es (bis auf Isomorphie) genau eine Garbe $\mathcal{G}^X$ abelscher Gruppen über X mit $\mathcal{G}^X | A = \mathcal{G}$ und $\mathcal{G}^X | X - A = 0$.*

Beweis: Zunächst zeigen wir die Eindeutigkeit von $\mathcal{G}^X$. Ist U eine offene Teilmenge von X, so sei

$$\alpha_U : \Gamma(U, \mathcal{G}^X) \longrightarrow \Gamma(U \cap A, \mathcal{G})$$

derjenige Homomorphismus, der jedem Schnitt von $\mathcal{G}^X$ über U seine Einschränkung auf $U \cap A$ zuordnet. Wegen $\mathcal{G}^X | X - A = 0$ ist α_U injektiv. Bild α_U besteht, wie man leicht bestätigt, genau aus den Schnitten, deren Träger in U abgeschlossen sind. Hieraus folgt die Eindeutigkeit von $\mathcal{G}^X$, da die offene Teilmenge U von X beliebig gewählt worden war.

Wir kommen nun zur Konstruktion von $\mathcal{G}^X$. Für jede offene Teilmenge U von X sei

$$G_U = \{\sigma \in \Gamma(U \cap A, \mathcal{G}) : \mathrm{Tr}(\sigma) \quad \text{ist bezüglich } U \text{ abgeschlossen}\} .$$

G_U ist offensichtlich eine Untergruppe von $\Gamma(U \cap A, \mathcal{G})$. Der Restriktionshomomorphismus $\Gamma(U \cap A, \mathcal{G}) \to \Gamma(V \cap A, \mathcal{G})$ induziert einen Homomorphismus $r_U^V : G_U \to G_V$. Das Garbendatum $\{G_U, r_U^V\}$ definiert eine Garbe von abelschen Gruppen über

X, die wir mit $\mathscr{G}^X$ bezeichnen wollen. $\{G_U, r_U^V\}$ genügt den Bedingungen (G 1) in Satz 4.7 und (G 2) in Satz 4.8. Ist $x \in X - \bar{A}$, so gilt offenbar $\mathscr{G}_x^X = 0$. Nun sei $x \in \bar{A} - A, U$ eine offene Umgebung von x in X und $\sigma \in G_U$, d. h. es gilt $\sigma \in \Gamma(U \cap A, \mathscr{G})$, und $\mathrm{Tr}(\sigma)$ ist bezüglich U abgeschlossen. Wegen $x \notin A$ ist $x \in U - \mathrm{Tr}(\sigma)$, daher besitzt x eine offene Umgebung V bezüglich U (und damit bezüglich X) mit $V \subset U - \mathrm{Tr}(\sigma)$. Somit ist $\sigma | V \cap A = 0$, d. h. $\mathscr{G}_x^X = 0$. Schließlich sei $x \in A$. Da A lokalabgeschlossen ist, besitzt x eine offene Umgebung U, so daß $U \cap A$ bezüglich $\dot{U}$ abgeschlossen ist. Dann ist für jede offene Umgebung V von x mit $V \subset U$ $V \cap A$ in V abgeschlossen. Ist $\sigma \in \Gamma(V \cap A, \mathscr{G})$, so ist $\mathrm{Tr}(\sigma)$ in $V \cap A$ und damit in V abgeschlossen, d. h. $G_V = \Gamma(V \cap A, \mathscr{G})$ für alle offenen Umgebungen V von x mit $V \subset U$. Daher ist $\mathscr{G}_x^X = \mathscr{G}_x$ für alle $x \in A$. Für jedes $\sigma \in \Gamma(U \cap A, \mathscr{G}^X | A)$ sei $\hat{\sigma} \in \Gamma(U, \mathscr{G}^X)$ definiert durch $\hat{\sigma} | U \cap A = \sigma, \hat{\sigma} | U - U \cap A = 0$. Die Zuordnung $\sigma \to \hat{\sigma}$ liefert einen Isomorphismus $\Gamma(U \cap A, \mathscr{G}^X | A) = \Gamma(U, \mathscr{G}^X)$, daher ist

$$\Gamma(U \cap A, \mathscr{G}^X | A) = G_U = \Gamma(U \cap A, \mathscr{G}).$$

Hieraus entnimmt man, daß die Topologien von $\mathscr{G}^X | A$ und $\mathscr{G}$ übereinstimmen.

$\mathscr{G}^X$ heißt triviale Erweiterung von $\mathscr{G}$ auf X. $\mathscr{G}^X$ kann auch ohne Benutzung von Garbendaten konstruiert werden. Ist $\mathscr{G} = (G, \pi, A)$, so sei $\tilde{G} = G \cup X \times 0$ (wobei $A \times 0$ mit dem Nullschnitt von $\mathscr{G}$ identifiziert wird), und $\tilde{\pi} : \tilde{G} \to X$ erklären wir durch $\tilde{\pi}(g) = \pi(g)(g \in G)$, $\tilde{\pi}(x, 0) = x$. Für $g \in \tilde{\pi}^{-1}(X - A)$ sei $\mathfrak{B}(g)$ das System der Nullschnitte über den Umgebungen von $\tilde{\pi}(g)$. Ist $g \in \tilde{\pi}^{-1}(A)$, so gibt es eine Umgebung U von $\tilde{\pi}(g)$ und einen Schnitt $\sigma \in \Gamma(U \cap A, \mathscr{G})$ mit $\sigma(\tilde{\pi}(g)) = g$. $\mathfrak{B}(g)$ bestehe dann aus Mengen der Gestalt $\sigma(U \cap A) \cup (U - U \cap A) \times 0$. Für jedes $g \in \tilde{G}$ sei $\mathfrak{U}(g)$ das System der Obermengen von Elementen aus $\mathfrak{B}(g)$. Da die $\mathfrak{U}(g)$ die Umgebungsaxiome erfüllen (Beweis!), definieren die $\mathfrak{U}(g)$ auf $\tilde{G}$ eine Topologie, und $(\tilde{G}, \tilde{\pi}, X)$ ist gerade die Garbe $\mathscr{G}^X$.

$\mathscr{G}$ sei nun eine Garbe abelscher Gruppen über X und $\mathscr{G}_A = (\mathscr{G} | A)^X$. Ist A eine offene Teilmenge von X, so ist $\mathscr{G}_A$, wie man leicht bestätigt, eine Untergarbe von $\mathscr{G}$. Für ein abgeschlossenes $A \subset X$ ist $\mathscr{G}_A = \mathscr{G}/\mathscr{G}_{X-A}$. Man hat daher für jede abgeschlossene Teilmenge A von X die exakte Sequenz

$$0 \longrightarrow \mathscr{G}_{X-A} \longrightarrow \mathscr{G} \longrightarrow \mathscr{G}_A \longrightarrow 0.$$

Aufgaben zu Kapitel I

1. Man zeige, daß die Definition der Summe zweier Elemente eines direkten Limes abelscher Gruppen von der Wahl der Repräsentanten unabhängig ist.

2. N sei die gerichtete Menge der natürlichen Zahlen, $G_n = Z (n \in N)$, und $r_m^n : G_m \to G_n$ werde definiert durch $r_m^n(z) = z\frac{n!}{m!}(z \in Z)$. Dann ist $\varinjlim G_n$ isomorph zur abelschen Gruppe der rationalen Zahlen.

3. Das Tripel (G, π, X) ist genau dann eine Garbe abelscher Gruppen, wenn gilt: 1) $\pi : G \to X$ ist ein lokaler Homöomorphismus. 2) Für jedes $x \in X$ besitzt $\mathscr{G}_x = \pi^{-1}(x)$ die Struktur einer abelschen Gruppe. 3) Sind $\sigma(U)$ und $\sigma'(U)$ Schnittflächen über der offenen Teilmenge U von X, so ist auch die halmweise gebildete Differenz $\sigma(U) - \sigma'(U)$ eine Schnittfläche über U.

4. $\mathscr{G} = (G, \pi, X)$ sei eine Garbe abelscher Gruppen. Ist X ein T_1-Raum, so auch G.

5. $\mathscr{G} = (G, \pi, X)$ sei eine Garbe abelscher Gruppen. Ist G separiert, so ist der Nullschnitt über X abgeschlossen.

6. Eine Garbe $\mathscr{G} = (G, \pi, X)$ abelscher Gruppen heißt lokal konstant, wenn jeder Punkt $x \in X$ eine offene Umgebung U besitzt, so daß $\mathscr{G} | U$ isomorph zu einer konstanten Garbe ist. Ist $\mathscr{G}$ lokal konstant und X separiert, so ist auch G separiert.

7. $\mathscr{G}$ und $\mathscr{H}$ seien $\mathscr{A}$-Garben über X, und $U \subset X$ sei offen. Dann ist
$$\Gamma(U, \mathscr{G} \oplus \mathscr{H}) \cong \Gamma(U, \mathscr{G}) \oplus \Gamma(U, \mathscr{H}).$$

8. I bezeichne das Einheitsintervall $[0, 1]$, und $\mathscr{G} = (G, \pi, I)$, $\mathscr{G}'' = (G'', \pi'', I)$ seien die Garben mit $G = I \times \mathbf{Z}_2$, $G'' = I \times 0 \cup \{0\} \times \mathbf{Z}_2 \cup \{1\} \times \mathbf{Z}_2$. Die natürliche Abbildung $h : \mathscr{G} \to \mathscr{G}''$ ist surjektiv und induziert einen Homomorphismus $h_I : \Gamma(I, \mathscr{G}) \to \Gamma(I, \mathscr{G}'')$. Man zeige, daß h_I nicht surjektiv ist.

9. $\mathscr{G}$ sei eine $\mathscr{A}$-Garbe über X. Man führe genau aus, daß man aus dem kanonischen Garbendatum $\{\Gamma(U, \mathscr{A}), \Gamma(U, \mathscr{G}), r_U^V\}$ die Garbe $\mathscr{G}$ zurückgewinnt.

10. $\{G_U, r_U^V\}$ sei ein Garbendatum abelscher Gruppen. Dann sind (G 1) in Satz 4.7 und (G 2) in Satz 4.8 äquivalent zu der Bedingung, daß die Sequenz

$$0 \longrightarrow G_U \xrightarrow{\alpha} \prod_i G_{U_i} \xrightarrow{\beta} \prod_{(i,j)} G_{U_i \cap U_j}$$

exakt ist; dabei ist $\alpha(g) = (r_U^{U_i} g)$ und $\beta(g_i) = (r_{U_i}^{U_i \cap U_j} g_i - r_{U_j}^{U_i \cap U_j} g_j)$.

11. $\mathscr{G}'$ sei eine Untergarbe von $\mathscr{G}$ ($\mathscr{G}'$ und $\mathscr{G}$ Garben abelscher Gruppen). Dann ist das Quotientengarbendatum $\{\Gamma(U, \mathscr{G})/\Gamma(U, \mathscr{G}'), r''^V_U\}$ ein Untergarbendatum von $\{\Gamma(U, \mathscr{G}/\mathscr{G}'), r_U^V\}$.

12. Das Garbendatum $\{A^n(U; G), r_U^V\}$ (vgl. Beispiel 6.4) genügt der Bedingung (G 2) in Satz 4.8.

13. $\mathscr{C} = (C, \pi, \mathbf{R}^1)$ sei die Garbe der Keime von lokalen stetigen reellwertigen Funktionen auf dem $\mathbf{R}^1$. Man zeige, daß C nicht separiert ist.

14. X bezeichne die komplexe Ebene, $\mathcal{O}$ die Garbe der Keime von lokalen holomorphen Funktionen auf X und $\mathscr{G}$ die konstante Garbe $X \times C^1$. Dann ist die Sequenz

$$0 \longrightarrow \mathscr{G} \xrightarrow{i} \mathcal{O} \xrightarrow{h} \mathcal{O} \longrightarrow 0$$

exakt, wobei i die natürliche Inklusion und h die Differentiation sei.

15. Das Garbendatum $\{S^n(U; G), r_U^V\}$ (vgl. Beispiel 6.5) genügt der Bedingung (G 2) in Satz 4.8.

16. $\{\mathscr{G}^i\}_{i \in I}$ sei eine Familie von Garben abelscher Gruppen über X. Das Garbendatum $\{\prod_{i \in I} \Gamma(U, \mathscr{G}^i), r_U^V\}$ genügt den Bedingungen (G 1) in Satz 4.7 und (G 2) in Satz 4.8.

17. Durch jeden Punkt aus $(\mathscr{G} \underset{\mathscr{A}}{\otimes} \mathscr{H})_x$ geht ein Schnitt der Gestalt $y \to \sum_i \sigma_i(y) \otimes \tau_i(y)$ $(\sigma_i \in \Gamma(U, \mathscr{G})$, $\tau_i \in \Gamma(U, \mathscr{H})$, U eine Umgebung von x).

18. Sind $\mathscr{G}$ und $\mathscr{H}$ freie $\mathscr{A}$-Garben, so ist $\mathscr{H}\!om_{\mathscr{A}}(\mathscr{G},\mathscr{H}) = \mathscr{H} \underset{\mathscr{A}}{\otimes} \mathscr{H}\!om_{\mathscr{A}}(\mathscr{G},\mathscr{A})$.

19. Man zeige, daß die Gruppenoperationen auf der Urbildgarbe stetig sind (vgl. § 10).

20. Ist A ein Teilraum von $X, i: A \to X$ die Inklusion und $\mathscr{G}$ eine Garbe über A, so gilt $i(\mathscr{G})\,|\,A = \mathscr{G}$.

21. Die lokalabgeschlossene Teilmenge A von X habe die Gestalt $A = U \cap B\,(U$ offen und B abgeschlossen in X). Ist $\mathscr{G}$ eine Garbe abelscher Gruppen über X, so gilt $\mathscr{G}_A = (\mathscr{G}_B)_U = (\mathscr{G}_U)_B$.

22. Für jede Garbe $\mathscr{G}$ abelscher Gruppen über X und jede lokalabgeschlossene Teilmenge A von X ist $\mathscr{G}_A = \mathscr{Z}_A \underset{\mathscr{Z}}{\otimes} \mathscr{G}$.

23. Ist $\mathscr{G}$ eine Garbe abelscher Gruppen über X und U eine offene Teilmenge von X, so ist $\mathrm{Hom}\,(\mathscr{Z}_U,\mathscr{G}) = \Gamma(U,\mathscr{G})$.

24. A sei ein lokalabgeschlossener Teilraum von X und $\mathscr{G}, \mathscr{H}$ seien Garben abelscher Gruppen über A. Dann ist $\mathscr{G}^X \underset{\mathscr{Z}}{\otimes} \mathscr{H}^X \cong (\mathscr{G} \underset{\mathscr{Z}}{\otimes} \mathscr{H})^X$.

II Azyklische Garben

§ 12 Welke Garben

Definition 12.1. *$\{U_i\}_{i\in I}$ und $\{V_i\}_{i\in I}$ seien offene Überdeckungen des topologischen Raumes X. $\{V_i\}_{i\in I}$ heißt* Schrumpfung *von $\{U_i\}_{i\in I}$, wenn $\bar{V}_i \subset U_i$ für alle $i \in I$.*

Ein separierter topologischer Raum X heißt p a r a k o m p a k t, wenn jede offene Überdeckung von X eine lokalendliche offene Verfeinerung besitzt. Jeder abgeschlossene Teilraum eines parakompakten Raumes ist parakompakt. Jeder parakompakte Raum ist normal. Ein lokalkompakter, im unendlichen abzählbarer Raum ist parakompakt.

Satz 12.2   (S c h r u m p f u n g s s a t z).   *Jede lokalendliche offene Überdeckung eines normalen Raumes besitzt eine Schrumpfung.*

Dieser Satz gilt speziell für parakompakte Räume. Den Beweis von Satz 12.2 und der obigen Behauptungen führen wir nicht aus, sondern verweisen auf Bücher über mengentheoretische Topologie.

Definition 12.3. *Ein System ϕ von abgeschlossenen Teilmengen des topologischen Raumes X heißt* Trägerfamilie, *wenn gilt:*

(T 1) *Aus $A, B \in \phi$ folgt $A \cup B \in \phi$.*

(T 2) *Ist B eine abgeschlossene Teilmenge von $A \in \phi$, so gilt $B \in \phi$.*

Beispielsweise bildet das System aller abgeschlossenen Teilmengen von X eine Trägerfamilie.

Ist $\mathscr{G}$ eine Garbe abelscher Gruppen über X, so sei

$$\Gamma_\phi(\mathscr{G}) = \{\sigma \in \Gamma(X,\mathscr{G}) : \mathrm{Tr}(\sigma) \in \phi\}.$$

$\Gamma_\phi(\mathscr{G})$ ist eine Untergruppe von $\Gamma(X,\mathscr{G})$: Sind $\sigma_1, \sigma_2 \in \Gamma_\phi(\mathscr{G})$, so gilt $\mathrm{Tr}(\sigma_1 - \sigma_2)$ $\subset \mathrm{Tr}(\sigma_1) \cup \mathrm{Tr}(\sigma_2)$. Nach (T 1) ist $\mathrm{Tr}(\sigma_1) \cup \mathrm{Tr}(\sigma_2) \in \phi$, nach (T 2) gehört auch $\mathrm{Tr}(\sigma_1 - \sigma_2)$ zu ϕ, d. h. $\sigma_1 - \sigma_2 \in \Gamma_\phi(\mathscr{G})$. Weiter sei $h : \mathscr{G} \to \mathscr{G}'$ ein Garbenhomomorphismus und $\sigma \in \Gamma_\phi(\mathscr{G})$. Wegen $\mathrm{Tr}(h\sigma) \subset \mathrm{Tr}(\sigma)$ ist $\mathrm{Tr}(h\sigma) \in \phi$, h induziert also einen Homomorphismus $h_X : \Gamma_\phi(\mathscr{G}) \to \Gamma_\phi(\mathscr{G}')$. Das folgende Resultat wird wie Satz 3.9 bewiesen:

Satz 12.4. *Ist*

$$0 \longrightarrow \mathscr{G}' \overset{h'}{\longrightarrow} \mathscr{G} \overset{h}{\longrightarrow} \mathscr{G}''$$

eine exakte Sequenz von Garben abelscher Gruppen über X, so ist auch die induzierte Sequenz

$$0 \longrightarrow \Gamma_\phi(\mathscr{G}') \overset{h'_X}{\longrightarrow} \Gamma_\phi(\mathscr{G}) \overset{h_X}{\longrightarrow} \Gamma_\phi(\mathscr{G}'')$$

für jede Trägerfamilie ϕ auf X exakt.

Im Hinblick auf die späteren Untersuchungen ist der Begriff der Trägerfamilie noch zu allgemein. Wir definieren daher:

Definition 12.5. *Eine Trägerfamilie ϕ heißt* parakompaktifizierend, *wenn gilt:*

(T 3) *Jedes $A \in \phi$ ist parakompakt.*

(T 4) *Jedes $A \in \phi$ besitzt eine Umgebung, die zu ϕ gehört.*

Ist X lokalkompakt und ϕ das System der kompakten Teilmengen von X, so ist ϕ parakompaktifizierend. Ebenso bildet das System der abgeschlossenen Teilmengen eines parakompakten Raumes eine parakompaktifizierende Trägerfamilie.

Definition 12.6. *Eine teilweise geordnete Menge M heißt* geordnet, *wenn gilt:*
1) *Für je zwei Elemente $\alpha, \beta \in M$ gilt $\alpha \leqq \beta$ oder $\beta \leqq \alpha$.*
2) *Aus $\alpha \leqq \beta, \beta \leqq \alpha$ folgt $\alpha = \beta$.*

M sei eine teilweise geordnete Menge. Ist $\alpha \leqq \beta$ und $\alpha \neq \beta$, so schreiben wir $\alpha < \beta$. $\alpha \in M$ heißt m a x i m a l, wenn es in M kein β gibt mit $\alpha < \beta$. Eine Teilmenge N von M heißt n a c h   o b e n   b e s c h r ä n k t, wenn es ein $\beta \in M$ gibt mit $\alpha \leqq \beta$ für alle $\alpha \in N$. β nennt man o b e r e   S c h r a n k e von N.

Satz 12.7 (Z o r n s c h e s   L e m m a). *Ist jede geordnete Teilmenge einer teilweise geordneten Menge M nach oben beschränkt, so besitzt M mindestens ein maximales Element.*

Wir verzichten auf den Beweis dieses Satzes und verweisen auf Bücher über Mengenlehre.

Nach diesen Vorbereitungen kommen wir nun zur Definition der welken Garben.

Definition 12.8. *Eine Garbe $\mathcal{G}$ von abelschen Gruppen über X heißt* welk, *wenn jede Schnittfläche in $\mathcal{G}$ über einer offenen Teilmenge U von X zu einer Schnittfläche in $\mathcal{G}$ über X fortgesetzt werden kann.*

$\mathcal{G}$ ist offenbar genau dann welk, wenn der Restriktionshomomorphismus $\Gamma(X,\mathcal{G}) \to \Gamma(U,\mathcal{G})$ für jede offene Teilmenge U von X surjektiv ist.

Beispiel 12.9. $\mathcal{G} = (G,\pi,X)$ sei eine Garbe abelscher Gruppen und U eine offene Teilmenge von X. $C^0(U;\mathcal{G})$ bezeichne dann die Menge der (nicht notwendig stetigen) Abbildungen $f: U \to G$ mit $\pi f = \mathrm{id}_U$, d.h.

$$C^0(U;\mathcal{G}) = \prod_{x \in U} \mathcal{G}_x.$$

Bezüglich punktweiser Operationen ist $C^0(U;\mathcal{G})$ eine abelsche Gruppe. Weiter sei $r_U^V : C^0(U;\mathcal{G}) \to C^0(V;\mathcal{G})(V \subset U)$ der Restriktionshomomorphismus. Das Garbendatum $\{C^0(U;\mathcal{G}),r_U^V\}$ definiert eine Garbe abelscher Gruppen über X, die wir mit $\mathcal{C}^0(X;\mathcal{G})$ bezeichnen. Da das Garbendatum $\{C^0(U;\mathcal{G}),r_U^V\}$ den Bedingungen (G 1) in Satz 4.7 und (G 2) in Satz 4.8 genügt, können wir $\Gamma(U,\mathcal{C}^0(X;\mathcal{G}))$ für jede offene Teilmenge U von X mit $C^0(U;\mathcal{G})$ identifizieren. Daher ist $\mathcal{C}^0(X;\mathcal{G})$ eine welke Garbe. Die Inklusionen $\Gamma(U,\mathcal{G}) \to C^0(U;\mathcal{G})$ definieren einen Monomorphismus

$$\varepsilon : \mathcal{G} \longrightarrow \mathcal{C}^0(X;\mathcal{G}).$$

Beispiel 12.10. Ist $\mathcal{G}$ eine welke Garbe über X und $U \subset X$ offen, so ist auch $\mathcal{G}|U$ welk.

Satz 12.11. $f: X \to Y$ *sei eine stetige Abbildung und $\mathcal{G}$ eine welke Garbe über X. Dann ist auch die Bildgarbe $f(\mathcal{G})$ welk.*

Beweis: $f(\mathcal{G})$ wird durch das Garbendatum $\{\Gamma(f^{-1}(U),\mathcal{G}),r_U^V\}$ (U offen in Y) definiert, welches den Bedingungen (G 1) in Satz 4.7 und (G 2) in Satz 4.8 genügt. Die Behauptung ergibt sich dann aus dem kommutativen Diagramm

$$
\begin{array}{ccc}
\Gamma(Y,f(\mathcal{G})) & \cong & \Gamma(X,\mathcal{G}) \\
\downarrow & & \downarrow \\
\Gamma(U,f(\mathcal{G})) & \cong & \Gamma(f^{-1}(U),\mathcal{G})
\end{array}
$$

und der Tatsache, daß $\mathcal{G}$ welk ist.

Satz 12.12. *Ist A eine abgeschlossene Teilmenge von X und $\mathcal{G}$ eine welke Garbe über A, so ist auch die triviale Erweiterung $\mathcal{G}^X$ welk.*

Beweis: Bezeichnet $i: A \to X$ die Inklusion, so ist $i(\mathcal{G}) = \mathcal{G}^X$. Die Behauptung folgt dann aus dem letzten Satz.

Satz 12.13. $$0 \longrightarrow \mathcal{G}' \xrightarrow{h'} \mathcal{G} \xrightarrow{h} \mathcal{G}'' \longrightarrow 0$$

sei eine exakte Sequenz von Garben abelscher Gruppen über X. *Ist* $\mathscr{G}'$ *welk, so ist die induzierte Sequenz*

$$0 \longrightarrow \Gamma_\phi(\mathscr{G}') \longrightarrow \Gamma_\phi(\mathscr{G}) \longrightarrow \Gamma_\phi(\mathscr{G}'') \longrightarrow 0$$

für jede Trägerfamilie ϕ *auf* X *exakt; insbesondere ist*

$$0 \longrightarrow \Gamma(U,\mathscr{G}') \longrightarrow \Gamma(U,\mathscr{G}) \longrightarrow \Gamma(U,\mathscr{G}'') \longrightarrow 0$$

für jede offene Teilmenge U *von* X *exakt.*

Beweis: 1) Wir beweisen zunächst die Exaktheit der Sequenz

$$0 \longrightarrow \Gamma_\phi(\mathscr{G}') \longrightarrow \Gamma_\phi(\mathscr{G}) \longrightarrow \Gamma_\phi(\mathscr{G}'') \longrightarrow 0.$$

Nach Satz 12.4 genügt es zu zeigen, daß der Homomorphismus $\Gamma_\phi(\mathscr{G}) \to \Gamma_\phi(\mathscr{G}'')$ surjektiv ist. $\sigma'' \in \Gamma_\phi(\mathscr{G}'')$ sei gegeben. M bezeichne die Menge der Paare $(U,\tau), U$ offen in $X, \tau \in \Gamma(U,\mathscr{G})$ mit $h\tau = \sigma''|U$. M wird zu einer teilweise geordneten Menge durch die Vereinbarung : $(U,\tau) \leq (U',\tau')$ genau dann, wenn $U \subset U'$, $\tau'|U = \tau$. Da in M jede geordnete Teilmenge nach oben beschränkt ist, besitzt M nach dem Zornschen Lemma mindestens ein maximales Element (V,τ). Wir nehmen nun an, daß $V \neq X$. Ist $x \in X - V$, so gibt es nach Hilfssatz 3.4 eine offene Umgebung W von x und ein $\tau' \in \Gamma(W,\mathscr{G})$ mit $h\tau' = \sigma''|W$. Ist τ'' der Schnitt

$$\tau'' = \tau\,|\,V \cap W - \tau'\,|\,V \cap W,$$

so gilt offensichtlich $h\tau'' = 0$. Wegen der Exaktheit der Sequenz

$$0 \longrightarrow \Gamma(V \cap W,\mathscr{G}') \longrightarrow \Gamma(V \cap W,\mathscr{G}) \longrightarrow \Gamma(V \cap W,\mathscr{G}'')$$

gibt es ein $\varphi \in \Gamma(V \cap W,\mathscr{G}')$ mit $h'\varphi = \tau''$. Da $\mathscr{G}'$ als welk vorausgesetzt wurde, läßt sich φ zu einem Schnitt $\bar\varphi \in \Gamma(W,\mathscr{G}')$ fortsetzen. Bilden wir den Schnitt $\tau' + h'\bar\varphi \in \Gamma(W,\mathscr{G})$, so gilt offensichtlich $h(\tau' + h'\bar\varphi) = \sigma''|W$. Da τ und $\tau' + h'\bar\varphi$ auf $V \cap W$ übereinstimmen, definieren τ und $\tau' + h'\bar\varphi$ einen Schnitt $\tilde\tau \in \Gamma(V \cup W,\mathscr{G})$ mit $h\tilde\tau = \sigma''|V \cup W$. Damit erhalten wir einen Widerspruch zur Maximalität von (V,τ), also ist $V = X$.

Bislang haben wir gezeigt, daß ein $\tau \in \Gamma(X,\mathscr{G})$ existiert mit $h\tau = \sigma''$. Wegen $h\tau|X - \mathrm{Tr}(\sigma'') = 0$ gibt es ein $\psi \in \Gamma(X - \mathrm{Tr}(\sigma''),\mathscr{G}')$ mit der Eigenschaft $h'\psi = \tau|X - \mathrm{Tr}(\sigma'')$. ψ können wir zu einem Schnitt $\bar\psi \in \Gamma(X,\mathscr{G}')$ fortsetzen, da wir $\mathscr{G}'$ als welk vorausgesetzt haben. Setzt man $\sigma = \tau - h'\bar\psi$, so gilt $h\sigma = \sigma''$ und $\mathrm{Tr}(\sigma) \subset \mathrm{Tr}(\sigma'')$. Nach (T 2) in Definition 12.3 ist $\mathrm{Tr}(\sigma) \in \phi$, d. h. $\Gamma_\phi(\mathscr{G}) \to \Gamma_\phi(\mathscr{G}'')$ ist surjektiv.

2) Die Exaktheit der Sequenz

$$0 \longrightarrow \Gamma(U,\mathscr{G}') \longrightarrow \Gamma(U,\mathscr{G}) \longrightarrow \Gamma(U,\mathscr{G}'') \longrightarrow 0$$

ergibt sich aus der ersten Behauptung, da $\mathscr{G}'|U$ für jede offene Teilmenge U von X welk ist. Damit ist der Satz vollständig bewiesen.

Als Folgerung aus dem letzten Satz erhalten wir

Satz 12.14.
$$0 \longrightarrow \mathcal{G}' \xrightarrow{h'} \mathcal{G} \xrightarrow{h} \mathcal{G}'' \longrightarrow 0$$

sei eine exakte Sequenz von Garben abelscher Gruppen über X. Sind $\mathcal{G}'$ und $\mathcal{G}$ welk, so ist auch $\mathcal{G}''$ welk.

Beweis: Ist $\sigma'' \in \Gamma(U, \mathcal{G}'')$, so gibt es wegen der Exaktheit der Sequenz

$$0 \longrightarrow \Gamma(U, \mathcal{G}') \longrightarrow \Gamma(U, \mathcal{G}) \longrightarrow \Gamma(U, \mathcal{G}'') \longrightarrow 0$$

ein $\sigma \in \Gamma(U, \mathcal{G})$ mit $h\sigma = \sigma''$. Da wir $\mathcal{G}$ als welk vorausgesetzt haben, läßt sich σ zu einem globalen Schnitt $\bar{\sigma} \in \Gamma(X, \mathcal{G})$ fortsetzen. Dann ist $h\bar{\sigma} \in \Gamma(X, \mathcal{G}'')$ eine Fortsetzung von σ''.

Satz 12.15. *Ist*

$$0 \longrightarrow \mathcal{G}^0 \xrightarrow{h^0} \mathcal{G}^1 \xrightarrow{h^1} \mathcal{G}^2 \longrightarrow \cdots$$

eine exakte Sequenz welker Garben von abelschen Gruppen über X, so ist auch die induzierte Sequenz

$$0 \longrightarrow \Gamma_\phi(\mathcal{G}^0) \xrightarrow{\bar{h}^0} \Gamma_\phi(\mathcal{G}^1) \xrightarrow{\bar{h}^1} \Gamma_\phi(\mathcal{G}^2) \longrightarrow \cdots$$

für jede Trägerfamilie ϕ auf X exakt.

Beweis: Wir bemerken zunächst, daß $\Gamma_\phi(\operatorname{Kern} h^q) = \operatorname{Kern} \bar{h}^q$. Wegen der Exaktheit der Folge

$$0 \longrightarrow \mathcal{G}^0 \xrightarrow{h^0} \mathcal{G}^1 \xrightarrow{h^1} \mathcal{G}^2 \longrightarrow \cdots$$

ist die Sequenz

$$0 \longrightarrow \operatorname{Kern} h^{q-1} \longrightarrow \mathcal{G}^{q-1} \xrightarrow{h^{q-1}} \operatorname{Kern} h^q \longrightarrow 0$$

für jedes $q \geqq 1$ exakt. Mit Hilfe von Satz 12.14 zeigt man durch vollständige Induktion, daß alle Garben $\operatorname{Kern} h^q (q \geqq 0)$ welk sind. Nach Satz 12.13 ist dann die Sequenz

$$0 \longrightarrow \Gamma_\phi(\operatorname{Kern} h^{q-1}) \longrightarrow \Gamma_\phi(\mathcal{G}^{q-1}) \longrightarrow \Gamma_\phi(\operatorname{Kern} h^q) \longrightarrow 0,$$

d. h. die Sequenz

$$0 \longrightarrow \operatorname{Kern} \bar{h}^{q-1} \longrightarrow \Gamma_\phi(\mathcal{G}^{q-1}) \xrightarrow{\bar{h}^{q-1}} \operatorname{Kern} \bar{h}^q \longrightarrow 0$$

exakt. Hieraus ergibt sich schließlich die Behauptung.

§ 13 Weiche Garben

Satz 13.1. *A sei eine abgeschlossene Teilmenge des parakompakten Raumes X und $\mathcal{G}$ eine Garbe abelscher Gruppen über X. Dann kann jeder Schnitt von $\mathcal{G}$ über A zu einem Schnitt über einer Umgebung von A fortgesetzt werden.*

Beweis: $\sigma \in \Gamma(A, \mathscr{G})$ sei gegeben. Ist $x \in A$, so gibt es einen Schnitt τ_x über einer offenen Umgebung $U(x)$ von x mit $\tau_x(x) = \sigma(x)$. Dann ist

$$V(x) = (U(x) - U(x) \cap A) \cup \{y \in U(x) \cap A : \tau_x(y) = \sigma(y)\}$$

eine offene Umgebung von x (Beweis!). Definiert man $\sigma_x \in \Gamma(V(x), \mathscr{G})$ durch $\sigma_x = \tau_x | V(x)$, so gilt

$$\sigma_x | V(x) \cap A = \tau_x | V(x) \cap A = \sigma | V(x) \cap A \,.$$

Für $x \in X - A$ setzen wir $V(x) = X - A$ und $\sigma_x = 0$. Zu der offenen Überdeckung $\{V(x)\}_{x \in X}$ von X gibt es wegen der Parakompaktheit von X eine lokalendliche offene Verfeinerung $\{U_i\}_{i \in I}$. Für jedes $i \in I$ wählen wir ein $x_i \in X$ mit $U_i \subset V(x_i)$ und definieren $\sigma_i \in \Gamma(U_i, \mathscr{G})$ durch $\sigma_i = \sigma_{x_i} | U_i$. Ist $U_i \cap A \neq \emptyset$, so gilt

$$\sigma_i | U_i \cap A = \sigma_{x_i} | U_i \cap A = \sigma | U_i \cap A \,. \tag{13.1}$$

Die lokalendliche Überdeckung $\{U_i\}_{i \in I}$ besitzt nach Satz 12.2 eine Schrumpfung $\{V_i\}_{i \in I}$. Dann bezeichne W die Menge

$$W = \{x \in X : x \in \bar{V_i} \cap \bar{V_j} \implies \sigma_i(x) = \sigma_j(x)\} \,.$$

Wegen (13.1) ist $W \supset A$. Ist $x \in W$, so sei $\tau(x) = \sigma_i(x)$ für irgendein $i \in I$ mit $x \in \bar{V_i}$. Offensichtlich gilt $\tau | A = \sigma$. Es bleibt zu zeigen, daß W offen und τ stetig ist. Ist $x \in W$, so besitzt x eine Umgebung $W(x)$, die nur endlich viele $\bar{V_i}$ trifft. $W(x)$ kann derart modifiziert werden, daß gilt: Sind $\bar{V}_{i_1}, \dots, \bar{V}_{i_n}$ diejenigen $\bar{V_i}$, die $W(x)$ treffen, so ist $x \in \bar{V}_{i_\nu} (\nu = 1, \dots, n)$. Wegen $x \in W$ gilt

$$\sigma_{i_1}(x) = \cdots = \sigma_{i_n}(x) \,.$$

Die σ_{i_ν} stimmen damit in einer ganzen Umgebung $\tilde{W}(x) \subset W(x)$ überein, die offensichtlich in W enthalten ist. Daher ist W offen. Die Stetigkeit von τ ergibt sich schließlich aus der Stetigkeit der σ_i.

Korollar 13.2. *A sei eine abgeschlossene Teilmenge des topologischen Raumes X und $\mathscr{G}$ eine Garbe abelscher Gruppen über X. Besitzt A eine parakompakte Umgebung B in X, so kann jeder Schnitt von $\mathscr{G}$ über A zu einem Schnitt über einer Umgebung von A fortgesetzt werden.*

Beweis: Die Behauptung ergibt sich aus Satz 13.1 mit $X = B$.

A sei ein Teilraum von X, $\mathscr{G}$ eine Garbe abelscher Gruppen über X und M die Menge der offenen Umgebungen von A. Sind U und V aus M, so setzen wir $U \leq V$ genau dann, wenn $V \subset U$. M ist vermöge der Beziehung $\leq$ gerichtet. Für $U \leq V$ sei $\varrho_U^V : \Gamma(U, \mathscr{G}) \to \Gamma(V, \mathscr{G})$ der Restriktionshomomorphismus. $\{\Gamma(U, \mathscr{G}), \varrho_U^V\}$ ist dann ein direktes System abelscher Gruppen. Es gilt nun der

Satz 13.3. *A sei eine abgeschlossene Teilmenge des parakompakten Raumes X und $\mathscr{G}$*

eine Garbe abelscher Gruppen über X. Dann ist

$$\Gamma(A,\mathscr{G}) \;\cong\; \varinjlim \Gamma(U,\mathscr{G})\,.$$

Beweis: Die Behauptung folgt aus Satz 13.1 und der Tatsache, daß zwei Schnitte $\sigma_1 \in \Gamma(U_1,\mathscr{G}), \sigma_2 \in \Gamma(U_2,\mathscr{G})(U_1,U_2 \in M)$ mit $\sigma_1|A = \sigma_2|A$ auf einer Umgebung von A übereinstimmen.

Definition 13.4. *ϕ sei eine parakompaktifizierende Familie auf dem topologischen Raum X. Eine Garbe $\mathscr{G}$ abelscher Gruppen über X heißt ϕ-weich, wenn für jedes $A \in \phi$ der Restriktionshomomorphismus $\Gamma(X,\mathscr{G}) \to \Gamma(A,\mathscr{G})$ surjektiv ist.*

Eine ϕ-weiche Garbe nennt man kurz weich, wenn X parakompakt und ϕ die Familie der abgeschlossenen Teilmengen von X ist.

Satz 13.5. *$\mathscr{G}$ sei eine Garbe abelscher Gruppen über dem topologischen Raum X und ϕ eine parakompaktifizierende Familie auf X. Dann sind die folgenden Aussagen gleichwertig:*

1) $\mathscr{G}$ ist ϕ-weich.
2) Für jedes Paar $A, B \in \phi$ mit $A \subset B$ ist der Restriktionshomomorphismus $\Gamma(B,\mathscr{G})$ $\to \Gamma(A,\mathscr{G})$ surjektiv.
3) Ist A eine abgeschlossene Teilmenge von X und $\sigma \in \Gamma(A,\mathscr{G})$ mit $\mathrm{Tr}(\sigma) \in \phi$, so läßt sich σ zu einem Schnitt über X mit Träger in ϕ fortsetzen.
4) Ist $A \in \phi$ und $\sigma \in \Gamma(A,\mathscr{G})$, so läßt sich σ zu einem Schnitt über X mit Träger in ϕ fortsetzen.

Beweis: Zunächst ist klar, daß $3) \Rightarrow 4) \Rightarrow 1) \Rightarrow 2)$. Wir zeigen nun, daß 3) aus 2) folgt. $A \subset X$ sei abgeschlossen und $\sigma \in \Gamma(A,\mathscr{G})$ mit $\mathrm{Tr}(\sigma) \in \phi$. $B \in \phi$ sei eine Umgebung von $\mathrm{Tr}(\sigma)$ und $C \in \phi$ eine Umgebung von B. Dann ist $D = (A \cap C) \cup (C - \mathring{B})$ ($\mathring{B}$ bezeichne das Innere von B) eine abgeschlossene Teilmenge von C, also ist $D \in \phi$. $\sigma' \in \Gamma(D,\mathscr{G})$ werde definiert durch

$$\sigma'|A \cap C = \sigma|A \cap C, \qquad \sigma'|C - \mathring{B} = 0\,.$$

Nach 2), angewandt auf das Paar $D, C \in \phi$, läßt sich σ' zu einem Schnitt $\sigma'' \in \Gamma(C,\mathscr{G})$ erweitern. Schließlich erklären wir $\tau \in \Gamma(X,\mathscr{G})$ durch

$$\tau|C = \sigma'', \qquad \tau|X - \mathring{B} = 0\,.$$

Wegen $\mathrm{Tr}(\tau) \subset B$ und $B \in \phi$ ist $\mathrm{Tr}(\tau) \in \phi$. Schließlich gilt $\tau|A = \sigma$, τ ist also eine Fortsetzung von σ mit $\mathrm{Tr}(\tau) \in \phi$.

Satz 13.6. *$\mathscr{G}$ sei eine Garbe abelscher Gruppen über dem parakompakten Raum X. Jeder Punkt $x \in X$ besitze eine offene Umgebung $V(x)$ mit der Eigenschaft: Ist $A \subset V(x)$ in X abgeschlossen und $\sigma \in \Gamma(A,\mathscr{G})$, so läßt sich σ auf $V(x)$ fortsetzen. Dann ist $\mathscr{G}$ weich.*

Beweis: B sei eine abgeschlossene Teilmenge von X und $\sigma \in \Gamma(B,\mathscr{G})$. Wir zeigen, daß sich σ auf ganz X fortsetzen läßt. $\{U_i\}_{i \in I}$ bezeichne eine offene lokalendliche Verfeinerung der Überdeckung $\{V(x)\}_{x \in X}$ von X. Die lokalendliche Überdeckung $\{U_i\}_{i \in I}$ besitzt nach Satz 12.2 eine Schrumpfung $\{V_i\}_{i \in I}$. Für jedes $J \subset I$ sei V_J die (abgeschlossene!) Menge $V_J = \bigcup_{i \in J} \bar{V}_i$. M bezeichne die Menge der Paare (τ, J) mit $J \subset I$, $\tau \in \Gamma(V_J, \mathscr{G})$ und $\tau | V_J \cap B = \sigma | V_J \cap B$. M wird zu einer teilweise geordneten Menge durch die Vereinbarung: $(\tau, J) \leqq (\tau', J')$ genau dann, wenn $J \subset J'$ und $\tau' | V_J = \tau$. Da in M jede geordnete Teilmenge nach oben beschränkt ist, besitzt M mindestens ein maximales Element (τ, J). Wir nehmen nun an, daß $J \neq I$. Ist $i_0 \in I - J$, so sei $J' = J \cup \{i_0\}$. $\tau | \bar{V}_{i_0} \cap V_J$ und $\sigma | \bar{V}_{i_0} \cap B$ definieren einen Schnitt $\tau' \in \Gamma(\bar{V}_{i_0} \cap (V_J \cup B), \mathscr{G})$, den man nach Voraussetzung zu einem Schnitt $\tau'' \in \Gamma(\bar{V}_{i_0}, \mathscr{G})$ fortsetzen kann. Da τ und τ'' auf $\bar{V}_{i_0} \cap V_J$ übereinstimmen, definieren beide einen Schnitt $\tilde{\tau} \in \Gamma(V_{J'}, \mathscr{G})$ mit $\tilde{\tau} | V_{J'} \cap B = \sigma | V_{J'} \cap B$. Dies ist ein Widerspruch zur Maximalität von (τ, J), also ist $J = I$.

Definition 13.7. *Ist Y ein Teilraum des topologischen Raumes X und ϕ eine Trägerfamilie auf X, so bezeichne $\phi | Y$ die Trägerfamilie $\phi | Y = \{A \in \phi : A \subset Y\}$ auf Y.*

Ist $A \subset X$ lokalabgeschlossen, ϕ eine Trägerfamilie auf X und $\mathscr{G}$ eine Garbe abelscher Gruppen über A, so ist $\Gamma_{\phi | A}(\mathscr{G}) \cong \Gamma_\phi(\mathscr{G}^X)$. Man erhält diesen Isomorphismus, wenn man jeden Schnitt aus $\Gamma_{\phi | A}(\mathscr{G})$ durch Null auf X fortsetzt.

Hilfssatz 13.8. *Ist $A \subset X$ lokalabgeschlossen und ϕ eine parakompaktifizierende Trägerfamilie auf X, so ist $\phi | A$ eine parakompaktifizierende Trägerfamilie auf A.*

Beweis: Wir brauchen nur die Gültigkeit von (T 4) in Definition 12.5 nachzuweisen. A läßt sich in der Form $A = U \cap B$ darstellen, U offen, B abgeschlossen in X. $C \in \phi | A$ sei gegeben, ferner bezeichne D eine Umgebung von C mit $D \in \phi$. Dann ist $U \cap \mathring{D}$ eine Umgebung von C in D. D ist als parakompakter Raum normal, daher gibt es eine abgeschlossene Teilmenge E von D mit $C \subset \mathring{E}$ ($\mathring{E}$ das Innere von E bezüglich D) und $E \subset U \cap \mathring{D}$. Wie man sofort bestätigt, stimmt $\mathring{E}$ mit dem Innern von E bezüglich X überein. Daher ist E eine Umgebung von C in X. Weiter ist $E \cap A$ eine Umgebung von C in A. Wegen $E \cap A = E \cap U \cap B = E \cap B$ ist $E \cap A$ abgeschlossen in D, also $E \cap A \in \phi$, d.h. $E \cap A \in \phi | A$.

Der Beweis des folgenden Satzes ist trivial.

Satz 13.9. *$A \subset X$ sei lokalabgeschlossen und ϕ eine parakompaktifizierende Familie auf X. Ist $\mathscr{G}$ ϕ-weich, so ist $\mathscr{G} | A$ $(\phi | A)$-weich.*

Satz 13.10. *X sei ein topologischer Raum, $\mathscr{G}$ eine welke Garbe abelscher Gruppen über X und ϕ eine parakompaktifizierende Trägerfamilie auf X. Dann ist $\mathscr{G}$ ϕ-weich.*

Beweis: Sei $\sigma \in \Gamma(A, \mathscr{G})$ mit $A \in \phi$. A besitzt nach (T 4) in Definition 12.5 eine parakompakte Umgebung, so daß sich σ nach Korollar 13.2 auf eine offene Umgebung von A erweitern läßt. Diese Erweiterung kann man wegen der Welkheit von $\mathscr{G}$ auf ganz X fortsetzen.

Wir leiten nun ein zu Satz 12.13 analoges Resultat her:

Satz 13.11. $$0 \longrightarrow \mathscr{G}' \overset{h'}{\longrightarrow} \mathscr{G} \overset{h}{\longrightarrow} \mathscr{G}'' \longrightarrow 0$$

sei eine exakte Sequenz von Garben abelscher Gruppen über X. Ist ϕ eine parakompakti-fizierende Familie auf X und $\mathscr{G}'$ ϕ-weich, so ist auch die induzierte Sequenz

$$0 \longrightarrow \Gamma_\phi(\mathscr{G}') \longrightarrow \Gamma_\phi(\mathscr{G}) \longrightarrow \Gamma_\phi(\mathscr{G}'') \longrightarrow 0$$

exakt.

Beweis: Nach Satz 12.4 genügt es zu zeigen, daß der Homomorphismus $\Gamma_\phi(\mathscr{G}) \to \Gamma_\phi(\mathscr{G}'')$ surjektiv ist.

1) Wir betrachten zunächst den Fall, daß X parakompakt und ϕ das System der abgeschlossenen Teilmengen von X ist. $\sigma'' \in \Gamma_\phi(\mathscr{G}'')$ sei gegeben. Zu jedem $x \in X$ gibt es nach Hilfssatz 3.4 eine offene Umgebung $V(x)$ von x und ein $\tau_x \in \Gamma(V(x), \mathscr{G})$ mit $h\tau_x = \sigma''|V(x)$. $\{U_i\}_{i \in I}$ sei eine offene lokalendliche Verfeinerung der Über-deckung $\{V(x)\}_{x \in X}$ von X. Für jedes $i \in I$ wählen wir ein $x_i \in X$ mit $U_i \subset V(x_i)$ und definieren $\sigma_i = \tau_{x_i}|U_i$. Dann gilt

$$h\sigma_i = \sigma''|U_i.$$

Die lokalendliche Überdeckung $\{U_i\}_{i \in I}$ besitzt nach Satz 12.2 eine Schrumpfung $\{V_i\}_{i \in I}$. Für jedes $J \subset I$ sei V_J die (abgeschlossene) Menge $V_J = \bigcup_{i \in J} \bar{V_i}$. M bezeichne die Menge der Paare (V_J, τ) mit $\tau \in \Gamma(V_J, \mathscr{G})$ und $h\tau = \sigma''|V_J$. M wird zu einer teilweise geordneten Menge durch die Vereinbarung: $(V_J, \tau) \leqq (V_{J'}, \tau')$ genau dann, wenn $V_J \subset V_{J'}$ und $\tau = \tau'|V_J$. Da in M jede geordnete Teilmenge nach oben beschränkt ist, besitzt M mindestens ein maximales Element (V_J, σ). Wir nehmen nun an, daß $V_J \neq X$. Dann gibt es ein $\bar{V}_{i_0} \not\subset V_J$. Ist ω der Schnitt

$$\omega = \sigma|\bar{V}_{i_0} \cap V_J - \sigma_{i_0}|\bar{V}_{i_0} \cap V_J,$$

so gilt offensichtlich $h\omega = 0$. Wegen der Exaktheit der Sequenz

$$0 \longrightarrow \Gamma(\bar{V}_{i_0} \cap V_J, \mathscr{G}') \longrightarrow \Gamma(\bar{V}_{i_0} \cap V_J, \mathscr{G}) \longrightarrow \Gamma(\bar{V}_{i_0} \cap V_J, \mathscr{G}'')$$

existiert ein $\varphi \in \Gamma(\bar{V}_{i_0} \cap V_J, \mathscr{G}')$ mit $h'\varphi = \omega$. Da $\mathscr{G}'$ als ϕ-weich vorausgesetzt wurde, läßt sich φ zu einem Schnitt $\bar{\varphi} \in \Gamma(\bar{V}_{i_0}, \mathscr{G}')$ fortsetzen. Bilden wir den Schnitt $\sigma_{i_0}|\bar{V}_{i_0} + h'\bar{\varphi} \in \Gamma(\bar{V}_{i_0}, \mathscr{G})$, so gilt offenbar $h(\sigma_{i_0}|\bar{V}_{i_0} + h'\bar{\varphi}) = \sigma''|\bar{V}_{i_0}$. Da σ und $\sigma_{i_0}|\bar{V}_{i_0} + h'\bar{\varphi}$ auf $\bar{V}_{i_0} \cap V_J$ übereinstimmen, definieren beide einen Schnitt $\tilde{\tau} \in \Gamma(\bar{V}_{i_0} \cup V_J, \mathscr{G})$ mit $h\tilde{\tau} = \sigma''|\bar{V}_{i_0} \cup V_J$. Dies ist ein Widerspruch zur Maximalität von (V_J, σ), also ist $V_J = X$.

2) Nun sei X beliebig und ϕ eine parakompaktifizierende Familie auf X. Wir gehen wieder von einem $\sigma'' \in \Gamma_\phi(\mathscr{G}'')$ aus und wählen eine Umgebung $B \in \phi$ von $\mathrm{Tr}(\sigma'')$. Nach 1), angewandt auf die exakte Sequenz

$$0 \longrightarrow \mathscr{G}'|B \xrightarrow{h'} \mathscr{G}|B \xrightarrow{h} \mathscr{G}''|B \longrightarrow 0,$$

gibt es ein $\tau \in \Gamma(B, \mathscr{G})$ mit $h\tau = \sigma''|B$. Wegen $h\tau|\dot{B} = \sigma''|\dot{B} = 0$ existiert ein Schnitt $\sigma' \in \Gamma(\dot{B}, \mathscr{G}')$ mit $h'\sigma' = \tau|\dot{B}$, der zu $\bar{\sigma}' \in \Gamma(B, \mathscr{G}')$ fortgesetzt werden kann. Schließlich definieren wir $\sigma \in \Gamma_\phi(\mathscr{G})$ durch

$$\sigma = \begin{cases} \tau - h'\bar{\sigma}' & \text{auf } B \\ 0 & \text{auf } X - \mathring{B} \end{cases}$$

und haben $h\sigma = \sigma''$.

Satz 13.12.
$$0 \longrightarrow \mathscr{G}' \xrightarrow{h'} \mathscr{G} \xrightarrow{h} \mathscr{G}'' \longrightarrow 0$$

sei eine exakte Sequenz von Garben abelscher Gruppen über X und ϕ eine parakompakti-fizierende Familie auf X. Sind $\mathscr{G}'$ und $\mathscr{G}$ ϕ-weich, so ist auch $\mathscr{G}''$ ϕ-weich.

Der Beweis ergibt sich sofort aus Satz 13.11 (vgl. den Beweis von Satz 12.14).

Satz 13.13. *$A \subset X$ sei lokalabgeschlossen, ϕ eine parakompaktifizierende Trägerfamilie auf X und $\mathscr{G}$ eine Garbe abelscher Gruppen über A. Ist $\mathscr{G}$ $(\phi|A)$-weich, so ist $\mathscr{G}^X$ ϕ-weich.*

Beweis: $B \subset X$ sei abgeschlossen und $\sigma \in \Gamma(B, \mathscr{G}^X)$ mit $\mathrm{Tr}(\sigma) \in \phi$. Wir konstruieren eine Fortsetzung $\tilde{\sigma} \in \Gamma(X, \mathscr{G}^X)$ von σ mit $\mathrm{Tr}(\tilde{\sigma}) \in \phi$. Aus 3) Satz 13.5 folgt dann die Behauptung. $\sigma|B \cap A$ läßt sich nach Voraussetzung zu einem Schnitt $\sigma' \in \Gamma_{\phi|A}(\mathscr{G})$ fortsetzen. Dann sei $\tilde{\sigma} = \alpha(\sigma')$, wobei α den Isomorphismus $\alpha : \Gamma_{\phi|A}(\mathscr{G}) \to \Gamma_\phi(\mathscr{G}^X)$ bezeichne.

Satz 13.14. *$A \subset X$ sei lokalabgeschlossen, ϕ eine parakompaktifizierende Trägerfamilie auf X und $\mathscr{G}$ eine ϕ-weiche Garbe abelscher Gruppen über X. Dann ist auch $\mathscr{G}_A$ ϕ-weich.*

Beweis: $\mathscr{G}|A$ ist nach Satz 13.9 $(\phi|A)$-weich und $\mathscr{G}_A = (\mathscr{G}|A)^X$ ϕ-weich nach Satz 13.13.

Das nächste Resultat werden wir im folgenden Paragraphen benötigen:

Satz 13.15. *ϕ sei eine parakompaktifizierende Familie auf X und $\mathscr{G}$ eine $\mathscr{A}$-Garbe über X. Ist $\mathscr{A}$ ϕ-weich, so ist auch $\mathscr{G}$ ϕ-weich.*

Beweis: Sei $A \in \phi$ und $\sigma \in \Gamma(A, \mathscr{G})$. Nach Korollar 13.2 gibt es, wie man leicht einsieht, eine Umgebung $B \in \phi$ von A und ein $\sigma' \in \Gamma(B, \mathscr{G})$ mit $\sigma'|A = \sigma$. $\tau \in \Gamma(A \cup \dot{B}, \mathscr{A})$ erklären wir durch

$$\tau(x) = \begin{cases} 1_x & x \in A \\ 0_x & x \in \dot{B} \end{cases}.$$

Da $\mathscr{A}$ nach Voraussetzung ϕ-weich ist, gibt es ein $\tau' \in \Gamma(B,\mathscr{A})$ mit $\tau'|A \cup \dot{B} = \tau$. Setzt man $\tau'\sigma' \in \Gamma(B,\mathscr{G})$ durch Null auf X fort, so erhält man eine globale Fortsetzung von σ, d. h. $\mathscr{G}$ ist ϕ-weich.

Satz 13.15 bleibt richtig, wenn $\mathscr{A}$ eine Garbe von nichtkommutativen Ringen mit Einselement ist (es ist klar, wie in diesem Falle eine $\mathscr{A}$-Garbe definiert wird).

§ 14 Feine Garben

Bevor wir die feinen Garben einführen, beweisen wir noch einen Hilfssatz:

Hilfssatz 14.1. *$\mathscr{G}$ sei eine weiche Garbe abelscher Gruppen über dem parakompakten Raum X, $\sigma \in \Gamma(X,\mathscr{G})$ und $\{U_i\}_{i \in I}$ eine offene lokalendliche Überdeckung von X. Dann gibt es eine Familie $\{\sigma_i\}_{i \in I}$ globaler Schnitte von $\mathscr{G}$ mit den Eigenschaften:*
1) $\mathrm{Tr}\,(\sigma_i) \subset U_i$ *für alle* $i \in I$.
2) $\sigma = \sum\limits_{i \in I} \sigma_i$ [1]).

Beweis: $\{V_i\}_{i \in I}$ sei eine Schrumpfung der Überdeckung $\{U_i\}_{i \in I}$. Für jedes $J \subset I$ sei V_J wieder die abgeschlossene Menge $V_J = \bigcup\limits_{i \in J} \bar{V}_i$. M bezeichne dann die Menge der

Familien $\{\sigma_i\}_{i \in J}$ mit $J \subset I$, $\sigma_i \in \Gamma(X,\mathscr{G})$, $\mathrm{Tr}\,(\sigma_i) \subset U_i$ und

$$\left(\sum_{i \in J} \sigma_i\right)\Big|V_J = \sigma\,|V_J.$$

M wird in üblicher Weise zu einer teilweise geordneten Menge gemacht, in der jede geordnete Teilmenge nach oben beschränkt ist. $\{\sigma_i\}_{i \in J}$ sei ein maximales Element von M. Wir nehmen nun an, daß $J \neq I$. Ist $i_o \in I - J$, so sei $J' = J \cup \{i_o\}$. $\sigma'_{i_0} \in \Gamma(V_J \cup \bar{V}_{i_0} \cup (X - U_{i_0}), \mathscr{G})$ definieren wir durch

$$\sigma'_{i_0} = \begin{cases} \sigma - \sum\limits_{i \in J} \sigma_i & \text{auf} \quad V_J \cup \bar{V}_{i_0} \\[2mm] 0 & \text{auf} \quad X - U_{i_0}. \end{cases}$$

Da wir $\mathscr{G}$ als weich vorausgesetzt haben, läßt sich σ'_{i_0} zu einem Schnitt $\sigma_{i_0} \in \Gamma(X,\mathscr{G})$ fortsetzen. Offenbar gilt $\{\sigma_i\}_{i \in J} < \{\sigma_i\}_{i \in J'}$, also ist $J = I$.

Definition 14.2. *$\mathscr{G}$ und $\mathscr{G}'$ seien Garben abelscher Gruppen über dem topologischen Raum X. Ist $h : \mathscr{G} \to \mathscr{G}'$ ein Garbenhomomorphismus, so bezeichnet man die abgeschlossene Hülle der Menge $\{x \in X : h(\mathscr{G}_x) \neq 0\}$ als* Träger $\mathrm{Tr}\,(h)$ *von h.*

Definition 14.3. *$\mathscr{G}$ sei eine Garbe abelscher Gruppen über dem parakompakten Raum X. $\mathscr{G}$ heißt* fein, *wenn die Garbe $\mathscr{H}\!om_{\mathscr{Z}}\,(\mathscr{G},\mathscr{G})$ weich ist.*

---

[1]) Da wir $\{U_i\}_{i \in I}$ als lokalendlich vorausgesetzt haben, ist $\sum\limits_{i \in I} \sigma_i$ wohldefiniert.

Der folgende Satz liefert eine Charakterisierung der feinen Garben:

Satz 14.4. *$\mathcal{G}$ sei eine Garbe abelscher Gruppen über dem parakompakten Raum X. Dann sind die folgenden Aussagen äquivalent:*

1) $\mathcal{G}$ ist fein.

2) Zu jeder offenen lokalendlichen Überdeckung $\{U_i\}_{i\in I}$ von X gibt es eine Familie $\{h_i\}_{i\in I}$ von Homomorphismen von $\mathcal{G}$ in sich mit den Eigenschaften:

a) $\mathrm{Tr}\,(h_i) \subset U_i$ für alle $i \in I$.

b) $\sum\limits_{i\in I} h_i = \mathrm{id}$.

3) Sind A und B disjunkte abgeschlossene Teilmengen von X, so gibt es einen Homomorphismus $h : \mathcal{G} \to \mathcal{G}$ und offene disjunkte Umgebungen U und V von A und B mit der Eigenschaft

$$h(g_x) = \begin{cases} g_x & \text{für} \quad x \in U \\ 0_x & \text{für} \quad x \in V. \end{cases}$$

Beweis: Man beachte, daß $\Gamma(U, \mathcal{H}\!om_{\mathcal{Z}}\,(\mathcal{G},\mathcal{G})) \cong \mathrm{Hom}\,(\mathcal{G}\,|\,U, \mathcal{G}\,|\,U)$ für alle offenen Teilmengen U von X. 1) $\Rightarrow$ 2) ergibt sich aus Hilfssatz 14.1, 2) $\Rightarrow$ 3) ist unmittelbar klar, und 3) $\Rightarrow$ 1) beweist man ähnlich wie Satz 13.15.

Definition 14.5. *ϕ sei eine parakompaktifizierende Trägerfamilie auf dem topologischen Raum X. Eine Garbe $\mathcal{G}$ abelscher Gruppen über X heißt ϕ-fein, wenn die Garbe $\mathcal{H}\!om_{\mathcal{Z}}\,(\mathcal{G},\mathcal{G})$ ϕ-weich ist.*

Satz 14.6. *Jede ϕ-feine Garbe ist ϕ-weich.*

Beweis: $\mathcal{G}$ ist offenbar eine $\mathcal{H}\!om_{\mathcal{Z}}\,(\mathcal{G},\mathcal{G})$-Garbe. Da $\mathcal{H}\!om_{\mathcal{Z}}\,(\mathcal{G},\mathcal{G})$ nach Voraussetzung ϕ-weich ist, ergibt sich die Behauptung aus Satz 13.15.

Satz 14.7. *ϕ sei eine parakompaktifizierende Trägerfamilie auf dem topologischen Raum X und $\mathcal{G}$ eine ϕ-feine Garbe abelscher Gruppen über X. Dann ist $\mathcal{G} \otimes_{\mathcal{Z}} \mathcal{H}$ für jede Garbe $\mathcal{H}$ abelscher Gruppen über X ϕ-fein.*

Beweis: Die Behauptung folgt aus Satz 13.15 und der Tatsache, daß $\mathcal{G} \otimes_{\mathcal{Z}} \mathcal{H}$ eine $\mathcal{H}\!om_{\mathcal{Z}}\,(\mathcal{G},\mathcal{G})$-Garbe ist.

§ 15 Beispiele

Definition 15.1. *f sei eine stetige reellwertige Funktion auf dem topologischen Raum X. Die abgeschlossene Hülle der Menge $\{x \in X : f(x) \neq 0\}$ heißt Träger $\mathrm{Tr}\,(f)$ von f.*

Definition 15.2. *$\{U_i\}_{i\in I}$ sei eine offene lokalendliche Überdeckung des topologischen Raumes X. Eine Familie $\{\varphi_i\}_{i\in I}$ stetiger reellwertiger Funktionen auf X heißt eine*

$\{U_i\}_{i\in I}$ untergeordnete Partition der Eins, *wenn gilt:*

1) $\varphi_i(x) \geqq 0$ *für alle* $x \in X$, $i \in I$.
2) $\mathrm{Tr}\,(\varphi_i) \subset U_i$ *für alle* $i \in I$.
3) $\sum\limits_{i\in I} \varphi_i(x) = 1$ *für alle* $x \in X$.

Über die Existenz solcher Partitionen gibt der folgende Hilfssatz Auskunft:

Hilfssatz 15.3. *Zu jeder offenen lokalendlichen Überdeckung* $\{U_i\}_{i\in I}$ *eines normalen Raumes* X *gibt es eine ihr untergeordnete Partition der Eins.*

Beweis: $\{V_i\}_{i\in I}$ sei eine Schrumpfung von $\{U_i\}_{i\in I}$ und $\{W_i\}_{i\in I}$ eine Schrumpfung von $\{V_i\}_{i\in I}$, d.h. für jedes $i \in I$ gilt $\bar{W}_i \subset V_i \subset \bar{V}_i \subset U_i$. Nach dem Urysohnschen Lemma gibt es eine stetige Funktion $f_i : X \to [0, 1]$ mit $f_i|\bar{W}_i = 1$ und $f_i|X - V_i = 0$. Offenbar gilt $\mathrm{Tr}(f_i) \subset \bar{V}_i \subset U_i$. $f(x) = \sum\limits_{i\in I} f_i(x)$ ist eine nirgends verschwindende stetige Funktion auf X. Die Funktionen $\varphi_i(x) = f_i(x)/f(x)$ genügen dann den Bedingungen 1), 2) und 3) von Definition 15.2.

Beispiel 15.4. $\mathscr{C}$ sei die Garbe der Keime von lokalen stetigen komplexwertigen Funktionen über dem normalen Raum X und C_U der **C**-Modul der auf $U \subset X$ definierten stetigen komplexwertigen Funktionen (vgl. Beispiel 6.1). Ist $\{U_i\}$ eine offene lokalendliche Überdeckung von X, so gibt es nach Hilfssatz 15.3 eine $\{U_i\}_{i\in I}$ untergeordnete Partition der Eins $\{\varphi_i\}_{i\in I}$. Für jedes $i \in I$ sei

$$h^i_U : C_U \longrightarrow C_U$$

(U offen in X) der durch $h^i_U(f) = \varphi_i f (f \in C_U)$ definierte Homomorphismus. $\{h^i_U\}$ ist ein Garbendatenhomomorphismus von $\{C_U, r^V_U\}$ in sich, der einen Garbenhomomorphismus $h^i : \mathscr{C} \to \mathscr{C}$ induziert. Offenbar gilt $\mathrm{Tr}\,(h^i) \subset U_i$ und $\sum\limits_{i\in I} h^i = \mathrm{id}$. Aus Satz 14.4 ergibt sich dann, daß $\mathscr{C}$ eine feine Garbe ist.

Beispiel 15.5. $\mathscr{D}$ bezeichne die Garbe der Keime von lokalen differenzierbaren komplexwertigen Funktionen über der differenzierbaren Mannigfaltigkeit X (vgl. Beispiel 6.2; X ist parakompakt!). Ist $\{U_i\}_{i\in I}$ eine offene lokalendliche Überdeckung von X, so gibt es eine $\{U_i\}_{i\in I}$ untergeordnete Partition der Eins $\{\varphi_i\}_{i\in I}$, bei der alle φ_i differenzierbar sind [1]). Wie in Beispiel 15.4 definiert man mit Hilfe der φ_i Garbenhomomorphismen $h^i : \mathscr{D} \to \mathscr{D}$, so daß $\mathrm{Tr}\,(h^i) \subset U_i$ und $\sum\limits_{i\in I} h^i = \mathrm{id}$. $\mathscr{D}$ ist also eine feine Garbe.

Beispiel 15.6. X sei ein topologischer Raum, ϕ eine parakompaktifizierende Trägerfamilie auf X und $\mathscr{A}^0(X; Z)$ die Garbe der Keime von 0-dimensionalen Alexander-

---

[1]) Vgl. de R h a m, G.: Variétés differentiables. Act. Sci. et Ind. 1222. Paris 1954, § 2.

Spanier-Koketten von X mit Werten in $\mathbf{Z}$ (vgl. Beispiel 6.4). $\mathscr{A}^0(X;\mathbf{Z})$ ist wegen $\mathscr{A}^0(X;\mathbf{Z}) \cong \mathscr{C}^0(X;\mathscr{Z})$ welk (vgl. Beispiel 12.9) und damit nach Satz 13.10 ϕ-weich.

Beispiel 15.7. X sei ein topologischer Raum, ϕ eine parakompaktifizierende Trägerfamilie auf X, G eine abelsche Gruppe und $\mathscr{A}^n(X;G)$ $(n \geq 0)$ die Garbe der Keime von n-dimensionalen Alexander-Spanier-Koketten von X mit Werten in G (vgl. Beispiel 6.4). $\mathscr{A}^n(X;G)$ ist offensichtlich eine $\mathscr{A}^0(X;\mathbf{Z})$-Garbe. Da auch $\mathscr{H}om_{\mathscr{Z}}(\mathscr{A}^n(X;G),\mathscr{A}^n(X;G))$ eine $\mathscr{A}^0(X;\mathbf{Z})$-Garbe ist, ist $\mathscr{H}om_{\mathscr{Z}}(\mathscr{A}^n(X;G),\mathscr{A}^n(X;G))$ nach Satz 13.15 ϕ-weich, d.h. $\mathscr{A}^n(X;G)$ ist ϕ-fein.

Beispiel 15.8. X sei ein topologischer Raum, ϕ eine parakompaktifizierende Trägerfamilie auf X und $\mathscr{S}^0(X;\mathbf{Z})$ die Garbe der singulären 0-Koketten von X mit Werten in $\mathbf{Z}$ (vgl. Beispiel 6.5). $\mathscr{S}^0(X;\mathbf{Z})$ ist wegen $\mathscr{S}^0(X;\mathbf{Z}) \cong \mathscr{C}^0(X;\mathscr{Z})$ welk und daher nach Satz 13.10 ϕ-weich.

Beispiel 15.9. X sei ein topologischer Raum, ϕ eine parakompaktifizierende Trägerfamilie und $\mathscr{S}^n(X;G)$ $(n \geq 0)$ die Garbe der singulären n-Koketten von X mit Werten in G (vgl. Beispiel 6.5). $S^n(U;G)$ machen wir wie folgt zu einem $S^0(U;\mathbf{Z})$-Modul: $x_n \in \Delta_n$ sei fest gewählt; ist $f: U \to \mathbf{Z}$ aus $S^0(U;\mathbf{Z})$ und $\alpha: D_n(U) \to G$ aus $S^n(U;G)$, so definieren wir $f\alpha \in S^n(U;G)$ durch

$$(f\alpha)(T) = f(T(x_n))\alpha(T) \qquad (T \in D_n(U)).$$

$\mathscr{S}^n(X;G)$ wird auf diese Weise zu einer $\mathscr{S}^0(X;\mathbf{Z})$-Garbe. Da auch $\mathscr{H}om_{\mathscr{Z}}(\mathscr{S}^n(X;G),\mathscr{S}^n(X;G))$ eine $\mathscr{S}^0(X;\mathbf{Z})$-Garbe ist, ist $\mathscr{H}om_{\mathscr{Z}}(\mathscr{S}^n(X;G),\mathscr{S}^n(X;G))$ nach Satz 13.15 ϕ-weich, d.h. $\mathscr{S}^n(X;G)$ ist ϕ-fein.

Beispiel 15.10. Unter Benutzung differenzierbarer Partitionen der Eins zeigt man wie in den Beispielen 15.4 und 15.5, daß die Garben von Differentialformen $\mathscr{A}^p$ bzw. $\mathscr{A}^{p,q}$ (vgl. Beispiele 6.6 und 6.7) fein sind.

Aufgaben zu Kapitel II

1. $\mathscr{G}$ sei eine Garbe abelscher Gruppen über X, X' die X zugrundeliegende Menge, versehen mit der diskreten Topologie, und $i: X' \to X$ die identische Abbildung. Dann ist $\mathscr{C}^0(X;\mathscr{G}) \cong ii^*(\mathscr{G})$.

2. $\mathscr{G}$ sei eine Garbe abelscher Gruppen über dem topologischen Raum X. Ist $\mathscr{G}\,|\,U$ für jede genügend kleine offene Teilmenge U von X welk, so ist auch $\mathscr{G}$ welk.

3. ϕ sei eine parakompaktifizierende Trägerfamilie auf X. Ist $\{\mathscr{G}^i\}_{i \in I}$ eine Familie ϕ-weicher Garben über X, so ist auch $\prod_{i \in I} \mathscr{G}^i$ ϕ-weich.

4. $\mathscr{A}$ sei eine Garbe von Ringen über dem parakompakten Raum X. $\mathscr{A}$ ist genau dann weich, wenn gilt: Jedes $x \in X$ besitzt eine Umgebung $V(x)$ mit der Eigenschaft: Sind $A, B \subset V(x)$ abgeschlossen und disjunkt, so gibt es einen Schnitt $\sigma \in \Gamma(V(x),\mathscr{A})$ mit $\sigma(x) = 1_x$ für $x \in A$ und $\sigma(x) = 0_x$ für $x \in B$.

5. $\mathcal{G}$ sei eine weiche Garbe abelscher Gruppen über dem metrisierbaren Raum X. Ist $A \subset X$ lokalabgeschlossen, so ist $\mathcal{G}\,|\,A$ weich.

6. Jede Garbe $\mathcal{G}$ abelscher Gruppen über dem parakompakten Raum X läßt sich in eine feine Garbe über X einbetten.

7. A sei eine abgeschlossene Teilmenge des parakompakten Raumes X und $\mathcal{G}$ eine feine Garbe über A. Dann ist auch $\mathcal{G}^X$ fein.

8. Ist $\mathcal{H}$ ein direkter Summand von $\mathcal{G}$ und $\mathcal{G}$ fein, so ist auch $\mathcal{H}$ fein.

III Kohomologiegruppen mit Koeffizienten in einer Garbe

§ 16 Kokettenkomplexe

Definition 16.1. *Eine (beidseitig unendliche) Sequenz*

$$\cdots \longrightarrow C^{q-1} \xrightarrow{\;\delta^{q-1}\;} C^q \xrightarrow{\;\delta^q\;} C^{q+1} \longrightarrow \cdots$$

von abelschen Gruppen C^q und Homomorphismen $\delta^q : C^q \to C^{q+1}$ heißt Kokettenkomplex, *wenn für jedes $q \in Z$ gilt:* $\delta^{q+1}\delta^q = 0$.

Kokettenkomplexe bezeichnen wir kurz mit $\{C^q, \delta^q\}$ oder C. Ist $C^q = 0$ für alle $q \in Z$, so schreiben wir $C = 0$.

$C = \{C^q, \delta^q\}$ sei ein Kokettenkomplex. $c \in C^q$ heißt q-K o k e t t e, $\delta^q : C^q \to C^{q+1}$ K o r a n d o p e r a t o r, $z \in Z^q = $ Kern δ^q q-K o z y k l u s und $b \in B^q = $ Bild δ^{q-1} q-K o r a n d. Wegen $\delta^q \delta^{q-1} = 0$ ist $B^q \subset Z^q$ für alle $q \in Z$.

Definition 16.2. $C = \{C^q, \delta^q\}$ *sei ein Kokettenkomplex. Die Faktorgruppe $H^q(C)$ Z^q/B^q heißt q-te* Kohomologiegruppe *von C. Die Elemente von $H^q(C)$ nennt man q-dimensionale* Kohomologieklassen.

Um anzudeuten, daß wir es mit Koketten, Kozyklen und Korändern des Kokettenkomplexes C zu tun haben, schreiben wir $C^q(C)$, $Z^q(C)$ und $B^q(C)$.

Definition 16.3. $C = \{C^q, \delta^q\}$ *und $\bar{C} = \{\bar{C}^q, \bar{\delta}^q\}$ seien Kokettenkomplexe. Eine* Kokettenabbildung $f : C \to \bar{C}$ *ist eine Folge von Homomorphismen $f^q : C^q \to \bar{C}^q (q \in Z)$, so daß $f^{q+1}\delta^q = \bar{\delta}^q f^q$ für alle $q \in Z$.*

$f = \{f^q\}$ ist also genau dann eine Kokettenabbildung, wenn das Diagramm

$$\cdots \longrightarrow C^{q-1} \xrightarrow{\ \delta^{q-1}\ } C^{q} \xrightarrow{\ \delta^{q}\ } C^{q+1} \longrightarrow \cdots$$

with vertical maps $f^{q-1},\ f^{q},\ f^{q+1}$

$$\cdots \longrightarrow \bar{C}^{q-1} \xrightarrow[\ \bar{\delta}^{q-1}\ ]{} \bar{C}^{q} \xrightarrow[\ \bar{\delta}^{q}\ ]{} \bar{C}^{q+1} \longrightarrow \cdots$$

kommutativ ist.

$f: C \to \bar{C}$ sei eine Kokettenabbildung. Offenbar gilt $f^{q}(Z^{q}(C)) \subset Z^{q}(\bar{C})$ und $f^{q}(B^{q}(C)) \subset B^{q}(\bar{C})$. f induziert daher für jedes $q \in Z$ einen Homomorphismus

$$f^{*q}: H^{q}(C) \longrightarrow H^{q}(\bar{C}).$$

Bezeichnet $g: \bar{C} \to \bar{\bar{C}}$ eine Kokettenabbildung, so ist $gf = \{g^{q}f^{q}\}$ eine Kokettenabbildung von C in $\bar{\bar{C}}$. Der Beweis des folgenden Satzes ist trivial.

Satz 16.4. *$f: C \to \bar{C}$ und $g: \bar{C} \to \bar{\bar{C}}$ seien Kokettenabbildungen. Dann gilt:*

1) $(gf)^{*q} = g^{*q}f^{*q}$ für alle $q \in Z$.
2) Ist $C = \bar{C}$ und f die identische Kokettenabbildung, so gilt $f^{*q} = \mathrm{id}_{H^{q}(C)}$ für alle $q \in Z$.

Definition 16.5. *$C, \bar{C}$ seien Kokettenkomplexe und $f, g: C \to \bar{C}$ Kokettenabbildungen. Eine Kokettenhomotopie von f und g ist eine Folge von Homomorphismen $s^{q}: C^{q} \to \bar{C}^{q-1}$ $(q \in Z)$, so daß*

$$\bar{\delta}^{q-1} s^{q} + s^{q+1} \delta^{q} = g^{q} - f^{q}$$

für alle $q \in Z$.

Zwei Kokettenabbildungen $f, g: C \to \bar{C}$ heißen **kokettenhomotop**, wenn eine Kokettenhomotopie von f und g existiert.

Satz 16.6. *Sind $f, g: C \to \bar{C}$ kokettenhomotop, so gilt für jedes $q \in Z$ $f^{*q} = g^{*q}$.*

Beweis: Sind $c^{q} \in Z^{q}(C)$, $\bar{c}^{q} \in Z^{q}(\bar{C})$, so seien $[c^{q}]$, $[\bar{c}^{q}]$ die zugehörigen Kohomologieklassen. Es gilt

$$g^{*q}[c^{q}] - f^{*q}[c^{q}] = [g^{q}(c^{q})] - [f^{q}(c^{q})] = [(g^{q}-f^{q})(c^{q})] = [\bar{\delta}^{q-1} s^{q}(c^{q})] = 0.$$

Definition 16.7. *Sind C, C' Kokettenkomplexe mit $C'^{q} \subset C^{q}$[1]) und $\delta'^{q} = \delta^{q}|C'^{q}$ für alle $q \in Z$, so heißt C' Unterkomplex von C.*

Die Inklusionen $i^{q}: C'^{q} \subset C^{q}$ bilden eine Kokettenabbildung $i: C' \to C$. $f: C \to \bar{C}$ sei eine Kokettenabbildung. Dann ist $\{\mathrm{Kern}\, f^{q}, \delta^{q}|\mathrm{Kern}\, f^{q}\}$ ein Unterkomplex von C, den man mit Kern f bezeichnet. Weiter ist $\{\mathrm{Bild}\, f^{q}, \bar{\delta}^{q}|\mathrm{Bild}\, f^{q}\}$ ein Unterkomplex von $\bar{C}$, der mit Bild f bezeichnet wird.

$C' = \{C'^{q}, \delta'^{q}\}$ sei ein Unterkomplex von $C = \{C^{q}, \delta^{q}\}$. Offenbar ist das Diagramm

---

[1]) D.h. C'^{q} ist Untergruppe von C^{q}.

$$C'^q \xrightarrow{\ i^q\ } C^q \xrightarrow{\ p^q\ } C^q/C'^q \longrightarrow 0$$

$$\delta'^q \downarrow \qquad\qquad \delta^q \downarrow$$

$$C'^{q+1} \xrightarrow{\ i^{q+1}\ } C^{q+1} \xrightarrow{\ p^{q+1}\ } C^{q+1}/C'^{q+1} \longrightarrow 0$$

kommutativ. Daher existiert genau ein Homomorphismus $\delta''^q : C^q/C'^q \to C^{q+1}/C'^{q+1}$, so daß das ergänzte Diagramm kommutativ ist. Man bestätigt sofort, daß $\delta''^{q+1} \delta''^q = 0$ für alle $q \in \mathbf{Z}$. Der Kokettenkomplex $C/C' = \{C^q/C'^q, \delta''^q\}$ heißt **Quotientenkomplex** von C nach C'. Die Projektionen $p^q : C^q \to C^q/C'^q$ bilden eine Kokettenabbildung $p : C \to C/C'$.

Eine endliche oder unendliche Sequenz von Kokettenkomplexen und Kokettenabbildungen

$$\cdots \longrightarrow C_{k-1} \xrightarrow{\ f_{k-1}\ } C_k \xrightarrow{\ f_k\ } C_{k+1} \longrightarrow \cdots$$

heißt **exakt an der Stelle** C_k, wenn Bild $f_{k-1} = $ Kern f_k (hier handelt es sich um Unterkomplexe von C_k!). Die Folge heißt **exakt**, wenn sie an jeder mittleren Stelle exakt ist. Die obige Sequenz ist genau dann exakt, wenn

$$\cdots \longrightarrow C_{k-1}^q \xrightarrow{\ f_{k-1}^q\ } C_k^q \xrightarrow{\ f_k^q\ } C_{k+1}^q \longrightarrow \cdots$$

für jedes $q \in \mathbf{Z}$ exakt ist. Ist z. B. C' ein Unterkomplex von C, so ist die Folge

$$0 \longrightarrow C' \xrightarrow{\ i\ } C \xrightarrow{\ p\ } C/C' \longrightarrow 0$$

exakt.

Satz 16.8. $\qquad\qquad 0 \longrightarrow C' \xrightarrow{\ f'\ } C \xrightarrow{\ f\ } C'' \longrightarrow 0$

sei eine exakte Sequenz von Kokettenkomplexen. Dann ist auch die Sequenz

$$H^q(C') \xrightarrow{\ f'^{*q}\ } H^q(C) \xrightarrow{\ f^{*q}\ } H^q(C'')$$

für jedes $q \in \mathbf{Z}$ exakt.

Beweis: 1) Nach Voraussetzung gilt $ff' = 0$. Aus Satz 16.4 folgt daher $f^{*q} f'^{*q} = (ff')^{*q} = 0$, d. h. Bild $f'^{*q} \subset$ Kern f^{*q}.

2) Wir beweisen nun, daß Kern $f^{*q} \subset$ Bild f'^{*q}. Sei $a \in$ Kern f^{*q}. Dann existiert ein $z^q \in Z^q(C)$ mit $a = [z^q]$. Wegen $f^{*q}(a) = 0$ ist $f^q(z^q) \in B^q(C'')$, d. h. $f^q(z^q) = \delta''^{q-1}(c''^{q-1})$ für ein geeignetes $c''^{q-1} \in C''^{q-1}$. Zu c''^{q-1} gibt es weiter ein $c^{q-1} \in C^{q-1}$ mit $f^{q-1}(c^{q-1}) = c''^{q-1}$. Aus $f^q(z^q) = \delta''^{q-1}(c''^{q-1}) = \delta''^{q-1} f^{q-1}(c^{q-1}) = f^q \delta^{q-1}(c^{q-1})$ folgt $f^q(z^q - \delta^{q-1}(c^{q-1})) = 0$, d. h. es existiert ein $c'^q \in C'^q$ mit $f'^q(c'^q) = z^q - \delta^{q-1}(c^{q-1})$. c'^q ist ein Kozyklus, und es gilt $f'^{*q}[c'^q] = [z^q] = a$, a gehört also zum Bild von f'^{*q}.

$$0 \longrightarrow C' \xrightarrow{\ f'\ } C \xrightarrow{\ f\ } C'' \longrightarrow 0$$

sei wieder eine exakte Sequenz von Kokettenkomplexen. Wir konstruieren nun einen Homomorphismus $\delta^{*q} : H^q(C'') \to H^{q+1}(C')$, um die exakten Sequenzen

$$H^q(C') \xrightarrow{\ f'^{*q}\ } H^q(C) \xrightarrow{\ f^{*q}\ } H^q(C'')$$

zu einer unendlichen exakten Sequenz

$$\cdots \longrightarrow H^{q-1}(C'') \xrightarrow{\ \delta^{*q-1}\ } H^q(C') \xrightarrow{\ f'^{*q}\ } H^q(C) \xrightarrow{\ f^{*q}\ } H^q(C'')$$
$$\xrightarrow{\ \delta^{*q}\ } H^{q+1}(C') \longrightarrow \cdots$$

zusammenzusetzen. Sei $a'' \in H^q(C'')$. Dann existiert ein $z''^q \in Z^q(C'')$ mit $a'' = [z''^q]$. Weiter gibt es zu z''^q ein $c^q \in C^q$ mit $f^q(c^q) = z''^q$. Nun ist $f^{q+1}\delta^q(c^q) = \delta''^q f^q(c^q) = \delta''^q(z''^q) = 0$, d. h. $(f'^{q+1})^{-1}\delta^q(c^q)$ existiert. $(f'^{q+1})^{-1}\delta^q(c^q)$ ist offensichtlich ein Kozyklus. Dann sei

$$\delta^{*q}(a'') = [(f'^{q+1})^{-1}\delta^q(c^q)]\,.$$

Wir haben noch zu zeigen, daß diese Definition von der Wahl der Repräsentanten unabhängig ist. $y''^q \in Z^q(C'')$ repräsentiere a'', d. h. $a'' = [y''^q]$. Zu y''^q gibt es ein $d^q \in C^q$ mit $f^q(d^q) = y''^q$. Wegen $[y''^q - z''^q] = 0$ existiert ein $c''^{q-1} \in C''^{q-1}$, so daß $y''^q - z''^q = \delta''^{q-1}(c''^{q-1})$. Zu c''^{q-1} gibt es ein $c^{q-1} \in C^{q-1}$ mit $f^{q-1}(c^{q-1}) = c''^{q-1}$. Es gilt dann $f^q(d^q - c^q) = y''^q - z''^q = \delta''^{q-1}(c''^{q-1}) = \delta''^{q-1} f^{q-1}(c^{q-1}) = f^q \delta^{q-1}(c^{q-1})$, also ist $f^q(d^q - c^q - \delta^{q-1}(c^{q-1})) = 0$. Daher existiert $(f'^q)^{-1}(d^q - c^q - \delta^{q-1}(c^{q-1}))$. Nun ist $\delta'^q(f'^q)^{-1}(d^q - c^q - \delta^{q-1}(c^{q-1})) = (f'^{q+1})^{-1}\delta^q(d^q - c^q) = (f'^{q+1})^{-1}\delta^q(d^q) - (f'^{q+1})^{-1}\delta^q(c^q)$, d. h. $[(f'^{q+1})^{-1}\delta^q(c^q)] = [(f'^{q+1})^{-1}\delta^q(d^q)]$. δ^{*q} ist offensichtlich ein Homomorphismus.

Satz 16.9. $\qquad\qquad 0 \longrightarrow C' \xrightarrow{\ f'\ } C \xrightarrow{\ f\ } C'' \longrightarrow 0$

sei eine exakte Sequenz von Kokettenkomplexen. Dann ist die Kohomologiesequenz

$$\cdots \longrightarrow H^q(C') \xrightarrow{\ f'^{*q}\ } H^q(C) \xrightarrow{\ f^{*q}\ } H^q(C'') \xrightarrow{\ \delta^{*q}\ } H^{q+1}(C')$$
$$\xrightarrow{\ f'^{*q+1}\ } H^{q+1}(C) \longrightarrow \cdots$$

exakt.

Beweis: 1) Bild $f'^{*q} = \mathrm{Kern}\, f^{*q}$. Dies wurde bereits in Satz 16.8 bewiesen.

2) Bild $f^{*q} \subset \mathrm{Kern}\, \delta^{*q}$. Zu $a \in H^q(C)$ gibt es ein $z^q \in Z^q(C)$ mit $a = [z^q]$. Dann gilt $\delta^{*q} f^{*q}(a) = \delta^{*q}[f^q(z^q)] = [(f'^{q+1})^{-1}\delta^q(z^q)] = 0$, woraus die Behauptung folgt.

3) Kern $\delta^{*q} \subset \mathrm{Bild}\, f^{*q}$. Sei $a'' \in \mathrm{Kern}\, \delta^{*q}$. a'' werde durch $z''^q \in Z^q(C'')$ repräsentiert. Zu z''^q gibt es ein $c^q \in C^q$ mit $f^q(c^q) = z''^q$. Nach Voraussetzung ist $[(f'^{q+1})^{-1}\delta^q(c^q)] = 0$, d. h. $(f'^{q+1})^{-1}\delta^q(c^q) = \delta'^q(c'^q)$ für ein geeignetes $c'^q \in C'^q$. Wegen $\delta^q(c^q - f'^q(c'^q)) = \delta^q(c^q) - \delta^q f'^q(c'^q) = \delta^q(c^q) - f'^{q+1}\delta'^q(c'^q) = 0$ ist $c^q - f'^q(c'^q)$ ein Kozyklus. Wir

haben dann $f^{*q}[c^q - f'^q(c'^q)] = [f^q(c^q - f'^q(c'^q))] = [f^q(c^q)] = [z''^q] = a''$, d.h. a'' $\in$ Bild f^{*q}.

4) Bild $\delta^{*q} \subset$ Kern f'^{*q+1}. Sei $a'' \in H^q(C'')$. Dann existiert ein $z''^q \in Z^q(C'')$ mit $a'' = [z''^q]$. Zu z''^q gibt es ein $c^q \in C^q$ mit $f^q(c^q) = z''^q$. Dann gilt $f'^{*q+1} \delta^{*q}(a'')$ $= f'^{*q+1}[(f'^{q+1})^{-1} \delta^q(c^q)] = [\delta^q(c^q)] = 0$, woraus die Behauptung folgt.

5) Kern $f'^{*q+1} \subset$ Bild δ^{*q}. Sei $a' \in$ Kern f'^{*q+1}. a' werde durch $z'^{q+1} \in Z^{q+1}(C')$ repräsentiert. Nach Voraussetzung ist $[f'^{q+1}(z'^{q+1})] = 0$, d.h. $f'^{q+1}(z'^{q+1}) = \delta^q(c^q)$ für ein geeignetes $c^q \in C^q$. Wegen $\delta''^q f^q(c^q) = f^{q+1} \delta^q(c^q) = f^{q+1} f'^{q+1}(z'^{q+1}) = 0$ ist $f^q(c^q)$ ein Kozyklus. Wir haben dann $\delta^{*q}[f^q(c^q)] = [(f'^{q+1})^{-1} \delta^q(c^q)] = [z'^{q+1}] = a'$, d.h. $a' \in$ Bild δ^{*q}. Damit ist der Satz vollständig bewiesen.

Satz 16.10. *Das Diagramm*

$$
\begin{array}{ccccccccc}
0 & \longrightarrow & C' & \overset{f'}{\longrightarrow} & C & \overset{f}{\longrightarrow} & C'' & \longrightarrow & 0 \\
& & \varphi' \downarrow & & \varphi \downarrow & & \varphi'' \downarrow & & \\
0 & \longrightarrow & D' & \underset{g'}{\longrightarrow} & D & \underset{g}{\longrightarrow} & D'' & \longrightarrow & 0
\end{array}
\qquad (16.1)
$$

von Kokettenkomplexen und Kokettenabbildungen sei kommutativ, und die Zeilen seien exakt. Dann ist auch das Diagramm

$$
\begin{array}{ccccccccc}
\cdots & \longrightarrow & H^q(C') & \overset{f'^{*q}}{\longrightarrow} & H^q(C) & \overset{f^{*q}}{\longrightarrow} & H^q(C'') & \overset{\delta^{*q}}{\longrightarrow} & H^{q+1}(C') & \longrightarrow & \cdots \\
& & \varphi'^{*q} \downarrow & & \varphi^{*q} \downarrow & & \varphi''^{*q} \downarrow & & \varphi'^{*q+1} \downarrow & & \\
\cdots & \longrightarrow & H^q(D') & \underset{g'^{*q}}{\longrightarrow} & H^q(D) & \underset{g^{*q}}{\longrightarrow} & H^q(D'') & \underset{\delta^{*q}}{\longrightarrow} & H^{q+1}(D') & \longrightarrow & \cdots
\end{array}
$$

kommutativ.

Beweis: Die Kommutativität der beiden ersten Rechtecke ergibt sich unmittelbar aus (16.1) und Satz 16.4. Um die Kommutativität des dritten Rechtecks nachzuweisen, gehen wir von einem Element $a'' \in H^q(C'')$ aus, das durch $z''^q \in Z^q(C'')$ repräsentiert werde. Zu z''^q gibt es ein $c^q \in C^q$ mit $f^q(c^q) = z''^q$. Dann ist

$$
\varphi'^{*q+1} \delta^{*q}(a'') = \varphi'^{*q+1}[(f'^{q+1})^{-1} \delta^q(c^q)] = [\varphi'^{q+1}(f'^{q+1})^{-1} \delta^q(c^q)].
$$

Andererseits gilt

$$
\begin{aligned}
\delta^{*q} \varphi''^{*q}(a'') &= \delta^{*q}[\varphi''^q(z''^q)] = \delta^{*q}[\varphi''^q f^q(c^q)] = \delta^{*q}[g^q \varphi^q(c^q)] \\
&= [(g'^{q+1})^{-1} \delta^q \varphi^q(c^q)] = [(g'^{q+1})^{-1} \varphi^{q+1} \delta^q(c^q)].
\end{aligned}
$$

Aus $(g'^{q+1})^{-1} \varphi^{q+1} \delta^q(c^q) = \varphi'^{q+1}(f'^{q+1})^{-1} \delta^q(c^q)$ ergibt sich schließlich die Behauptung.

§ 17 Auflösungen

In diesem Kapitel beschäftigen wir uns stets, wenn nichts anderes vereinbart wird, mit Garben von abelschen Gruppen.

Definition 17.1. *Eine (beidseitig unendliche) Sequenz*

$$\cdots \longrightarrow \mathscr{G}^{q-1} \xrightarrow{\delta^{q-1}} \mathscr{G}^{q} \xrightarrow{\delta^{q}} \mathscr{G}^{q+1} \longrightarrow \cdots$$

von Garben $\mathscr{G}^q$ und Garbenhomomorphismen $\delta^q : \mathscr{G}^q \to \mathscr{G}^{q+1}$ heißt Komplex von Garben, *wenn für jedes $q \in \mathbf{Z}$ gilt: $\delta^{q+1}\delta^q = 0$.*

Wir bezeichnen solche Komplexe kurz mit $\mathscr{G}^*$.

Definition 17.2. *$\mathscr{G}^* = \{\mathscr{G}^q, \delta^q\}$ und $\mathscr{H}^* = \{\mathscr{H}^q, \bar{\delta}^q\}$ seien Komplexe von Garben. Ein Homomorphismus $h : \mathscr{G}^* \to \mathscr{H}^*$ ist eine Folge von Garbenhomomorphismen $h^q : \mathscr{G}^q \to \mathscr{H}^q (q \in \mathbf{Z})$, so daß $h^{q+1}\delta^q = \bar{\delta}^q h^q$ für alle $q \in \mathbf{Z}$.*

Definition 17.3. *Eine* Auflösung *der Garbe $\mathscr{A}$ ist eine exakte Sequenz von Garben der Form*

$$0 \longrightarrow \mathscr{A} \xrightarrow{\varepsilon} \mathscr{G}^0 \xrightarrow{\delta^0} \mathscr{G}^1 \xrightarrow{\delta^1} \mathscr{G}^2 \longrightarrow \cdots .$$

Eine Auflösung von $\mathscr{A}$ definiert einen Komplex $\mathscr{G}^*$ von Garben, nämlich

$$\cdots \longrightarrow 0 \longrightarrow \mathscr{G}^0 \xrightarrow{\delta^0} \mathscr{G}^1 \xrightarrow{\delta^1} \mathscr{G}^2 \longrightarrow \cdots .$$

$$0 \longrightarrow \mathscr{A} \xrightarrow{\varepsilon} \mathscr{G}^0 \xrightarrow{\delta^0} \mathscr{G}^1 \longrightarrow \cdots \quad \text{bzw.} \quad 0 \longrightarrow \mathscr{B} \xrightarrow{\bar{\varepsilon}} \mathscr{H}^0 \xrightarrow{\bar{\delta}^0} \mathscr{H}^1 \longrightarrow \cdots$$

seien Auflösungen von $\mathscr{A}$ bzw. $\mathscr{B}, f : \mathscr{A} \to \mathscr{B}$ sei ein Garbenhomomorphismus und $h : \mathscr{G}^* \to \mathscr{H}^*$ ein Homomorphismus zwischen den zugehörigen Komplexen $\mathscr{G}^*$ und $\mathscr{H}^*$. f und h heißen miteinander **verträglich**, wenn das Diagramm

$$\begin{array}{ccc} \mathscr{A} & \xrightarrow{\varepsilon} & \mathscr{G}^0 \\ {\scriptstyle f}\downarrow & & \downarrow{\scriptstyle h^0} \\ \mathscr{B} & \xrightarrow[\bar{\varepsilon}]{} & \mathscr{H}^0 \end{array}$$

kommutativ ist.

Beispiel 17.4. G sei eine abelsche Gruppe, X ein topologischer Raum und $\mathscr{G}$ die konstante Garbe $(X \times G, \pi, X)$. Dann bilden die Garben $\mathscr{A}^n(X; G)$ der Keime von Alexander-Spanier-Koketten von X mit Werten in G eine Auflösung von $\mathscr{G}$ (vgl. Beispiel 6.4):

$$0 \longrightarrow \mathscr{G} \xrightarrow{\varepsilon} \mathscr{A}^0(X; G) \xrightarrow{\delta^0} \mathscr{A}^1(X; G) \xrightarrow{\delta^1} \mathscr{A}^2(X; G) \longrightarrow \cdots .$$

Beispiel 17.5. X sei eine differenzierbare Mannigfaltigkeit und $\mathscr{R}$ die konstante Garbe $(X \times R, \pi, X)$. Dann bilden die Garben $\mathscr{A}^p$ der Keime von differenzierbaren Differentialformen auf X eine Auflösung von $\mathscr{R}$ (vgl. Beispiel 6.6):

$$0 \longrightarrow \mathscr{R} \xrightarrow{\ \varepsilon\ } \mathscr{A}^0 \xrightarrow{\ d^0\ } \mathscr{A}^1 \xrightarrow{\ d^1\ } \mathscr{A}^2 \longrightarrow \cdots .$$

Beispiel 17.6. X sei eine komplexe Mannigfaltigkeit und Ω^p die Garbe der holomorphen p-Formen auf X. Dann bilden die Garben $\mathscr{A}^{p,q}(p$ fest$)$ der Keime von bigraduierten differenzierbaren Differentialformen auf X eine Auflösung von Ω^p (vgl. Beispiel 6.7):

$$0 \longrightarrow \Omega^p \xrightarrow{\ \varepsilon\ } \mathscr{A}^{p,0} \xrightarrow{\ \bar{\partial}^{p,o}\ } \mathscr{A}^{p,1} \xrightarrow{\ \bar{\partial}^{p,1}\ } \mathscr{A}^{p,2} \longrightarrow \cdots .$$

Durch vollständige Induktion konstruieren wir nun für jede Garbe $\mathscr{G}$ über X eine Auflösung, die aus welken Garben besteht. $\mathscr{C}^0(X;\mathscr{G})$ bezeichne die in Beispiel 12.9 eingeführte welke Garbe. Wir setzen $\mathscr{Z}^0(X;\mathscr{G}) = \mathscr{G}$ und definieren

$$\mathscr{Z}^q(X;\mathscr{G}) = \mathscr{C}^{q-1}(X;\mathscr{G})/\mathscr{Z}^{q-1}(X;\mathscr{G}), \quad \mathscr{C}^q(X;\mathscr{G}) = \mathscr{C}^0(X;\mathscr{Z}^q(X;\mathscr{G})) \quad (q \geqq 1).$$

Weiter sei

$$\delta^q : \mathscr{C}^q(X;\mathscr{G}) \longrightarrow \mathscr{C}^{q+1}(X;\mathscr{G}) \qquad (q \geqq 0)$$

der zusammengesetzte Homomorphismus

$$\begin{aligned} \delta^q : \mathscr{C}^q(X;\mathscr{G}) \longrightarrow{}& \mathscr{C}^q(X;\mathscr{G})/\mathscr{Z}^q(X;\mathscr{G}) = \mathscr{Z}^{q+1}(X;\mathscr{G}) \longrightarrow \mathscr{C}^0(X;\mathscr{Z}^{q+1}(X;\mathscr{G})) \\ ={}& \mathscr{C}^{q+1}(X;\mathscr{G}) . \end{aligned}$$

Offenbar gilt

$$\operatorname{Kern} \delta^q = \mathscr{Z}^q(X;\mathscr{G}), \qquad \operatorname{Bild} \delta^q = \mathscr{Z}^{q+1}(X;\mathscr{G}) .$$

Daher ist die Sequenz

$$0 \longrightarrow \mathscr{G} \xrightarrow{\ \varepsilon\ } \mathscr{C}^0(X;\mathscr{G}) \xrightarrow{\ \delta^0\ } \mathscr{C}^1(X;\mathscr{G}) \xrightarrow{\ \delta^1\ } \cdots \tag{17.1}$$

exakt. (17.1) heißt **kanonische welke Auflösung** von $\mathscr{G}$. Der zugehörige Komplex von Garben

$$0 \longrightarrow \mathscr{C}^0(X;\mathscr{G}) \xrightarrow{\ \delta^0\ } \mathscr{C}^1(X;\mathscr{G}) \xrightarrow{\ \delta^1\ } \mathscr{C}^2(X;\mathscr{G}) \longrightarrow \cdots$$

werde mit $\mathscr{C}^*(X;\mathscr{G})$ bezeichnet.

$h : \mathscr{G} \to \mathscr{G}'$ sei ein Garbenhomomorphismus. Durch vollständige Induktion konstruieren wir nun einen Homomorphismus $h^* : \mathscr{C}^*(X;\mathscr{G}) \to \mathscr{C}^*(X;\mathscr{G}')$, der mit h verträglich ist. h definiert für jede offene Teilmenge U von X einen Homomorphismus $h_U^0 : C^0(U;\mathscr{G}) \to C^0(U;\mathscr{G}')$. Die h_U^0 bilden einen Garbendatenhomomorphismus von $\{C^0(U;\mathscr{G}), r_U^V\}$ in $\{C^0(U;\mathscr{G}'), r_U'^V\}$, der einen Garbenhomomorphismus $h^0 : \mathscr{C}^0(X;\mathscr{G}) \to \mathscr{C}^0(X;\mathscr{G}')$ induziert. Offenbar ist das Diagramm

$$\begin{array}{ccc}
\mathscr{G} & \xrightarrow{\;\varepsilon\;} & \mathscr{C}^0(X;\mathscr{G}) \\
{\scriptstyle h}\downarrow & & \downarrow{\scriptstyle h^0} \\
\mathscr{G}' & \xrightarrow[\varepsilon']{} & \mathscr{C}^0(X;\mathscr{G}')
\end{array}$$

kommutativ. Wir nehmen nun an, daß Garbenhomomorphismen $h^i : \mathscr{C}^i(X;\mathscr{G})$ $\to \mathscr{C}^i(X;\mathscr{G}')(0 \leqq i \leqq q)$ konstruiert seien, so daß das Diagramm

$$\begin{array}{ccccccc}
\mathscr{G} & \xrightarrow{\;\varepsilon\;} & \mathscr{C}^0(X;\mathscr{G}) & \xrightarrow{\;\delta^0\;} & \cdots & \xrightarrow{\;\delta^{q-1}\;} & \mathscr{C}^q(X;\mathscr{G}) \\
{\scriptstyle h}\downarrow & & {\scriptstyle h^0}\downarrow & & & & \downarrow{\scriptstyle h^q} \\
\mathscr{G}' & \xrightarrow[\varepsilon']{} & \mathscr{C}^0(X;\mathscr{G}') & \xrightarrow[\delta'^0]{} & \cdots & \xrightarrow[\delta'^{q-1}]{} & \mathscr{C}^q(X;\mathscr{G}')
\end{array}$$

kommutativ ist. Wegen $h^q(\mathscr{Z}^q(X;\mathscr{G})) \subset \mathscr{Z}^q(X;\mathscr{G}')$ induziert h^q einen Garbenhomomorphismus $\tilde{h}^q : \mathscr{Z}^{q+1}(X;\mathscr{G}) = \mathscr{C}^q(X;\mathscr{G})/\mathscr{Z}^q(X;\mathscr{G}) \to \mathscr{C}^q(X;\mathscr{G}')/\mathscr{Z}^q(X;\mathscr{G}') = \mathscr{Z}^{q+1}$ $(X;\mathscr{G}')$. $\tilde{h}^q$ definiert wie oben einen Homomorphismus

$$h^{q+1} : \mathscr{C}^{q+1}(X;\mathscr{G}) = \mathscr{C}^0(X;\mathscr{Z}^{q+1}(X;\mathscr{G})) \;\longrightarrow\; \mathscr{C}^0(X;\mathscr{Z}^{q+1}(X;\mathscr{G}')) = \mathscr{C}^{q+1}(X;\mathscr{G}').$$

Man sieht sofort, daß das Diagramm

$$\begin{array}{ccc}
\mathscr{C}^q(X;\mathscr{G}) & \xrightarrow{\;\delta^q\;} & \mathscr{C}^{q+1}(X;\mathscr{G}) \\
{\scriptstyle h^q}\downarrow & & \downarrow{\scriptstyle h^{q+1}} \\
\mathscr{C}^q(X;\mathscr{G}') & \xrightarrow[\delta'^q]{} & \mathscr{C}^{q+1}(X;\mathscr{G}')
\end{array}$$

kommutativ ist. Damit ist der Homomorphismus $h* : \mathscr{C}*(X;\mathscr{G}) \to \mathscr{C}*(X;\mathscr{G}')$ erklärt.

Satz 17.7. $$0 \longrightarrow \mathscr{G}' \xrightarrow{\;h'\;} \mathscr{G} \xrightarrow{\;h\;} \mathscr{G}'' \longrightarrow 0$$

sei eine exakte Sequenz von Garben. Dann ist auch die Sequenz

$$0 \longrightarrow \mathscr{C}^q(X;\mathscr{G}') \xrightarrow{\;h'^q\;} \mathscr{C}^q(X;\mathscr{G}) \xrightarrow{\;h^q\;} \mathscr{C}^q(X;\mathscr{G}'') \longrightarrow 0$$

für jedes $q \geqq 0$ exakt.

Beweis: Nach Voraussetzung ist für jede offene Teilmenge U von X die Sequenz

$$0 \longrightarrow C^0(U;\mathscr{G}') \xrightarrow{\;h'^0_U\;} C^0(U;\mathscr{G}) \xrightarrow{\;h^0_U\;} C^0(U;\mathscr{G}'') \longrightarrow 0$$

exakt. Hieraus ergibt sich die Exaktheit der Folge

$$0 \longrightarrow \mathscr{C}^0(X;\mathscr{G}') \xrightarrow{\;h'^0\;} \mathscr{C}^0(X;\mathscr{G}) \xrightarrow{\;h^0\;} \mathscr{C}^0(X;\mathscr{G}'') \longrightarrow 0.$$

Wir nehmen nun an, daß die beiden Sequenzen

$$0 \longrightarrow \mathscr{Z}^q(X;\mathscr{G}') \longrightarrow \mathscr{Z}^q(X;\mathscr{G}) \longrightarrow \mathscr{Z}^q(X;\mathscr{G}'') \longrightarrow 0$$

$$0 \longrightarrow \mathscr{C}^q(X;\mathscr{G}') \xrightarrow{\ h'^q\ } \mathscr{C}^q(X;\mathscr{G}) \xrightarrow{\ h^q\ } \mathscr{C}^q(X;\mathscr{G}'') \longrightarrow 0$$

($q \geq 0$) exakt sind. Durch Übergang zu $\mathscr{Z}^{q+1} = \mathscr{C}^q/\mathscr{Z}^q$ folgt die Exaktheit der Sequenz

$$0 \longrightarrow \mathscr{Z}^{q+1}(X;\mathscr{G}') \longrightarrow \mathscr{Z}^{q+1}(X;\mathscr{G}) \longrightarrow \mathscr{Z}^{q+1}(X;\mathscr{G}'') \longrightarrow 0.$$

Hieraus ergibt sich wie oben die Exaktheit der Folge

$$0 \longrightarrow \mathscr{C}^{q+1}(X;\mathscr{G}') \xrightarrow{\ h'^{q+1}\ } \mathscr{C}^{q+1}(X;\mathscr{G}) \xrightarrow{\ h^{q+1}\ } \mathscr{C}^{q+1}(X;\mathscr{G}'') \longrightarrow 0.$$

Damit ist der Satz bewiesen.

ϕ sei eine Trägerfamilie auf X (vgl. Definition 12.3). Der zu der kanonischen welken Auflösung von $\mathscr{G}$ gehörende Komplex

$$0 \longrightarrow \mathscr{C}^0(X;\mathscr{G}) \xrightarrow{\ \delta^0\ } \mathscr{C}^1(X;\mathscr{G}) \xrightarrow{\ \delta^1\ } \mathscr{C}^2(X;\mathscr{G}) \longrightarrow \cdots$$

liefert den Kokettenkomplex

$$0 \longrightarrow \Gamma_\phi(\mathscr{C}^0(X;\mathscr{G})) \xrightarrow{\ d^0\ } \Gamma_\phi(\mathscr{C}^1(X;\mathscr{G})) \xrightarrow{\ d^1\ } \Gamma_\phi(\mathscr{C}^2(X;\mathscr{G})) \longrightarrow \cdots,$$

den wir mit $C_\phi^*(X;\mathscr{G})$ bezeichnen wollen.

Jeder Garbenhomomorphismus $h:\mathscr{G} \to \mathscr{G}'$ induziert, wie wir oben gesehen haben, einen Homomorphismus $h^*:\mathscr{C}^*(X;\mathscr{G}) \to \mathscr{C}^*(X;\mathscr{G}')$. $h^q:\mathscr{C}^q(X;\mathscr{G}) \to \mathscr{C}^q(X;\mathscr{G}')$ definiert dann einen Homomorphismus

$$\bar{h}^q : \Gamma_\phi(\mathscr{C}^q(X;\mathscr{G})) \longrightarrow \Gamma_\phi(\mathscr{C}^q(X;\mathscr{G}')).$$

$\bar{h} = \{\bar{h}^q\}$ ist offensichtlich eine Kokettenabbildung von $C_\phi^*(X;\mathscr{G})$ in $C_\phi^*(X;\mathscr{G}')$.

Satz 17.8. $\qquad\qquad 0 \longrightarrow \mathscr{G}' \xrightarrow{\ h'\ } \mathscr{G} \xrightarrow{\ h\ } \mathscr{G}'' \longrightarrow 0$

sei eine exakte Sequenz von Garben. Dann ist auch die Sequenz

$$0 \longrightarrow C_\phi^*(X;\mathscr{G}') \xrightarrow{\ \bar{h}'\ } C_\phi^*(X;\mathscr{G}) \xrightarrow{\ \bar{h}\ } C_\phi^*(X;\mathscr{G}'') \longrightarrow 0$$

von Kokettenkomplexen exakt.

Beweis: Nach Satz 17.7 ist die Sequenz

$$0 \longrightarrow \mathscr{C}^q(X;\mathscr{G}') \xrightarrow{\ h'^q\ } \mathscr{C}^q(X;\mathscr{G}) \xrightarrow{\ h^q\ } \mathscr{C}^q(X;\mathscr{G}'') \longrightarrow 0$$

für jedes $q \geq 0$ exakt. Da $\mathscr{C}^q(X;\mathscr{G}')$ welk ist, ist nach Satz 12.13 auch die induzierte Sequenz

$$0 \longrightarrow \Gamma_\phi(\mathscr{C}^q(X;\mathscr{G}')) \xrightarrow{\ \bar{h}'^q\ } \Gamma_\phi(\mathscr{C}^q(X;\mathscr{G})) \xrightarrow{\ \bar{h}^q\ } \Gamma_\phi(\mathscr{C}^q(X;\mathscr{G}'')) \longrightarrow 0$$

exakt.

§ 18 Kohomologiegruppen

X sei ein beliebiger topologischer Raum, ϕ eine Trägerfamilie auf X und $\mathscr{G}$ eine Garbe über X.

Definition 18.1. $H^q_\phi(X;\mathscr{G}) = H^q(C^*_\phi(X;\mathscr{G}))$ *heißt* q-te Kohomologiegruppe von X mit Koeffizienten in $\mathscr{G}$ und Trägern in ϕ.

Nach Konstruktion ist $H^q_\phi(X;\mathscr{G}) = 0$ für alle $q < 0$. Ist ϕ die Trägerfamilie aller abgeschlossenen Teilmengen von X, so schreibt man $H^q(X;\mathscr{G})$ statt $H^q_\phi(X;\mathscr{G})$. Jeder Garbenhomomorphismus $h:\mathscr{G} \to \mathscr{G}'$ liefert einen Homomorphismus $h^*:\mathscr{C}^*(X;\mathscr{G}) \to \mathscr{C}^*(X;\mathscr{G}')$. h^* definiert dann eine Kokettenabbildung $\bar{h}:C^*_\phi(X;\mathscr{G}) \to C^*_\phi(X;\mathscr{G}')$, die nach § 16 für jedes $q \geqq 0$ einen Homomorphismus

$$h^{*q}:H^q_\phi(X;\mathscr{G}) \longrightarrow H^q_\phi(X;\mathscr{G}')$$

induziert. Aus Satz 16.4 ergibt sich sofort

Satz 18.2. $h:\mathscr{G} \to \mathscr{G}'$ *und* $h':\mathscr{G}' \to \mathscr{G}''$ *seien Garbenhomomorphismen. Dann gilt:*
1) $(h'h)^{*q} = h'^{*q}h^{*q}$ *für alle* $q \geqq 0$.
2) *Ist* $\mathscr{G} = \mathscr{G}'$ *und* h *der identische Homomorphismus, so gilt* $h^{*q} = \mathrm{id}_{H^q_\phi(X;\mathscr{G})}$ *für alle* $q \geqq 0$.

Satz 18.3. *Für jede Garbe* $\mathscr{G}$ *gilt*

$$\Gamma_\phi(\mathscr{G}) \cong H^0_\phi(X;\mathscr{G}).$$

Ist $h:\mathscr{G} \to \mathscr{G}'$ *ein Garbenhomomorphismus, so ist das Diagramm*

$$
\begin{array}{ccc}
\Gamma_\phi(\mathscr{G}) & \overset{\cong}{\longrightarrow} & H^0_\phi(X;\mathscr{G}) \\
\downarrow & & \downarrow{\scriptstyle h^{*0}} \\
\Gamma_\phi(\mathscr{G}') & \overset{\cong}{\longrightarrow} & H^0_\phi(X;\mathscr{G}')
\end{array}
$$

kommutativ.

Beweis: Aus der Exaktheit der Sequenz

$$0 \longrightarrow \mathscr{G} \overset{\varepsilon}{\longrightarrow} \mathscr{C}^0(X;\mathscr{G}) \overset{\delta^0}{\longrightarrow} \mathscr{C}^1(X;\mathscr{G})$$

folgt nach Satz 12.4 die Exaktheit der Folge

$$0 \longrightarrow \Gamma_\phi(\mathscr{G}) \overset{\bar{\varepsilon}}{\longrightarrow} \Gamma_\phi(\mathscr{C}^0(X;\mathscr{G})) \overset{d^0}{\longrightarrow} \Gamma_\phi(\mathscr{C}^1(X;\mathscr{G})).$$

Daher ist $\Gamma_\phi(\mathscr{G}) \cong \mathrm{Bild}\,\bar{\varepsilon} = \mathrm{Kern}\,d^0 = H^0_\phi(X;\mathscr{G})$. Die zweite Behauptung folgt aus der Kommutativität des Diagramms

$$
\begin{array}{ccc}
\Gamma_\phi(\mathscr{G}) & \overset{\bar{\varepsilon}}{\longrightarrow} & \Gamma_\phi(\mathscr{C}^0(X;\mathscr{G})) \\
\downarrow & & \downarrow{\scriptstyle \bar{h}^0} \\
\Gamma_\phi(\mathscr{G}') & \underset{\bar{\varepsilon}'}{\longrightarrow} & \Gamma_\phi(\mathscr{C}^0(X;\mathscr{G}')).
\end{array}
$$

Wegen der Kommutativität des Diagramms von Satz 18.3 sagt man auch, daß der Isomorphismus $\Gamma_\phi(\mathscr{G}) \cong H^0_\phi(X;\mathscr{G})$ natürlich ist.

Nun sei

$$0 \longrightarrow \mathscr{G}' \xrightarrow{h'} \mathscr{G} \xrightarrow{h} \mathscr{G}'' \longrightarrow 0$$

eine exakte Sequenz von Garben. Wegen Satz 17.8 ist die zugehörige Sequenz

$$0 \longrightarrow C^*_\phi(X;\mathscr{G}') \xrightarrow{\bar{h}'} C^*_\phi(X;\mathscr{G}) \xrightarrow{\bar{h}} C^*_\phi(X;\mathscr{G}'') \longrightarrow 0$$

von Kokettenkomplexen exakt. Hierzu gibt es nach § 16 für jedes $q \geqq 0$ einen verbindenden Homomorphismus

$$\delta^{*q} : H^q_\phi(X;\mathscr{G}'') \longrightarrow H^{q+1}_\phi(X;\mathscr{G}').$$

Aus Satz 16.9 folgt dann

Satz 18.4. $\qquad\qquad 0 \longrightarrow \mathscr{G}' \xrightarrow{h'} \mathscr{G} \xrightarrow{h} \mathscr{G}'' \longrightarrow 0$

sei eine exakte Sequenz von Garben. Dann ist auch die Kohomologiesequenz

$$0 \longrightarrow H^0_\phi(X;\mathscr{G}') \xrightarrow{h'^{*0}} H^0_\phi(X;\mathscr{G}) \xrightarrow{h^{*0}} H^0_\phi(X;\mathscr{G}'') \xrightarrow{\delta^{*0}} H^1_\phi(X;\mathscr{G}')$$

$$\xrightarrow{h'^{*1}} H^1_\phi(X;\mathscr{G}) \xrightarrow{h^{*1}} \cdots$$

exakt.

Weiter ergibt sich aus Satz 16.10

Satz 18.5. *Für jedes kommutative Diagramm mit exakten Zeilen*

$$\begin{array}{ccccccccc}
0 & \longrightarrow & \mathscr{G}' & \longrightarrow & \mathscr{G} & \longrightarrow & \mathscr{G}'' & \longrightarrow & 0 \\
& & \downarrow{\scriptstyle\varphi'} & & \downarrow{\scriptstyle\varphi} & & \downarrow{\scriptstyle\varphi''} & & \\
0 & \longrightarrow & \mathscr{H}' & \longrightarrow & \mathscr{H} & \longrightarrow & \mathscr{H}'' & \longrightarrow & 0
\end{array}$$

sind die Diagramme

$$\begin{array}{ccc}
H^q_\phi(X;\mathscr{G}'') & \xrightarrow{\delta^{*q}} & H^{q+1}_\phi(X;\mathscr{G}') \\
\downarrow{\scriptstyle\varphi''^{*q}} & & \downarrow{\scriptstyle\varphi'^{*q+1}} \\
H^q_\phi(X;\mathscr{H}'') & \xrightarrow[\delta^{*q}]{} & H^{q+1}_\phi(X;\mathscr{H}')
\end{array}$$

kommutativ.

Definition 18.6. *ϕ sei eine Trägerfamilie auf X und $\mathscr{G}$ eine Garbe über X. $\mathscr{G}$ heißt ϕ-azyklisch, wenn für alle $q \geq 1$ gilt:*

$$H^q_\phi(X;\mathscr{G}) = 0.$$

Wir geben nun zwei wichtige Klassen von ϕ-azyklischen Garben an.

Satz 18.7. *Jede welke Garbe ist ϕ-azyklisch.*

Beweis: Ist $\mathscr{G}$ eine welke Garbe, so betrachten wir die zugehörige welke Auflösung

$$0 \longrightarrow \mathscr{G} \xrightarrow{\varepsilon} \mathscr{C}^0(X;\mathscr{G}) \xrightarrow{\delta^0} \mathscr{C}^1(X;\mathscr{G}) \xrightarrow{\delta^1} \cdots.$$

Nach Satz 12.15 ist die Sequenz

$$0 \longrightarrow \Gamma_\phi(\mathscr{G}) \xrightarrow{\bar{\varepsilon}} \Gamma_\phi(\mathscr{C}^0(X;\mathscr{G})) \xrightarrow{d^0} \Gamma_\phi(\mathscr{C}^1(X;\mathscr{G})) \longrightarrow \cdots$$

exakt. Hieraus ergibt sich unmittelbar die Behauptung.

Satz 18.8. *Ist ϕ eine parakompaktifizierende Trägerfamilie, so ist jede ϕ-weiche Garbe ϕ-azyklisch.*

Beweis: Ist $\mathscr{G}$ eine ϕ-weiche Garbe, so betrachten wir wieder die zugehörige welke Auflösung

$$0 \longrightarrow \mathscr{G} \xrightarrow{\varepsilon} \mathscr{C}^0(X;\mathscr{G}) \xrightarrow{\delta^0} \mathscr{C}^1(X;\mathscr{G}) \xrightarrow{\delta^1} \cdots. \tag{18.1}$$

$\mathscr{C}^q(X;\mathscr{G})$ ist nach Satz 13.10 ϕ-weich, d. h. (18.1) ist eine exakte Sequenz von ϕ-weichen Garben. Hieraus folgt unter Benutzung von Satz 13.11 die Exaktheit der induzierten Sequenz

$$0 \longrightarrow \Gamma_\phi(\mathscr{G}) \xrightarrow{\bar{\varepsilon}} \Gamma_\phi(\mathscr{C}^0(X;\mathscr{G})) \xrightarrow{d^0} \Gamma_\phi(\mathscr{C}^1(X;\mathscr{G})) \xrightarrow{d^1} \cdots.$$

Aus Satz 18.8 ergibt sich insbesondere, daß alle ϕ-feinen Garben ϕ-azyklisch sind.

ϕ sei wieder eine beliebige Trägerfamilie auf X und

$$0 \longrightarrow \mathscr{G} \xrightarrow{\varepsilon} \mathscr{L}^0 \xrightarrow{\delta^0} \mathscr{L}^1 \xrightarrow{\delta^1} \mathscr{L}^2 \longrightarrow \cdots$$

eine Auflösung von $\mathscr{G}$. Der hierzu gehörende Komplex

$$0 \longrightarrow \mathscr{L}^0 \xrightarrow{\delta^0} \mathscr{L}^1 \xrightarrow{\delta^1} \mathscr{L}^2 \longrightarrow \cdots$$

liefert den Kokettenkomplex

$$0 \longrightarrow \Gamma_\phi(\mathscr{L}^0) \xrightarrow{d^0} \Gamma_\phi(\mathscr{L}^1) \xrightarrow{d^1} \Gamma_\phi(\mathscr{L}^2) \longrightarrow \cdots,$$

den wir mit $\Gamma_\phi(\mathscr{L}^*)$ bezeichnen wollen. Offenbar gilt $H^0(\Gamma_\phi(\mathscr{L}^*)) \cong H^0_\phi(X;\mathscr{G})$. Wir konstruieren nun einen natürlichen Homomorphismus

$$\lambda^q : H^q(\Gamma_\phi(\mathscr{L}^*)) \longrightarrow H^q_\phi(X;\mathscr{G}) \qquad (q \geq 1).$$

Setzt man $\mathscr{Z}^q = \operatorname{Kern}\delta^q$, so gilt $\Gamma_\phi(\mathscr{Z}^q) = \operatorname{Kern}d^q$. Offensichtlich ist die Sequenz

$$0 \longrightarrow \mathscr{Z}^{q-1} \longrightarrow \mathscr{L}^{q-1} \xrightarrow{\delta^{q-1}} \mathscr{Z}^q \longrightarrow 0$$

für jedes $q \geq 1$ exakt. Hierzu gehört nach Satz 18.4 die exakte Kohomologiesequenz

$$0 \longrightarrow \Gamma_\phi(\mathscr{Z}^{q-1}) \longrightarrow \Gamma_\phi(\mathscr{L}^{q-1}) \xrightarrow{d^{q-1}} \Gamma_\phi(\mathscr{Z}^q) \xrightarrow{\delta*0} H^1_\phi(X;\mathscr{Z}^{q-1}) \longrightarrow \cdots .$$

ψ^q sei der Monomorphismus

$$\psi^q : H^q(\Gamma_\phi(\mathscr{L}*)) = \frac{\operatorname{Kern} d^q}{\operatorname{Bild} d^{q-1}} = \frac{\Gamma_\phi(\mathscr{Z}^q)}{\operatorname{Kern}\delta*0} \longrightarrow H^1_\phi(X;\mathscr{Z}^{q-1}).$$

Weiter hat man für jedes r mit $2 \leqq r \leqq q$ die exakte Sequenz

$$0 \longrightarrow \mathscr{Z}^{q-r} \longrightarrow \mathscr{L}^{q-r} \longrightarrow \mathscr{Z}^{q-r+1} \longrightarrow 0$$

und den verbindenden Homomorphismus

$$\delta*^{r-1} : H^{r-1}_\phi(X;\mathscr{Z}^{q-r+1}) \longrightarrow H^r_\phi(X;\mathscr{Z}^{q-r}).$$

Dann sei $\lambda^q = \psi^q$ für $q = 1$ und für $q \geq 2$ der zusammengesetzte Homomorphismus

$$H^q(\Gamma_\phi(\mathscr{L}*)) \xrightarrow{\psi^q} H^1_\phi(X;\mathscr{Z}^{q-1}) \xrightarrow{\delta*1} H^2_\phi(X;\mathscr{Z}^{q-2}) \xrightarrow{\delta*2} \cdots \xrightarrow{\delta*^{q-1}} H^q_\phi(X;\mathscr{G}).$$

$$0 \longrightarrow \mathscr{G} \xrightarrow{\varepsilon} \mathscr{L}^0 \xrightarrow{\delta^0} \mathscr{L}^1 \xrightarrow{\delta^1} \mathscr{L}^2 \longrightarrow \cdots$$

$$0 \longrightarrow \mathscr{G}' \xrightarrow{\varepsilon'} \mathscr{L}'^0 \xrightarrow{\delta'^0} \mathscr{L}'^1 \xrightarrow{\delta'^1} \mathscr{L}'^2 \longrightarrow \cdots$$

seien Auflösungen von $\mathscr{G}$ bzw. $\mathscr{G}'$, $h:\mathscr{G}\to\mathscr{G}'$ sei ein Garbenhomomorphismus und $f = \{f^q\} : \{\mathscr{L}^q,\delta^q\} \to \{\mathscr{L}'^q,\delta'^q\}$ ein mit h verträglicher Homomorphismus (vgl. § 17). f definiert dann eine Kokettenabbildung $\bar f : \Gamma_\phi(\mathscr{L}*) \to \Gamma_\phi(\mathscr{L}'*)$, die für jedes $q \geqq 0$ einen Homomorphismus

$$f*^q : H^q(\Gamma_\phi(\mathscr{L}*)) \longrightarrow H^q(\Gamma_\phi(\mathscr{L}'*))$$

induziert.

Satz 18.9. *Für jedes $q \geqq 1$ ist das Diagramm*

$$\begin{array}{ccc}
H^q(\Gamma_\phi(\mathscr{L}*)) & \xrightarrow{\lambda^q} & H^q_\phi(X;\mathscr{G}) \\
{\scriptstyle f*^q}\downarrow & & \downarrow{\scriptstyle h*^q} \\
H^q(\Gamma_\phi(\mathscr{L}'*)) & \xrightarrow[\lambda^q]{} & H^q_\phi(X;\mathscr{G}')
\end{array}$$

kommutativ.

Beweis: Aus Satz 18.5 ergibt sich sofort, daß die Diagramme

$$\begin{array}{ccc}
H^q(\Gamma_\phi(\mathscr{L}*) & \xrightarrow{\psi^q} & H^1_\phi(X;\mathscr{Z}^{q-1}) \\
{\scriptstyle f*^q}\downarrow & & \downarrow \\
H^q(\Gamma_\phi(\mathscr{L}'*)) & \xrightarrow[\psi^q]{} & H^1_\phi(X;\mathscr{Z}'^{q-1})
\end{array}
\qquad
\begin{array}{ccc}
H^{r-1}_\phi(X;\mathscr{Z}^{q-r+1}) & \xrightarrow{\delta*^{r-1}} & H^r_\phi(X;\mathscr{Z}^{q-r}) \\
\downarrow & & \downarrow \\
H^{r-1}_\phi(X;\mathscr{Z}'^{q-r+1}) & \xrightarrow[\delta*^{r-1}]{} & H^r_\phi(X;\mathscr{Z}'^{q-r})
\end{array}$$

Wir bemerken noch, daß auch das Diagramm

$$\begin{array}{ccc} H^0(\Gamma_\phi(\mathscr{L}^*)) & \overset{\cong}{\longrightarrow} & H^0_\phi(X;\mathscr{G}) \\ {\scriptstyle f^{*0}}\Big\downarrow & & \Big\downarrow{\scriptstyle h^{*0}} \\ H^0(\Gamma_\phi(\mathscr{L}'^*)) & \overset{\cong}{\longrightarrow} & H^0_\phi(X;\mathscr{G}') \end{array}$$

kommutativ ist.

Wir untersuchen nun die Frage, wann λ^q ein Isomorphismus ist.

Satz 18.10. *Ist*

$$0 \longrightarrow \mathscr{G} \overset{\varepsilon}{\longrightarrow} \mathscr{L}^0 \overset{\delta^0}{\longrightarrow} \mathscr{L}^1 \overset{\delta^1}{\longrightarrow} \mathscr{L}^2 \longrightarrow \cdots$$

eine Auflösung von $\mathscr{G}$, bei der alle $\mathscr{L}^q$ ϕ-azyklisch sind, so ist

$$\lambda^q : H^q(\Gamma_\phi(\mathscr{L}^*)) \longrightarrow H^q_\phi(X;\mathscr{G})$$

für alle $q \geq 1$ ein Isomorphismus.

Beweis: Die kurze exakte Sequenz

$$0 \longrightarrow \mathscr{Z}^{q-1} \longrightarrow \mathscr{L}^{q-1} \overset{\delta^{q-1}}{\longrightarrow} \mathscr{Z}^q \longrightarrow 0$$

induziert die exakte Kohomologiesequenz

$$\cdots \longrightarrow \Gamma_\phi(\mathscr{L}^{q-1}) \overset{d^{q-1}}{\longrightarrow} \Gamma_\phi(\mathscr{Z}^q) \overset{\delta^{*0}}{\longrightarrow} H^1_\phi(X;\mathscr{Z}^{q-1}) \longrightarrow H^1_\phi(X;\mathscr{L}^{q-1}) \longrightarrow \cdots.$$

Da die Kohomologiegruppen $H^1_\phi(X;\mathscr{L}^{q-1})$ nach Voraussetzung verschwinden, ist δ^{*0} surjektiv, d. h. ψ^q ist für alle $q \geq 1$ ein Isomorphismus. Die kurze exakte Sequenz

$$0 \longrightarrow \mathscr{Z}^{q-r} \longrightarrow \mathscr{L}^{q-r} \longrightarrow \mathscr{Z}^{q-r+1} \longrightarrow 0$$

induziert die exakte Kohomologiesequenz

$$\cdots \longrightarrow H^{r-1}_\phi(X;\mathscr{L}^{q-r}) \longrightarrow H^{r-1}_\phi(X;\mathscr{Z}^{q-r+1}) \overset{\delta^{*r-1}}{\longrightarrow} H^r_\phi(X;\mathscr{Z}^{q-r})$$
$$\longrightarrow H^r_\phi(X;\mathscr{L}^{q-r}) \longrightarrow \cdots.$$

Da die Kohomologiegruppen $H^{r-1}_\phi(X;\mathscr{L}^{q-r})$ und $H^r_\phi(X;\mathscr{L}^{q-r})$ verschwinden, ist δ^{*r-1} $(2 \leq r \leq q)$ ein Isomorphismus. Hieraus folgt unmittelbar die Behauptung.

Aus Satz 18.10 ergibt sich, daß zur Berechnung der Kohomologiegruppen $H^q_\phi(X;\mathscr{G})$ nicht notwendig die kanonische welke Auflösung von $\mathscr{G}$ benötigt wird. Ist vielmehr

$$0 \longrightarrow \mathscr{G} \overset{\varepsilon}{\longrightarrow} \mathscr{L}^0 \overset{\delta^0}{\longrightarrow} \mathscr{L}^1 \overset{\delta^1}{\longrightarrow} \mathscr{L}^2 \longrightarrow \cdots$$

irgendeine Auflösung von $\mathscr{G}$ durch welke oder ϕ-weiche Garben, so ist $H^q_\phi(X;\mathscr{G})$ nach 18.7 bzw. 18.8 gerade die q-te Kohomologiegruppe des Kokettenkomplexes

$$0 \longrightarrow \Gamma_\phi(\mathscr{L}^0) \overset{d^0}{\longrightarrow} \Gamma_\phi(\mathscr{L}^1) \overset{d^1}{\longrightarrow} \Gamma_\phi(\mathscr{L}^2) \longrightarrow \cdots.$$

Satz 18.11. *Ist* $0 \longrightarrow \mathscr{L}^0 \stackrel{\delta^0}{\longrightarrow} \mathscr{L}^1 \stackrel{\delta^1}{\longrightarrow} \mathscr{L}^2 \longrightarrow \cdots$ *eine exakte Sequenz von ϕ-azyklischen Garben, so ist die induzierte Sequenz*

$$0 \longrightarrow \Gamma_\phi(\mathscr{L}^0) \stackrel{d^0}{\longrightarrow} \Gamma_\phi(\mathscr{L}^1) \stackrel{d^1}{\longrightarrow} \Gamma_\phi(\mathscr{L}^2) \longrightarrow \cdots$$

ebenfalls exakt.

Beweis: $0 \longrightarrow \mathscr{L}^0 \stackrel{\delta^0}{\longrightarrow} \mathscr{L}^1 \stackrel{\delta^1}{\longrightarrow} \mathscr{L}^2 \longrightarrow \cdots$ ist eine Auflösung der Nullgarbe durch ϕ-azyklische Garben. Nach Satz 18.10 gilt

$$H^q(\Gamma_\phi(\mathscr{L}^*)) \cong H_\phi^q(X;0) = 0,$$

woraus die Behauptung folgt.

§ 19 Der Eindeutigkeitssatz

Definition 19.1. *ϕ sei eine Trägerfamilie auf dem topologischen Raum X. Eine Kohomologietheorie für X und ϕ besteht*

1) aus einer Funktion H, die jeder Garbe $\mathscr{G}$ abelscher Gruppen über X und jeder nichtnegativen ganzen Zahl q eine abelsche Gruppe $H_\phi^q(X;\mathscr{G})$ zuordnet,

2) aus einer Funktion $*$, die jedem Garbenhomomorphismus $h:\mathscr{G} \to \mathscr{G}'$ und jeder nichtnegativen ganzen Zahl q einen Homomorphismus

$$h^{*q} : H_\phi^q(X;\mathscr{G}) \longrightarrow H_\phi^q(X;\mathscr{G}')$$

zuordnet,

3) aus einer Funktion δ, die jeder exakten Sequenz

$$0 \longrightarrow \mathscr{G}' \longrightarrow \mathscr{G} \longrightarrow \mathscr{G}'' \longrightarrow 0$$

von Garben abelscher Gruppen und jeder nichtnegativen ganzen Zahl q einen Homomorphismus

$$\delta^{*q} : H_\phi^q(X;\mathscr{G}'') \longrightarrow H_\phi^{q+1}(X;\mathscr{G}')$$

zuordnet, wobei die folgenden Axiome erfüllt sind:

(C 1) *Es gibt einen natürlichen Isomorphismus von $H_\phi^0(X;\mathscr{G})$ auf $\Gamma_\phi(\mathscr{G})$.*

(C 2) *Ist $\mathscr{G}$ welk, so ist $H_\phi^q(X;\mathscr{G}) = 0$ für alle $q \geq 1$.*

(C 3) *Für jede exakte Sequenz*

$$0 \longrightarrow \mathscr{G}' \stackrel{h'}{\longrightarrow} \mathscr{G} \stackrel{h}{\longrightarrow} \mathscr{G}'' \longrightarrow 0$$

von Garben ist die Kohomologiesequenz

$$\cdots \stackrel{\delta^{*q-1}}{\longrightarrow} H_\phi^q(X;\mathscr{G}') \stackrel{h'^{*q}}{\longrightarrow} H_\phi^q(X;\mathscr{G}) \stackrel{h^{*q}}{\longrightarrow} H_\phi^q(X;\mathscr{G}'') \stackrel{\delta^{*q}}{\longrightarrow} \cdots$$

exakt.

(C 4) *Ist* $h: \mathscr{G} \to \mathscr{G}$ *der identische Homomorphismus, so gilt* $h^{*q} = \mathrm{id}$ *für alle* $q \geq 0$;
   sind $h: \mathscr{G} \to \mathscr{G}'$ *und* $h': \mathscr{G}' \to \mathscr{G}''$ *Garbenhomomorphismen, so gilt für alle* $q \geq 0$:
   $(h'h)^{*q} = h'^{*q} h^{*q}$.

(C 5) *Ist das Diagramm mit exakten Zeilen*

$$
\begin{array}{ccccccccc}
0 & \longrightarrow & \mathscr{G}' & \longrightarrow & \mathscr{G} & \longrightarrow & \mathscr{G}'' & \longrightarrow & 0 \\
 & & \varphi' \downarrow & & \varphi \downarrow & & \varphi'' \downarrow & & \\
0 & \longrightarrow & \mathscr{H}' & \longrightarrow & \mathscr{H} & \longrightarrow & \mathscr{H}'' & \longrightarrow & 0
\end{array}
$$

kommutativ, so ist für jedes $q \geq 0$ *auch das Diagramm*

$$
\begin{array}{ccc}
H^q_\phi(X; \mathscr{G}'') & \xrightarrow{\ \delta^{*q}\ } & H^{q+1}_\phi(X; \mathscr{G}') \\
\varphi''^{*q} \downarrow & & \downarrow \varphi'^{*q+1} \\
H^q_\phi(X; \mathscr{H}'') & \xrightarrow[\ \delta^{*q}\ ]{} & H^{q+1}_\phi(X; \mathscr{H}')
\end{array}
$$

kommutativ.

Aus den Sätzen 18.2 bis 18.5 und 18.7 ergibt sich, daß die in § 18 konstruierten Gruppen $H^q_\phi(X; \mathscr{G})$ zusammen mit den Homomorphismen h^{*q} und δ^{*q} eine Kohomologietheorie für X und ϕ bilden. Wir wollen nun zeigen, daß dies im wesentlichen die einzige Kohomologietheorie für X und ϕ ist. Dazu geben wir zunächst die folgende

Definition 19.2. $(H, *, \delta)$ *und* $(\tilde{H}, \tilde{*}, \tilde{\delta})$ *seien zwei Kohomologietheorien für* X *und* ϕ.
$(H, *, \delta)$ *und* $(\tilde{H}, \tilde{*}, \tilde{\delta})$ *heißen* isomorph, *wenn es für jede Garbe* $\mathscr{G}$ *über* X *und jede nichtnegative ganze Zahl* q *einen Isomorphismus*

$$
\tau^q : H^q_\phi(X; \mathscr{G}) \longrightarrow \tilde{H}^q_\phi(X; \mathscr{G})
$$

gibt mit den Eigenschaften:

1) *Ist* $h: \mathscr{G} \to \mathscr{G}'$ *ein Garbenhomomorphismus, so ist für jedes* $q \geq 0$ *das Diagramm*

$$
\begin{array}{ccc}
H^q_\phi(X; \mathscr{G}) & \xrightarrow{\ \tau^q\ } & \tilde{H}^q_\phi(X; \mathscr{G}) \\
h^{*q} \downarrow & & \downarrow h^{\tilde{*}q} \\
H^q_\phi(X; \mathscr{G}') & \xrightarrow[\ \tau^q\ ]{} & \tilde{H}^q_\phi(X; \mathscr{G}')
\end{array}
$$

kommutativ.

2) *Ist*
$$
0 \longrightarrow \mathscr{G}' \longrightarrow \mathscr{G} \longrightarrow \mathscr{G}'' \longrightarrow 0
$$
eine exakte Sequenz von Garben, so ist für jedes $q \geq 0$ *das Diagramm*

$$
\begin{array}{ccc}
H^q_\phi(X; \mathscr{G}'') & \xrightarrow{\ \tau^q\ } & \tilde{H}^q_\phi(X; \mathscr{G}'') \\
\delta^{*q} \downarrow & & \downarrow \tilde{\delta}^{*q} \\
H^{q+1}_\phi(X; \mathscr{G}') & \xrightarrow[\ \tau^{q+1}\ ]{} & \tilde{H}^{q+1}_\phi(X; \mathscr{G}')
\end{array}
$$

kommutativ.

Es gilt nun der folgende Eindeutigkeitssatz

Satz 19.3. *Sind $(H, *, \delta)$ und $(\tilde{H}, \tilde{*}, \tilde{\delta})$ zwei Kohomologietheorien für X und ϕ, so sind sie zueinander isomorph.*

Beweis: 1) Nach (C 1) in Definition 19.1 ist $H^0_\phi(X;\mathcal{G}) \cong \Gamma_\phi(\mathcal{G})$ und $\tilde{H}^0_\phi(X;\mathcal{G}) \cong \Gamma_\phi(\mathcal{G})$. τ^0 sei dann der zusammengesetzte Isomorphismus

$$\tau^0 : H^0_\phi(X;\mathcal{G}) \xrightarrow[\cong]{} \Gamma_\phi(\mathcal{G}) \xrightarrow[\cong]{} \tilde{H}^0_\phi(X;\mathcal{G}).$$

Für jeden Garbenhomomorphismus $h : \mathcal{G} \to \mathcal{G}'$ ist offenbar das Diagramm

$$\begin{array}{ccc}
H^0_\phi(X;\mathcal{G}) & \xrightarrow{\tau^0} & \tilde{H}^0_\phi(X;\mathcal{G}) \\
{\scriptstyle h^{*0}}\downarrow & & \downarrow{\scriptstyle h^{\tilde{*}0}} \\
H^0_\phi(X;\mathcal{G}') & \xrightarrow[\tau^0]{} & \tilde{H}^0_\phi(X;\mathcal{G}')
\end{array}$$

kommutativ. Wir nehmen nun an, daß

$$\tau^q : H^q_\phi(X;\mathcal{G}) \xrightarrow[\cong]{} \tilde{H}^q_\phi(X;\mathcal{G})$$

für alle $q \leq n$ $(n \geq 0)$ und für alle Garben $\mathcal{G}$ über X definiert sei, so daß die Diagramme

$$\begin{array}{ccc}
H^q_\phi(X;\mathcal{G}) & \xrightarrow{\tau^q} & \tilde{H}^q_\phi(X;\mathcal{G}) \\
{\scriptstyle h^{*q}}\downarrow & & \downarrow{\scriptstyle h^{\tilde{*}q}} \\
H^q_\phi(X;\mathcal{G}') & \xrightarrow[\tau^q]{} & \tilde{H}^q_\phi(X;\mathcal{G}')
\end{array}$$

für alle $q \leq n$ kommutativ sind. Wir betrachten die exakte Sequenz

$$0 \longrightarrow \mathcal{G} \longrightarrow \mathcal{C}^0(X;\mathcal{G}) \longrightarrow \mathcal{Z}^1(X;\mathcal{G}) \longrightarrow 0$$

und erhalten das Diagramm

$$\begin{array}{ccccccc}
H^n_\phi(X;\mathcal{C}^0(X;\mathcal{G})) & \longrightarrow & H^n_\phi(X;\mathcal{Z}^1(X;\mathcal{G})) & \xrightarrow{\delta^{*n}} & H^{n+1}_\phi(X;\mathcal{G}) & \longrightarrow & H^{n+1}_\phi(X;\mathcal{C}^0(X;\mathcal{G}))=0 \\
\downarrow{\scriptstyle \tau^n} & & \downarrow{\scriptstyle \tau^n} & \text{\textcircled{1}} & \downarrow{\scriptstyle \tau^{n+1}} & & \downarrow \\
\tilde{H}^n_\phi(X;\mathcal{C}^0(X;\mathcal{G})) & \longrightarrow & \tilde{H}^n_\phi(X;\mathcal{Z}^1(X;\mathcal{G})) & \xrightarrow[\tilde{\delta}^{*n}]{} & \tilde{H}^{n+1}_\phi(X;\mathcal{G}) & \longrightarrow & \tilde{H}^{n+1}_\phi(X;\mathcal{C}^0(X;\mathcal{G}))=0,
\end{array}$$

dessen Zeilen nach (C 3) in Definition 19.1 exakt sind und dessen linke Zelle nach Voraussetzung kommutativ ist. Nach Hilfssatz 1.12 gibt es genau einen Homomorphismus $\tau^{n+1} : H^{n+1}_\phi(X;\mathcal{G}) \to \tilde{H}^{n+1}_\phi(X;\mathcal{G})$, so daß die Zelle ① kommutativ ist. Nach Hilfssatz 1.13 ist τ^{n+1} sogar ein Isomorphismus.

2) Wir beweisen nun, daß das Diagramm

$$
\begin{array}{ccc}
H_\phi^{n+1}(X;\mathscr{G}) & \xrightarrow{\ \tau^{n+1}\ } & \tilde{H}_\phi^{n+1}(X;\mathscr{G}) \\
\ \ \downarrow{\scriptstyle h^{*n+1}} & & \ \ \downarrow{\scriptstyle h^{\tilde{*}n+1}} \\
H_\phi^{n+1}(X;\mathscr{G}') & \xrightarrow[\ \tau^{n+1}\ ]{} & \tilde{H}_\phi^{n+1}(X;\mathscr{G}')
\end{array}
$$

kommutativ ist. Das kommutative Diagramm mit exakten Zeilen

$$
\begin{array}{ccccccccc}
0 & \longrightarrow & \mathscr{G} & \longrightarrow & \mathscr{C}^0(X;\mathscr{G}) & \longrightarrow & \mathscr{L}^1(X;\mathscr{G}) & \longrightarrow & 0 \\
& & \ \downarrow{\scriptstyle h} & & \ \downarrow{\scriptstyle h^0} & & \ \downarrow{\scriptstyle \tilde{h}^0} & & \\
0 & \longrightarrow & \mathscr{G}' & \longrightarrow & \mathscr{C}^0(X;\mathscr{G}') & \longrightarrow & \mathscr{L}^1(X;\mathscr{G}') & \longrightarrow & 0
\end{array}
$$

liefert das Diagramm

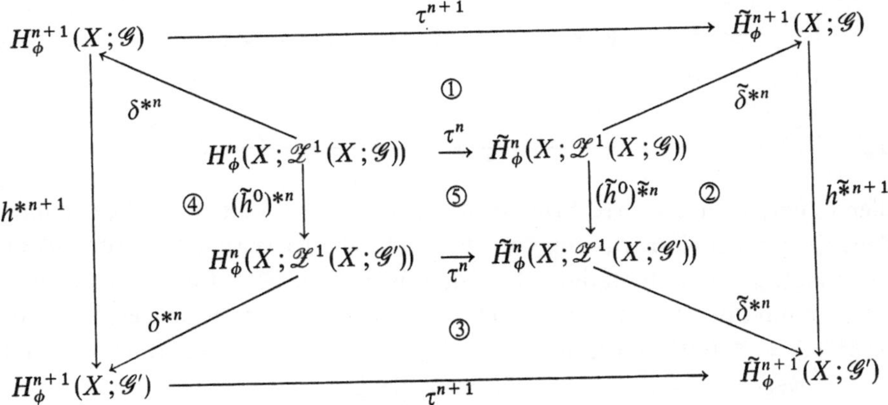

mit den kommutativen Zellen ① bis ⑤. Zelle ③ ist nach Konstruktion von τ^{n+1} kommutativ, die Kommutativität der Zellen ② und ④ ergibt sich aus (C 5) in Definition 19.1 und Zelle ⑤ ist nach Voraussetzung kommutativ. Da δ^{*n} und $\tilde{\delta}^{*n}$ Epimorphismen sind, gilt $h^{\tilde{*}n+1}\tau^{n+1} = \tau^{n+1}h^{*n+1}$.

3) $\mathscr{G}'$ sei eine Untergarbe von $\mathscr{G}$ und $\mathscr{G}' \to \mathscr{C}^0(X;\mathscr{G})$ bezeichne den zusammengesetzten Homomorphismus $\mathscr{G}' \to \mathscr{G} \to \mathscr{C}^0(X;\mathscr{G})$. Wir betrachten dann das kommutative Diagramm

$$
\begin{array}{ccccccccc}
0 & \longrightarrow & \mathscr{G}' & \longrightarrow & \mathscr{C}^0(X;\mathscr{G}') & \longrightarrow & \mathscr{L}^1(X;\mathscr{G}') & \longrightarrow & 0 \\
& & \ \downarrow{\scriptstyle \mathrm{id}} & & \ \downarrow & & \ \downarrow{\scriptstyle g} & & \\
0 & \longrightarrow & \mathscr{G}' & \longrightarrow & \mathscr{C}^0(X;\mathscr{G}) & \xrightarrow[k]{} & \mathscr{C}^0(X;\mathscr{G})/\mathscr{G}' & \longrightarrow & 0
\end{array}
\tag{19.1}
$$

mit exakten Zeilen. Zu der unteren Sequenz gehört das Diagramm

$$
\begin{array}{ccc}
H_\phi^q(X;\mathscr{C}^0(X;\mathscr{G})/\mathscr{G}') & \xrightarrow{\ \tau^q\ } & \tilde{H}_\phi^q(X;\mathscr{C}^0(X;\mathscr{G})/\mathscr{G}') \\
{\scriptstyle\delta^{*q}}\downarrow & \text{\textcircled{6}} & \downarrow{\scriptstyle\tilde\delta^{*q}} \\
H_\phi^{q+1}(X;\mathscr{G}') & \xrightarrow[\ \tau^{q+1}\ ]{} & \tilde{H}_\phi^{q+1}(X;\mathscr{G}')
\end{array}
$$

von dem wir nun zeigen wollen, daß es für alle $q \geq 0$ kommutativ ist.

Dazu benutzen wir das Diagramm

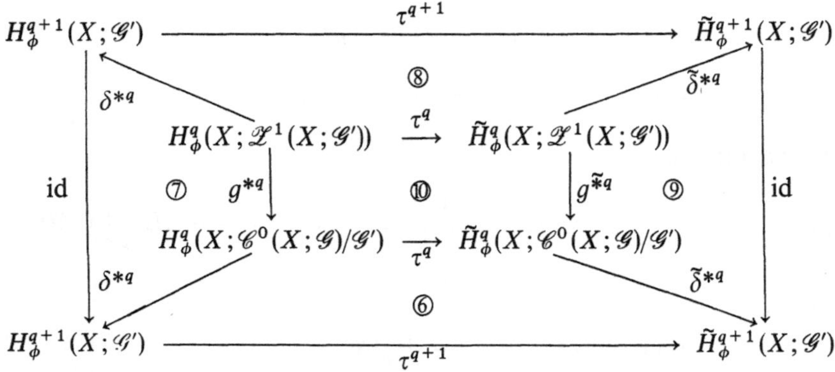

Die Zellen ⑦ und ⑨ sind nach (C 5) in Definition 19.1, angewandt auf (19.1), kommutativ, Zelle ⑧ ist nach Konstruktion von τ^{q+1} und Zelle ⑩ wegen der Natürlichkeit von τ^q kommutativ. Man bestätigt sofort, daß dann Zelle ⑥ auf der Untergruppe Bild g^{*q} kommutativ ist. Nun sei $a \in H_\phi^q(X;\mathscr{C}^0(X;\mathscr{G})/\mathscr{G}')$ ein beliebiges Element. Dann ist $\delta^{*q}(a) = \delta^{*q}(c)$ für ein geeignetes $c \in H_\phi^q(X;\mathscr{L}^1(X;\mathscr{G}'))$. Wir setzen $b = g^{*q}(c)$ und erhalten wegen der Kommutativität der Zelle ⑦

$$\delta^{*q}(b) = \delta^{*q}g^{*q}(c) = \delta^{*q}(c) = \delta^{*q}(a).$$

Da Zelle ⑥ auf der Untergruppe Bild g^{*q} kommutativ ist, gilt daher

$$\tau^{q+1}\delta^{*q}(a) = \tau^{q+1}\delta^{*q}(b) = \tilde\delta^{*q}\tau^q(b). \tag{19.2}$$

Wir betrachten nun das kommutative Diagramm mit exakten Zeilen

$$
\begin{array}{ccccc}
H_\phi^q(X;\mathscr{C}^0(X;\mathscr{G})) & \xrightarrow{\ k^{*q}\ } & H_\phi^q(X;\mathscr{C}^0(X;\mathscr{G})/\mathscr{G}') & \xrightarrow{\ \delta^{*q}\ } & H_\phi^{q+1}(X;\mathscr{G}') \\
{\scriptstyle\tau^q}\downarrow & & {\scriptstyle\tau^q}\downarrow & & \\
\tilde{H}_\phi^q(X;\mathscr{C}^0(X;\mathscr{G})) & \xrightarrow[\ \tilde{k}^{*q}\ ]{} & \tilde{H}_\phi^q(X;\mathscr{C}^0(X;\mathscr{G})/\mathscr{G}') & \xrightarrow[\ \tilde\delta^{*q}\ ]{} & \tilde{H}_\phi^{q+1}(X;\mathscr{G}').
\end{array}
$$

Wegen $\delta^{*q}(a-b) = 0$ gibt es ein $d \in H_\phi^q(X;\mathscr{C}^0(X;\mathscr{G}))$ mit $a-b = k^{*q}(d)$. Dann ist

$$\tilde\delta^{*q}\tau^q(a-b) = \tilde\delta^{*q}\tau^q k^{*q}(d) = \tilde\delta^{*q}\tilde{k}^{*q}\tau^q(d) = 0.$$

Hieraus ergibt sich zusammen mit (19.2)

$$\tau^{q+1}\,\delta^{*q}(a) = \tilde\delta^{*q}\,\tau^q(a)\,,$$

d. h. Zelle ⑥ ist kommutativ.

4) Unter Benutzung von Beweisschritt 3) zeigen wir nun, daß für jede kurze exakte Sequenz

$$0 \longrightarrow \mathscr{G}' \longrightarrow \mathscr{G} \longrightarrow \mathscr{G}'' \longrightarrow 0$$

das Diagramm

$$
\begin{array}{ccc}
H_\phi^q(X;\mathscr{G}'') & \xrightarrow{\ \tau^q\ } & \tilde H_\phi^q(X;\mathscr{G}'') \\[2pt]
{\scriptstyle \delta^{*q}}\downarrow & \text{⑪} & \downarrow{\scriptstyle \tilde\delta^{*q}} \\[2pt]
H_\phi^{q+1}(X;\mathscr{G}') & \xrightarrow[\ \tau^{q+1}\ ]{} & \tilde H_\phi^{q+1}(X;\mathscr{G}')
\end{array}
$$

kommutativ ist ($q \geq 0$). Das kommutative Diagramm

$$
\begin{array}{ccccccccc}
0 & \longrightarrow & \mathscr{G}' & \longrightarrow & \mathscr{G} & \longrightarrow & \mathscr{G}'' & \longrightarrow & 0 \\[2pt]
& & \downarrow{\scriptstyle \mathrm{id}} & & \downarrow & & \downarrow{\scriptstyle i} & & \\[2pt]
0 & \longrightarrow & \mathscr{G}' & \longrightarrow & \mathscr{C}^0(X;\mathscr{G}) & \longrightarrow & \mathscr{C}^0(X;\mathscr{G})/\mathscr{G}' & \longrightarrow & 0
\end{array}
\qquad (19.3)
$$

mit exakten Zeilen liefert das Diagramm

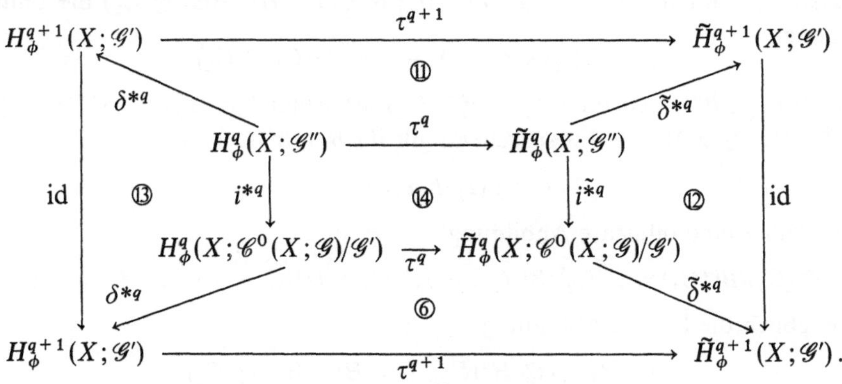

Die Zellen ⑫ und ⑬ sind nach (C 5) in Definition 19.1, angewandt auf (19.3), kommutativ, und Zelle ⑭ ist wegen der Natürlichkeit von τ^q kommutativ. Hieraus ergibt sich unmittelbar die Kommutativität der Zelle ⑪.

§ 20 Das cup-Produkt

Sind $C_1 = \{C_1^q, \delta_1^q\}$ und $C_2 = \{C_2^q, \delta_2^q\}$ zwei Kokettenkomplexe, so definieren wir einen neuen Kokettenkomplex $C_1 \otimes C_2$ auf folgende Weise:

$$(C_1 \otimes C_2)^n = \bigoplus_{p+q=n} (C_1^p \otimes C_2^q)$$

$$\delta^n(a \otimes b) = \delta_1^p(a) \otimes b + (-1)^p a \otimes \delta_2^q(b) \qquad (a \in C_1^p,\, b \in C_2^q).$$

Wir haben noch zu zeigen, daß $\delta^{n+1}\delta^n = 0$ für alle $n \in \mathbf{Z}$:

$$\delta^{n+1}\delta^n(a \otimes b) = \delta^{n+1}(\delta_1^p(a) \otimes b) + (-1)^p \delta^{n+1}(a \otimes \delta_2^q(b)) = \delta_1^{p+1}\delta_1^p(a) \otimes b +$$
$$+ (-1)^{p+1}\delta_1^p(a) \otimes \delta_2^q(b) + (-1)^p \delta_1^p(a) \otimes \delta_2^q(b) + (-1)^{2p} a \otimes \delta_2^{q+1}\delta_2^q(b) = 0.$$

$C_1 \otimes C_2$ heißt **Tensorprodukt** von C_1 und C_2. Ist $C_1^q = 0$, $C_2^q = 0$ für $q < 0$, so sind die direkten Summen $\underset{p+q=n}{\oplus} (C_1^p \otimes C_2^q)$ endlich.

$f: C_1 \to C_1'$ und $g: C_2 \to C_2'$ seien Kokettenabbildungen. Definiert man $(f \otimes g)^n$ durch

$$(f \otimes g)^n(a \otimes b) = f^p(a) \otimes g^q(b) \qquad (a \in C_1^p, b \in C_2^q),$$

so ist $\{(f \otimes g)^n\}$ eine Kokettenabbildung von $C_1 \otimes C_2$ in $C_1' \otimes C_2'$, die wir kurz mit $f \otimes g$ bezeichnen wollen.

Als nächstes definieren wir einen Homomorphismus

$$\gamma: H^p(C_1) \otimes H^q(C_2) \longrightarrow H^{p+q}(C_1 \otimes C_2).$$

Die Zuordnung $(z_1, z_2) \to z_1 \otimes z_2$ $(z_1 \in Z^p(C_1), z_2 \in Z^q(C_2))$ liefert eine bilineare Abbildung

$$Z^p(C_1) \times Z^q(C_2) \longrightarrow Z^{p+q}(C_1 \otimes C_2),$$

die zusammen mit der Projektion $Z^{p+q}(C_1 \otimes C_2) \to H^{p+q}(C_1 \otimes C_2)$ die bilineare Abbildung

$$\beta: Z^p(C_1) \times Z^q(C_2) \longrightarrow H^{p+q}(C_1 \otimes C_2)$$

definiert. Ist $b_1 \in B^p(C_1)$, d.h. gilt $b_1 = \delta_1^{p-1}(c_1)$, so hat man $\beta(b_1, z_2) = [\delta_1^{p-1}(c_1) \otimes z_2]$ $= [\delta^{p+q-1}(c_1 \otimes z_2)] = 0$. Entsprechend gilt für $b_2 \in B^q(C_2)$

$$\beta(z_1, b_2) = 0.$$

β liefert daher eine bilineare Abbildung

$$\gamma': Z^p(C_1)/B^p(C_1) \times Z^q(C_2)/B^q(C_2) = H^p(C_1) \times H^q(C_2) \longrightarrow H^{p+q}(C_1 \otimes C_2),$$

die schließlich die lineare Abbildung

$$\gamma: H^p(C_1) \otimes H^q(C_2) \longrightarrow H^{p+q}(C_1 \otimes C_2)$$

induziert. Nach Definition ist $\gamma([z_1] \otimes [z_2]) = [z_1 \otimes z_2]$. Sind $f: C_1 \to C_1'$ und $g: C_2 \to C_2'$ Kokettenabbildungen, so ist offensichtlich das Diagramm

$$
\begin{array}{ccc}
H^p(C_1) \otimes H^q(C_2) & \overset{\gamma}{\longrightarrow} & H^{p+q}(C_1 \otimes C_2) \\
{\scriptstyle f^{*p} \otimes g^{*q}}\downarrow & & \downarrow{\scriptstyle (f \otimes g)^{*p+q}} \\
H^p(C_1') \otimes H^q(C_2') & \underset{\gamma}{\longrightarrow} & H^{p+q}(C_1' \otimes C_2')
\end{array}
$$

kommutativ.

Satz 20.1. $\qquad\qquad 0 \longrightarrow C' \overset{f'}{\longrightarrow} C \overset{f}{\longrightarrow} C'' \longrightarrow 0$

und $\qquad\qquad\quad 0 \longrightarrow E' \overset{g'}{\longrightarrow} E \overset{g}{\longrightarrow} E'' \longrightarrow 0$

seien exakte Sequenzen von Kokettenkomplexen und

$$r: C' \otimes D \longrightarrow E', \quad s: C \otimes D \longrightarrow E, \quad t: C'' \otimes D \longrightarrow E''$$

seien Kokettenabbildungen[1])*, so daß das Diagramm*

$$
\begin{array}{ccccc}
C' \otimes D & \xrightarrow{\ f' \otimes \mathrm{id}\ } & C \otimes D & \xrightarrow{\ f \otimes \mathrm{id}\ } & C'' \otimes D \\
\Big\downarrow{\scriptstyle r} & & \Big\downarrow{\scriptstyle s} & & \Big\downarrow{\scriptstyle t} \\
E' & \xrightarrow{\quad g' \quad} & E & \xrightarrow{\quad g \quad} & E''
\end{array}
$$

kommutativ ist. Dann ist auch das Diagramm

$$
\begin{array}{ccccc}
H^p(C'') \otimes H^q(D) & \xrightarrow{\ \gamma\ } & H^{p+q}(C'' \otimes D) & \xrightarrow{\ t^{*p+q}\ } & H^{p+q}(E'') \\
{\scriptstyle \delta^{*p} \otimes \mathrm{id}}\Big\downarrow & & & & \Big\downarrow{\scriptstyle \delta^{*p+q}} \\
H^{p+1}(C') \otimes H^q(D) & \xrightarrow[\ \gamma\ ]{} & H^{p+q+1}(C' \otimes D) & \xrightarrow[\ r^{*p+q+1}\ ]{} & H^{p+q+1}(E')
\end{array}
$$

kommutativ.

Beweis: $a \in H^p(C'')$ werde durch $z''^p \in Z^p(C'')$ und $b \in H^q(D)$ durch $z^q \in Z^q(D)$ repräsentiert. Zu z''^p gibt es ein $c^p \in C^p$ mit $f^p(c^p) = z''^p$. Dann ist

$$t^{*p+q}\gamma(a \otimes b) = [t^{p+q}(z''^p \otimes z^q)] = [t^{p+q}(f^p(c^p) \otimes z^q)] = [g^{p+q}s^{p+q}(c^p \otimes z^q)],$$

also hat man

$$\delta^{*p+q}t^{*p+q}\gamma(a \otimes b) = [(g'^{p+q+1})^{-1}\delta^{p+q}s^{p+q}(c^p \otimes z^q)].$$

Da $s: C \otimes D \to E$ eine Kokettenabbildung ist, gilt

$$\delta^{p+q}s^{p+q}(c^p \otimes z^q) = s^{p+q+1}(\delta^p(c^p) \otimes z^q + (-1)^p c^p \otimes \delta^q(z^q)) = s^{p+q+1}(\delta^p(c^p) \otimes z^q),$$

d. h. wir erhalten

$$
\begin{aligned}
\delta^{*p+q}t^{*p+q}\gamma(a \otimes b) &= [(g'^{p+q+1})^{-1}s^{p+q+1}(\delta^p(c^p) \otimes z^q)] \\
&= [r^{p+q+1}((f'^{p+1})^{-1}\delta^p(c^p) \otimes z^q)].
\end{aligned}
$$

Der letzte Ausdruck stimmt aber gerade mit $r^{*p+q+1}\gamma(\delta^{*p} \otimes \mathrm{id})(a \otimes b)$ überein. Analog beweist man den folgenden

Satz 20.2.
$$0 \longrightarrow D' \xrightarrow{\ f'\ } D \xrightarrow{\ f\ } D'' \longrightarrow 0$$

und
$$0 \longrightarrow E' \xrightarrow{\ g'\ } E \xrightarrow{\ g\ } E'' \longrightarrow 0$$

seien exakte Sequenzen von Kokettenkomplexen und

$$r: C \otimes D' \longrightarrow E', \quad s: C \otimes D \longrightarrow E, \quad t: C \otimes D'' \longrightarrow E''$$

---

[1]) D ebenfalls ein Kokettenkomplex.

seien Kokettenabbildungen, so daß das Diagramm

$$
\begin{array}{ccccc}
C \otimes D' & \xrightarrow{\;\text{id} \otimes f'\;} & C \otimes D & \xrightarrow{\;\text{id} \otimes f\;} & C \otimes D'' \\
\downarrow{\scriptstyle r} & & \downarrow{\scriptstyle s} & & \downarrow{\scriptstyle t} \\
E' & \xrightarrow[\;g'\;]{} & E & \xrightarrow[\;g\;]{} & E''
\end{array}
$$

kommutativ ist. Dann ist auch das Diagramm

$$
\begin{array}{ccccc}
H^p(C) \otimes H^q(D'') & \xrightarrow{\;\gamma\;} & H^{p+q}(C \otimes D'') & \xrightarrow{\;t^{*\,p+q}\;} & H^{p+q}(E'') \\
\downarrow{\scriptstyle (-1)^p \otimes \delta^{*q}} & & & & \downarrow{\scriptstyle \delta^{*\,p+q}} \\
H^p(C) \otimes H^{q+1}(D') & \xrightarrow[\;\gamma\;]{} & H^{p+q+1}(C \otimes D') & \xrightarrow[\;r^{*\,p+q+1}\;]{} & H^{p+q+1}(E')
\end{array}
$$

kommutativ.

Um das cup-Produkt zu definieren, konstruieren wir nun für jede Garbe $\mathcal{G}$ eine welke Auflösung

$$
0 \longrightarrow \mathcal{G} \xrightarrow{\;\varepsilon\;} \mathcal{F}^0(X;\mathcal{G}) \xrightarrow{\;\delta^0\;} \mathcal{F}^1(X;\mathcal{G}) \xrightarrow{\;\delta^1\;} \cdots .
$$

Dabei sei

$$
\mathcal{F}^0(X;\mathcal{G}) = \mathcal{C}^0(X;\mathcal{G}), \quad \mathcal{F}^q(X;\mathcal{G}) = \mathcal{C}^0(X;\mathcal{F}^{q-1}(X;\mathcal{G})) \qquad (q \geq 1).
$$

Bevor wir die Homomorphismen $\delta^q : \mathcal{F}^q(X;\mathcal{G}) \to \mathcal{F}^{q+1}(X;\mathcal{G})$ definieren, müssen wir noch die Gruppen $\Gamma(U,\mathcal{F}^q(X;\mathcal{G}))$ genauer untersuchen. Statt $\mathcal{F}^q(X;\mathcal{G})$ schreiben wir kurz $\mathcal{F}^q$. Wegen $\Gamma(U,\mathcal{F}^q) \cong C^0(U,\mathcal{F}^{q-1})$ können wir jeden Schnitt $\sigma \in \Gamma(U,\mathcal{F}^q)$ als eine Funktion

$$
x_0 \longrightarrow \sigma(x_0) \in \mathcal{F}^{q-1}_{x_0} \qquad (x_0 \in U)
$$

auffassen. Da $\mathcal{F}^{q-1}_{x_0} = \lim\limits_{U \in \overrightarrow{\Omega}_{x_0}} C^0(U,\mathcal{F}^{q-2})$, ist $\sigma(x_0)$ Keim eines Elementes von $C^0(U(x_0), \mathcal{F}^{q-2})$ ($U(x_0)$ eine geeignete Umgebung von x_0), das wir in der Form

$$
x_1 \longrightarrow \sigma(x_0, x_1) \in \mathcal{F}^{q-2}_{x_1} \qquad (x_1 \in U(x_0))
$$

schreiben können. Wegen $\mathcal{F}^{q-2}_{x_1} = \lim\limits_{U \in \overrightarrow{\Omega}_{x_1}} C^0(U,\mathcal{F}^{q-3})$ ist $\sigma(x_0, x_1)$ Keim eines Elementes von $C^0(U(x_0, x_1), \mathcal{F}^{q-3})$ ($U(x_0, x_1)$ eine geeignete Umgebung von x_1), welches wir in der Form

$$
x_2 \longrightarrow \sigma(x_0, x_1, x_2) \in \mathcal{F}^{q-3}_{x_2} \qquad (x_2 \in U(x_0, x_1))
$$

darstellen, usw. Schließlich erhalten wir eine Funktion $\sigma(x_0, \ldots, x_q) \in \mathcal{G}_{x_q}$, die auf einer Teilmenge

$$
x_0 \in U, \quad x_1 \in U(x_0), \quad x_2 \in U(x_0, x_1), \ldots, x_q \in U(x_0, \ldots, x_{q-1})
$$

des X^{q+1} definiert ist, dabei ist $U(x_0, \ldots, x_i)$ eine offene Umgebung von x_i. Umgekehrt definiert jede solche Funktion einen Schnitt aus $\Gamma(U,\mathcal{F}^q)$.

Definieren die Funktionen

$$\sigma(x_0, \ldots, x_q) \quad x_0 \in U, x_1 \in U(x_0), \ldots, x_q \in U(x_0, \ldots, x_{q-1})$$

und
$$\tau(x_0, \ldots, x_q) \quad x_0 \in V, \; x_1 \in V(x_0), \ldots, x_q \in V(x_0, \ldots, x_{q-1})$$

die Schnitte $\sigma \in \Gamma(U, \mathscr{F}^q)$ und $\tau \in \Gamma(V, \mathscr{F}^q)$, so ist, wie man leicht einsieht, $\sigma \,|\, W = \tau \,|\, W$ ($W = U \cap V$) genau dann, wenn

$$\sigma(x_0, \ldots, x_q) = \tau(x_0, \ldots, x_q)$$

auf einer Menge der Form $x_0 \in W$, $x_1 \in W(x_0), \ldots, x_q \in W(x_0, \ldots, x_{q-1})$. Daher kann man die Schnitte $\sigma \in \Gamma(U, \mathscr{F}^q)$ durch Funktionen $\sigma(x_0, \ldots, x_q)$ repräsentieren, die auf U^{q+1} definiert sind. $\sigma(x_0, \ldots, x_q)$ und $\sigma'(x_0, \ldots, x_q)$ $((x_0, \ldots, x_q) \in U^{q+1})$ definieren genau dann denselben Schnitt über U, wenn

$$\sigma(x_0, \ldots, x_q) = \sigma'(x_0, \ldots, x_q)$$

auf einer Menge der Form $x_0 \in U$, $x_1 \in U(x_0), \ldots, x_q \in U(x_0, \ldots, x_{q-1})$.

Wir kommen nun zur Definition des Homomorphismus $\delta^q : \mathscr{F}^q \to \mathscr{F}^{q+1}$. Es sei $s \in \mathscr{G}_x$. Dann bezeichne $s(y)$ eine Funktion

$$y \; \longrightarrow \; s(y) \in \mathscr{G}_y$$

mit $s(x) = s$, die in einer Umgebung von x stetig ist. Ist $\sigma(x_0, \ldots, x_q)$ eine Funktion auf U^{q+1}, so sei $\delta^q \sigma(x_0, \ldots, x_{q+1})$ die Funktion

$$\delta^q \sigma(x_0, \ldots, x_{q+1}) = \sum_{i=0}^{q} (-1)^i \sigma(x_0, \ldots, \hat{x}_i, \ldots, x_{q+1}) + (-1)^{q+1} \cdot \sigma(x_0, \ldots, x_q)(x_{q+1}).$$

Damit erhält man einen Homomorphismus $\delta^q : \mathscr{F}^q \to \mathscr{F}^{q+1}$ mit $\delta^{q+1} \delta^q = 0$ für alle $q \geqq 0$[1]).

Satz 20.3. *Die Sequenz*

$$0 \; \longrightarrow \; \mathscr{G} \; \xrightarrow{\;\varepsilon\;} \; \mathscr{F}^0(X; \mathscr{G}) \; \xrightarrow{\;\delta^0\;} \; \mathscr{F}^1(X; \mathscr{G}) \; \xrightarrow{\;\delta^1\;} \; \cdots$$

ist exakt.

Beweis: Die Exaktheit an der Stelle $\mathscr{F}^0(X; \mathscr{G})$ ist unmittelbar klar. Daher brauchen wir nur noch zu zeigen, daß Kern $\delta_x^q \subset$ Bild δ_x^{q-1} ($q \geq 1$). $g_x \in$ Kern δ_x^q werde durch die Funktion $\sigma(x_0, \ldots, x_q)$ $((x_0, \ldots, x_q) \in U^{q+1})$ repräsentiert. Ist U genügend klein, so gilt wegen $\delta_x^q(g_x) = 0$

$$\delta^q \sigma(x_0, \ldots, x_{q+1}) = \sum_{i=0}^{q} (-1)^i \sigma(x_0, \ldots, \hat{x}_i, \ldots, x_{q+1}) + (-1)^{q+1} \cdot \sigma(x_0, \ldots, x_q)(x_{q+1}) = 0$$

für $x_0 \in U$, $x_1 \in U(x_0), \ldots, x_{q+1} \in U(x_0, \ldots, x_q)$. Hieraus folgt, wenn wir $x_0 = x$ setzen, daß

$$\sigma(x_1, \ldots, x_{q+1}) = \sum_{i=1}^{q} (-1)^{i+1} \sigma(x, x_1, \ldots, \hat{x}_i, \ldots, x_{q+1}) + \tag{20.1}$$
$$+ (-1)^q \sigma(x, x_1, \ldots, x_q)(x_{q+1})$$

---

[1]) Die Funktion $\sigma(x_0, \ldots, x_q)(x_{q+1})$ ist nicht eindeutig definiert! Der durch $\delta^q \sigma$ induzierte Schnitt von $\mathscr{F}^{q+1}$ über U ist jedoch eindeutig bestimmt.

für $x_1 \in U(x)$, $x_2 \in U(x, x_1)$, $\ldots$, $x_{q+1} \in U(x, x_1, \ldots, x_q)$. Nun sei $\tau(x_0, \ldots, x_{q-1})$ die Funktion

$$\tau(x_0, \ldots, x_{q-1}) = \sigma(x, x_0, \ldots, x_{q-1})$$

und $V = U(x)$, $V(x_0) = U(x, x_0)$, $\ldots$, $V(x_0, \ldots, x_{q-1}) = U(x, x_0 \ldots, x_{q-1})$.

Dann gilt

$$\delta^{q-1} \tau(x_0, \ldots, x_q)$$

$$= \sum_{i=0}^{q-1} (-1)^i \tau(x_0, \ldots, \hat{x}_i, \ldots, x_q) + (-1)^q \tau(x_0, \ldots, x_{q-1})(x_q)$$

$$= \sum_{i=0}^{q-1} (-1)^i \sigma(x, x_0, \ldots, \hat{x}_i, \ldots, x_q) + (-1)^q \sigma(x, x_0, \ldots, x_{q-1})(x_q).$$

Daher ist wegen (20.1)

$$\delta^{q-1} \tau(x_0, \ldots, x_q) = \sigma(x_0, \ldots, x_q) \tag{20.2}$$

für $x_0 \in V, x_1 \in V(x_0), \ldots, x_q \in V(x_0, \ldots, x_{q-1})$. Bezeichnet $f_x \in \mathscr{F}_x^{q-1}$ den Keim in x des durch $\tau(x_0, \ldots, x_{q-1})$ definierten Schnittes, so gilt wegen (20.2) $\delta_x^{q-1}(f_x) = g_x$, d. h. $g_x \in \mathrm{Bild}\, \delta_x^{q-1}$.

Der zu der Auflösung $0 \to \mathscr{G} \xrightarrow{\varepsilon} \mathscr{F}^0(X;\mathscr{G}) \xrightarrow{\delta^0} \mathscr{F}^1(X;\mathscr{G}) \to \cdots$ gehörende Komplex

$$0 \longrightarrow \mathscr{F}^0(X;\mathscr{G}) \xrightarrow{\delta^0} \mathscr{F}^1(X;\mathscr{G}) \xrightarrow{\delta^1} \mathscr{F}^2(X;\mathscr{G}) \longrightarrow \cdots$$

werde mit $\mathscr{F}^*(X;\mathscr{G})$ bezeichnet. $\mathscr{F}^*(X;\mathscr{G})$ liefert den Kokettenkomplex $\Gamma_\phi(\mathscr{F}^*(X;\mathscr{G}))$:

$$0 \longrightarrow \Gamma_\phi(\mathscr{F}^0(X;\mathscr{G})) \xrightarrow{d^0} \Gamma_\phi(\mathscr{F}^1(X;\mathscr{G})) \xrightarrow{d^1} \Gamma_\phi(\mathscr{F}^2(X;\mathscr{G})) \longrightarrow \cdots,$$

dabei sei ϕ eine beliebige Trägerfamilie auf X.

Satz 20.4. $0 \longrightarrow \mathscr{G}' \longrightarrow \mathscr{G} \longrightarrow \mathscr{G}'' \longrightarrow 0$

sei eine exakte Sequenz von Garben. Dann ist auch die Sequenz

$$0 \longrightarrow \mathscr{F}^q(X;\mathscr{G}') \longrightarrow \mathscr{F}^q(X;\mathscr{G}) \longrightarrow \mathscr{F}^q(X;\mathscr{G}'') \longrightarrow 0 \qquad (q \geqq 0)$$

von Garben und die Sequenz

$$0 \longrightarrow \Gamma_\phi(\mathscr{F}^*(X;\mathscr{G}')) \longrightarrow \Gamma_\phi(\mathscr{F}^*(X;\mathscr{G})) \longrightarrow \Gamma_\phi(\mathscr{F}^*(X;\mathscr{G}'')) \longrightarrow 0$$

von Kokettenkomplexen exakt.

Beweis: Die erste Behauptung ergibt sich aus der Exaktheit der Folge

$$0 \longrightarrow \mathscr{C}^0(X;\mathscr{G}') \longrightarrow \mathscr{C}^0(X;\mathscr{G}) \longrightarrow \mathscr{C}^0(X;\mathscr{G}'') \longrightarrow 0$$

(vgl. Satz 17.7). Da nun

$$0 \longrightarrow \mathscr{F}^q(X;\mathscr{G}') \longrightarrow \mathscr{F}^q(X;\mathscr{G}) \longrightarrow \mathscr{F}^q(X;\mathscr{G}'') \longrightarrow 0$$

exakt und $\mathscr{F}^q(X;\mathscr{G}')$ welk ist, ist nach Satz 12.13 auch die induzierte Sequenz

$$0 \longrightarrow \Gamma_\phi(\mathscr{F}^q(X;\mathscr{G}')) \longrightarrow \Gamma_\phi(\mathscr{F}^q(X;\mathscr{G})) \longrightarrow \Gamma_\phi(\mathscr{F}^q(X;\mathscr{G}'')) \longrightarrow 0$$

für jedes $q \geq 0$ exakt. Damit ist die zweite Behauptung bewiesen.

ϕ und ψ seien nun zwei Trägerfamilien auf X. Dann bezeichne $\phi \cap \psi$ die Familie der abgeschlossenen Teilmengen von Mengen der Form $A \cap B$ mit $A \in \phi$ und $B \in \psi$. $\phi \cap \psi$ ist offenbar eine Trägerfamilie auf X. Ist $\sigma \in \Gamma_\phi(\mathscr{G})$ und $\tau \in \Gamma_\psi(\mathscr{H})$, so sei $\sigma \otimes \tau \in \Gamma(\mathscr{G} \otimes \mathscr{H})$ der Schnitt

$$(\sigma \otimes \tau)(x) = \sigma(x) \otimes \tau(x) \qquad (x \in X).$$

Wegen $\mathrm{Tr}(\sigma \otimes \tau) \subset \mathrm{Tr}(\sigma) \cap \mathrm{Tr}(\tau)$ ist $\mathrm{Tr}(\sigma \otimes \tau) \in \phi \cap \psi$. Damit erhalten wir einen Homomorphismus

$$\beta : \Gamma_\phi(\mathscr{G}) \otimes \Gamma_\psi(\mathscr{H}) \longrightarrow \Gamma_{\phi \cap \psi}(\mathscr{G} \otimes \mathscr{H}).$$

Sind $g : \mathscr{G} \to \mathscr{G}'$ und $h : \mathscr{H} \to \mathscr{H}'$ Garbenhomomorphismen, so ist offensichtlich das Diagramm

$$
\begin{array}{ccc}
\Gamma_\phi(\mathscr{G}) \otimes \Gamma_\psi(\mathscr{H}) & \xrightarrow{\ \beta\ } & \Gamma_{\phi \cap \psi}(\mathscr{G} \otimes \mathscr{H}) \\
\bar{g} \otimes \bar{h} \downarrow & & \downarrow \overline{g \otimes h} \\
\Gamma_\phi(\mathscr{G}') \otimes \Gamma_\psi(\mathscr{H}') & \xrightarrow[\ \beta\ ]{} & \Gamma_{\phi \cap \psi}(\mathscr{G}' \otimes \mathscr{H}')
\end{array}
$$

kommutativ.

Sind $\mathscr{L}^* = \{\mathscr{L}^q, \delta'^q\}$ und $\mathscr{M}^* = \{\mathscr{M}^q, \delta''^q\}$ zwei positive Komplexe von Garben (d.h. $\mathscr{L}^q = 0$, $\mathscr{M}^q = 0$ für $q < 0$), dann definieren wir einen neuen (positiven) Komplex $\mathscr{L}^* \otimes \mathscr{M}^*$ von Garben auf folgende Weise:

$$(\mathscr{L}^* \otimes \mathscr{M}^*)^n = \bigoplus_{p+q=n} (\mathscr{L}^p \otimes \mathscr{M}^q)$$

$$\delta^n(a \otimes b) = \delta'^p(a) \otimes b + (-1)^p a \otimes \delta''^q(b) \qquad (a \in \mathscr{L}^p_x, b \in \mathscr{M}^q_x).$$

$\mathscr{L}^* \otimes \mathscr{M}^*$ heißt **Tensorprodukt** von $\mathscr{L}^*$ und $\mathscr{M}^*$.

Ordnet man den Funktionen $\sigma(x_0, \dots, x_p) \in \mathscr{G}_{x_p}$ $((x_0, \dots, x_p) \in U^{p+1})$ und $\tau(x_0, \dots, x_q)$ $\in \mathscr{H}_{x_q}$ $((x_0, \dots, x_q) \in U^{q+1})$ die Funktion $\sigma(x_0, \dots, x_p)(x_{p+q}) \otimes \tau(x_p, \dots, x_{p+q})$ $\in (\mathscr{G} \otimes \mathscr{H})_{x_{p+q}}$ zu, so erhält man einen Homomorphismus

$$\omega : \mathscr{F}^*(X;\mathscr{G}) \otimes \mathscr{F}^*(X;\mathscr{H}) \longrightarrow \mathscr{F}^*(X;\mathscr{G} \otimes \mathscr{H}).$$

β und ω induzieren Kokettenabbildungen

$$\bar{\beta} : \Gamma_\phi(\mathscr{F}^*(X;\mathscr{G})) \otimes \Gamma_\psi(\mathscr{F}^*(X;\mathscr{H})) \longrightarrow \Gamma_{\phi \cap \psi}(\mathscr{F}^*(X;\mathscr{G}) \otimes \mathscr{F}^*(X;\mathscr{H}))$$

und

$$\bar{\omega} : \Gamma_{\phi \cap \psi}(\mathscr{F}^*(X;\mathscr{G}) \otimes \mathscr{F}^*(X;\mathscr{H})) \longrightarrow \Gamma_{\phi \cap \psi}(\mathscr{F}^*(X;\mathscr{G} \otimes \mathscr{H})).$$

γ und $\bar{\omega}\,\bar{\beta}$ definieren dann einen Homomorphismus

$$H^p(\Gamma_\phi(\mathscr{F}^*(X;\mathscr{G}))) \otimes H^q(\Gamma_\psi(\mathscr{F}^*(X;\mathscr{H}))) \longrightarrow H^{p+q}(\Gamma_{\phi \cap \psi}(\mathscr{F}^*(X;\mathscr{G} \otimes \mathscr{H}))).$$

Nach Satz 18.10 und 20.3 hat man die Isomorphismen

$$H^p(\Gamma_\phi(\mathscr{F}^*(X;\mathscr{G}))) \cong H^p_\phi(X;\mathscr{G}), \quad H^q(\Gamma_\psi(\mathscr{F}^*(X;\mathscr{H}))) \cong H^q_\psi(X;\mathscr{H}),$$

$$H^{p+q}(\Gamma_{\phi\cap\psi}(\mathscr{F}^*(X;\mathscr{G}\otimes\mathscr{H}))) \cong H^{p+q}_{\phi\cap\psi}(X;\mathscr{G}\otimes\mathscr{H}).$$

Damit erhalten wir die Paarung

$$\cup : H^p_\phi(X;\mathscr{G}) \otimes H^q_\psi(X;\mathscr{H}) \longrightarrow H^{p+q}_{\phi\cap\psi}(X;\mathscr{G}\otimes\mathscr{H}).$$

Ist $a \in H^p_\phi(X;\mathscr{G})$ und $b \in H^q_\psi(X;\mathscr{H})$, so heißt $\cup(a\otimes b) \in H^{p+q}_{\phi\cap\psi}(X;\mathscr{G}\otimes\mathscr{H})$ cup-Produkt von a und b. Statt $\cup(a\otimes b)$ schreiben wir kurz $a\cup b$.

Satz 20.5. *Das cup-Produkt besitzt die folgenden Eigenschaften:*

1) Sind $g:\mathscr{G}\to\mathscr{G}'$ und $h:\mathscr{H}\to\mathscr{H}'$ Garbenhomomorphismen, so ist das Diagramm

$$
\begin{array}{ccc}
H^p_\phi(X;\mathscr{G}) \otimes H^q_\psi(X;\mathscr{H}) & \overset{\cup}{\longrightarrow} & H^{p+q}_{\phi\cap\psi}(X;\mathscr{G}\otimes\mathscr{H}) \\
{\scriptstyle g^{*p}\otimes h^{*q}}\Big\downarrow & & \Big\downarrow{\scriptstyle (g\otimes h)^{*p+q}} \\
H^p_\phi(X;\mathscr{G}') \otimes H^q_\psi(X;\mathscr{H}') & \overset{\cup}{\longrightarrow} & H^{p+q}_{\phi\cap\psi}(X;\mathscr{G}'\otimes\mathscr{H}')
\end{array}
$$

kommutativ.

2) Das Diagramm

$$
\begin{array}{ccc}
\Gamma_\phi(\mathscr{G}) \otimes \Gamma_\psi(\mathscr{H}) & \overset{\beta}{\longrightarrow} & \Gamma_{\phi\cap\psi}(\mathscr{G}\otimes\mathscr{H}) \\
{\scriptstyle \wr}\Big\downarrow & & \Big\downarrow{\scriptstyle \wr} \\
H^0_\phi(X;\mathscr{G}) \otimes H^0_\psi(X;\mathscr{H}) & \overset{\cup}{\longrightarrow} & H^0_{\phi\cap\psi}(X;\mathscr{G}\otimes\mathscr{H})
\end{array}
$$

ist kommutativ.

3) Ist $0\to\mathscr{G}'\to\mathscr{G}\to\mathscr{G}''\to 0$ exakt und $\mathscr{H}$ eine Garbe, so daß auch $0\to\mathscr{G}'\otimes\mathscr{H}$ $\to\mathscr{G}\otimes\mathscr{H}\to\mathscr{G}''\otimes\mathscr{H}\to 0$ exakt ist, so ist das Diagramm

$$
\begin{array}{ccc}
H^p_\phi(X;\mathscr{G}'') \otimes H^q_\psi(X;\mathscr{H}) & \overset{\cup}{\longrightarrow} & H^{p+q}_{\phi\cap\psi}(X;\mathscr{G}''\otimes\mathscr{H}) \\
{\scriptstyle \delta^{*p}\otimes \mathrm{id}}\Big\downarrow & & \Big\downarrow{\scriptstyle \delta^{*p+q}} \\
H^{p+1}_\phi(X;\mathscr{G}') \otimes H^q_\psi(X;\mathscr{H}) & \overset{\cup}{\longrightarrow} & H^{p+q+1}_{\phi\cap\psi}(X;\mathscr{G}'\otimes\mathscr{H})
\end{array}
$$

kommutativ.

4) Ist $0\to\mathscr{H}'\to\mathscr{H}\to\mathscr{H}''\to 0$ exakt und $\mathscr{G}$ eine Garbe, so daß auch $0\to\mathscr{G}\otimes\mathscr{H}'$ $\to\mathscr{G}\otimes\mathscr{H}\to\mathscr{G}\otimes\mathscr{H}''\to 0$ exakt ist, so ist das Diagramm

$$
\begin{array}{ccc}
H^p_\phi(X;\mathscr{G}) \otimes H^q_\psi(X;\mathscr{H}'') & \overset{\cup}{\longrightarrow} & H^{p+q}_{\phi\cap\psi}(X;\mathscr{G}\otimes\mathscr{H}'') \\
{\scriptstyle (-1)^p\mathrm{id}\otimes \delta^{*q}}\Big\downarrow & & \Big\downarrow{\scriptstyle \delta^{*p+q}} \\
H^p_\phi(X;\mathscr{G}) \otimes H^{q+1}_\psi(X;\mathscr{H}') & \overset{\cup}{\longrightarrow} & H^{p+q+1}_{\phi\cap\psi}(X;\mathscr{G}\otimes\mathscr{H}')
\end{array}
$$

kommutativ.

Beweis: Die beiden ersten Behauptungen folgen unmittelbar aus den Definitionen. Um Behauptung 3) zu beweisen, betrachten wir das Diagramm

$$\begin{array}{ccc}
H^p(\Gamma_\phi(\mathscr{F}^*(X;\mathscr{G}''))) \otimes H^q(\Gamma_\psi(\mathscr{F}^*(X;\mathscr{H}))) & \longrightarrow & H^{p+q}(\Gamma_{\phi\cap\psi}(\mathscr{F}^*(X;\mathscr{G}''\otimes\mathscr{H})))
\end{array}$$

Die Zellen ② und ④ sind nach Definition des cup-Produktes kommutativ. Ebenso sind ③ und ⑤ kommutativ (vgl. Aufgabe 6). Die Kommutativität der äußeren Zelle ergibt sich aus den Sätzen 20.1 und 20.4. Daher ist auch ① kommutativ. Behauptung 4) folgt analog aus Satz 20.2.

Wir wollen nun zeigen, daß das cup-Produkt durch die Eigenschaften von Satz 20.5 eindeutig bestimmt ist. Dazu beweisen wir zunächst zwei Hilfssätze.

Hilfssatz 20.6. $\qquad 0 \longrightarrow G' \xrightarrow{\ i\ } G \xrightarrow{\ p\ } G'' \longrightarrow 0$

sei eine kurze exakte Sequenz von abelschen Gruppen. Existiert ein Homomorphismus $q: G \to G'$ *mit* $qi = \mathrm{id}_{G'}$, *so ist* $G \cong G' \oplus G''$.

Man sagt in diesem Fall, daß die exakte Sequenz $0 \to G' \xrightarrow{i} G \xrightarrow{p} G'' \to 0$ *aufspaltet.*

Beweis: $\qquad\qquad\qquad\qquad \varphi: G \to G' \oplus G''$

sei der Homomorphismus $\varphi(g) = \{q(g), p(g)\}$. Um zu zeigen, daß φ ein Epimorphismus ist, gehen wir von einem Element $\{g', g''\} \in G' \oplus G''$ aus. Zu $g'' \in G''$ gibt es ein $g_1 \in G$ mit $p(g_1) = g''$. Wir setzen $g = g_1 - iq(g_1) + i(g')$ und haben

$$q(g) = q(g_1 - iq(g_1) + i(g')) = q(g_1) - qiq(g_1) + qi(g') = g'$$

$$p(g) = p(g_1 - iq(g_1) + i(g')) = p(g_1) - piq(g_1) + pi(g') = g''.$$

φ ist aber auch monomorph: Ist $g \in \mathrm{Kern}\,\varphi$, so gilt $g \in \mathrm{Kern}\,p = \mathrm{Bild}\,i$. Da $q\,|\,\mathrm{Bild}\,i$ monomorph und $q(g) = 0$ ist, folgt $g = 0$.

Hilfssatz 20.7. *Sind* $\mathscr{G}$ *und* $\mathscr{H}$ *beliebige Garben über* X, *so ist die Sequenz*

$$0 \longrightarrow \mathscr{G}\otimes\mathscr{H} \longrightarrow \mathscr{C}^0(X;\mathscr{G})\otimes\mathscr{H} \longrightarrow \mathscr{Z}^1(X;\mathscr{G})\otimes\mathscr{H} \longrightarrow 0$$

exakt.

Beweis: Offenbar genügt es zu zeigen, daß die Sequenz

$$0 \longrightarrow \mathscr{G}_x \xrightarrow{\varepsilon_x} \mathscr{C}^0(X;\mathscr{G})_x \longrightarrow \mathscr{Z}^1(X;\mathscr{G})_x \longrightarrow 0$$

für jedes $x \in X$ aufspaltet. $f_x \in \mathscr{C}^0(X;\mathscr{G})_x$ werde durch $f \in C^0(U;\mathscr{G})$ repräsentiert ($U \ni x$). Definiert man den Homomorphismus $\eta_x : \mathscr{C}^0(X;\mathscr{G})_x \to \mathscr{G}_x$ durch $\eta_x(f_x) = f(x)$, so gilt $\eta_x \varepsilon_x = \mathrm{id}_{\mathscr{G}_x}$. Aus Hilfssatz 20.6 ergibt sich dann die Behauptung.

Satz 20.8. *Sind* $\cup, \cup' : H^p_\phi(X;\mathscr{G}) \otimes H^q_\psi(X;\mathscr{H}) \to H^{p+q}_{\phi\cap\psi}(X;\mathscr{G} \otimes \mathscr{H})$ *zwei Paarungen mit den Eigenschaften von Satz 20.5, so ist* $\cup = \cup'$.

Beweis: Den Beweis führen wir durch Induktion. Für das Paar (0,0) ergibt sich die Behauptung unmittelbar aus Eigenschaft 2). Wir nehmen nun an, daß die Behauptung für das Paar (p,q) richtig ist, und zeigen, daß sie dann auch für das Paar $(p+1,q)$ gilt. Dazu betrachten wir das Diagramm

$$\begin{array}{ccccccc}
H^p_\phi(X;\mathscr{Z}^1(X;\mathscr{G})) \otimes H^q_\psi(X;\mathscr{H}) & & & \xrightarrow{\delta^{*p} \otimes \mathrm{id}} & & & H^{p+1}_\phi(X;\mathscr{G}) \otimes H^q_\psi(X;\mathscr{H}) \\
 & \nwarrow \mathrm{id} & & & & \mathrm{id} \nearrow & \\
 & & H^p_\phi(X;\mathscr{Z}^1(X;\mathscr{G})) \otimes H^q_\psi(X;\mathscr{H}) & \xrightarrow{\delta^{*p} \otimes \mathrm{id}} & H^{p+1}_\phi(X;\mathscr{G}) \otimes H^q_\psi(X;\mathscr{H}) & & \\
\cup' \downarrow & ② & \downarrow \cup & ① & \downarrow \cup & ③ & \downarrow \cup' \\
 & & H^{p+q}_{\phi\cap\psi}(X;\mathscr{Z}^1(X;\mathscr{G}) \otimes \mathscr{H}) & \xrightarrow{\delta^{*p+q}} & H^{p+q+1}_{\phi\cap\psi}(X;\mathscr{G} \otimes \mathscr{H}) & & \\
 & \swarrow \mathrm{id} & & & & \mathrm{id} \searrow & \\
H^{p+q}_{\phi\cap\psi}(X;\mathscr{Z}^1(X;\mathscr{G}) \otimes \mathscr{H}) & & & \xrightarrow{\delta^{*p+q}} & & & H^{p+q+1}_{\phi\cap\psi}(X;\mathscr{G} \otimes \mathscr{H})
\end{array}$$

Zu der exakten Sequenz $0 \to \mathscr{G} \to \mathscr{C}^0(X;\mathscr{G}) \to \mathscr{Z}^1(X;\mathscr{G}) \to 0$ gehört die exakte Kohomologiesequenz

$$\cdots \longrightarrow H^p_\phi(X;\mathscr{Z}^1(X;\mathscr{G})) \xrightarrow{\delta^{*p}} H^{p+1}_\phi(X;\mathscr{G}) \longrightarrow H^{p+1}_\phi(X;\mathscr{C}^0(X;\mathscr{G})) \longrightarrow \cdots.$$

Wegen $H^{p+1}_\phi(X;\mathscr{C}^0(X;\mathscr{G})) = 0$ ist δ^{*p} epimorph. Zelle ① und die äußere Zelle sind nach Eigenschaft 3) kommutativ, die Kommutativität von Zelle ② ist gerade unsere Induktionsannahme. Da $\delta^{*p} \otimes \mathrm{id}$ epimorph ist, ist dann auch Zelle ③ kommutativ. Analog zeigt man unter Benutzung von Eigenschaft 4), daß die Behauptung für das Paar $(p,q+1)$ gilt, wenn sie für das Paar (p,q) richtig ist.

§ 21 Stetige Abbildungen

$f: X \to Y$ sei eine stetige Abbildung, und ϕ bzw. ψ seien Trägerfamilien auf X bzw. Y mit der Eigenschaft: Ist $A \in \psi$, so folgt $f^{-1}(A) \in \phi$. Ist $\mathscr{G} = (G,\pi,Y)$ eine Garbe über Y, so bezeichne $f^*(\mathscr{G}) = (H,\tau,X)$ wieder die Urbildgarbe von $\mathscr{G}$ bezüglich f. Dabei ist $H = \{(x,g) \in X \times G : f(x) = \pi(g)\}$ und $\tau(x,g) = x$. Ist $\sigma \in \Gamma(U, \mathscr{G})$ (U offen in Y), dann sei $\hat{\sigma} \in \Gamma(f^{-1}(U), f^*(\mathscr{G}))$ der Schnitt

$$\hat{\sigma}(x) = (x, \sigma(f(x))) \qquad (x \in f^{-1}(U)).$$

Damit erhält man einen Homomorphismus

$$\Gamma(U, \mathscr{G}) \longrightarrow \Gamma(f^{-1}(U), f^*(\mathscr{G})). \tag{21.1}$$

Wegen Satz 10.2 ist

$$0 \longrightarrow f^*(\mathscr{G}) \longrightarrow f^*(\mathscr{C}^0(Y; \mathscr{G})) \longrightarrow f^*(\mathscr{C}^1(Y; \mathscr{G})) \longrightarrow \cdots$$

eine Auflösung von $f^*(\mathscr{G})$. Weiter sei $\Gamma_\phi(f^*(\mathscr{C}^*(Y; \mathscr{G})))$ der Kokettenkomplex

$$0 \longrightarrow \Gamma_\phi(f^*(\mathscr{C}^0(Y; \mathscr{G}))) \longrightarrow \Gamma_\phi(f^*(\mathscr{C}^1(Y; \mathscr{G}))) \longrightarrow \cdots.$$

Nach § 18 gibt es dann einen Homomorphismus

$$\lambda^q : H^q(\Gamma_\phi(f^*(\mathscr{C}^*(Y; \mathscr{G})))) \longrightarrow H^q_\phi(X; f^*(\mathscr{G})).$$

Wegen der Voraussetzung über ϕ und ψ liefert (21.1) für $U = X$ einen Homomorphismus

$$\beta : \Gamma_\psi(\mathscr{G}) \longrightarrow \Gamma_\phi(f^*(\mathscr{G})).$$

Ist $h : \mathscr{G} \to \mathscr{G}'$ ein Garbenhomomorphismus, so ist offensichtlich das Diagramm

$$
\begin{array}{ccc}
\Gamma_\psi(\mathscr{G}) & \longrightarrow & \Gamma_\phi(f^*(\mathscr{G})) \\
\bar{h} \downarrow & & \downarrow \overline{f^*(h)} \\
\Gamma_\psi(\mathscr{G}') & \longrightarrow & \Gamma_\phi(f^*(\mathscr{G}'))
\end{array}
$$

kommutativ. β induziert daher eine Kokettenabbildung

$$\bar{\beta} : \Gamma_\psi(\mathscr{C}^*(Y; \mathscr{G})) \longrightarrow \Gamma_\phi(f^*(\mathscr{C}^*(Y; \mathscr{G}))),$$

die für jedes $q \geqq 0$ einen Homomorphismus

$$\beta^q : H^q_\psi(Y; \mathscr{G}) \longrightarrow H^q(\Gamma_\phi(f^*(\mathscr{C}^*(Y; \mathscr{G}))))$$

definiert. β^q und λ^q liefern schließlich einen Homomorphismus

$$f^{*q} : H^q_\psi(Y; \mathscr{G}) \longrightarrow H^q_\phi(X; f^*(\mathscr{G})).$$

Man sieht sofort, daß f^{*q} mit Garbenhomomorphismen vertauschbar ist. Weiter sei

$$0 \longrightarrow \mathscr{G}' \longrightarrow \mathscr{G} \longrightarrow \mathscr{G}'' \longrightarrow 0$$

eine exakte Sequenz von Garben über Y. Nach Satz 10.2 ist damit auch die Sequenz

$$0 \longrightarrow f^*(\mathscr{G}') \longrightarrow f^*(\mathscr{G}) \longrightarrow f^*(\mathscr{G}'') \longrightarrow 0$$

von Garben über X exakt. Man kann dann zeigen, daß das Diagramm

$$
\begin{array}{ccc}
H^q_\psi(Y;\mathcal{G}'') & \xrightarrow{\ \delta^{*q}\ } & H^{q+1}_\psi(Y;\mathcal{G}') \\
{\scriptstyle f^{*q}}\Big\downarrow & & \Big\downarrow{\scriptstyle f^{*q+1}} \\
H^q_\phi(X;f^*(\mathcal{G}'')) & \xrightarrow{\ \delta^{*q}\ } & H^{q+1}_\phi(X;f^*(\mathcal{G}'))
\end{array}
\qquad (21.2)
$$

kommutativ ist.

§ 22 Unterräume

A sei eine lokalabgeschlossene Teilmenge des topologischen Raumes X und $\mathcal{G}$ eine Garbe abelscher Gruppen über A. Dann bezeichne $\mathcal{G}^X$ wieder die triviale Erweiterung von $\mathcal{G}$ auf X (vgl. § 11). Sind $\mathcal{G}$ und $\mathcal{G}'$ Garben über A und ist $h:\mathcal{G}\to\mathcal{G}'$ ein Garbenhomomorphismus, so induziert h einen Garbenhomomorphismus $\hat{h}:\mathcal{G}^X\to\mathcal{G}'^X$. Aus der Exaktheit der Sequenz $0\to\mathcal{G}'\to\mathcal{G}\to\mathcal{G}''\to 0$ von Garben über A folgt offensichtlich die Exaktheit der Sequenz $0\to\mathcal{G}'^X\to\mathcal{G}^X\to\mathcal{G}''^X\to 0$.

Ist ϕ eine Trägerfamilie auf X und Y ein Teilraum von X, so sei $\phi\,|\,Y$ wieder die Trägerfamilie $\phi\,|\,Y=\{C\in\phi:C\subset Y\}$ auf Y. Nach Hilfssatz 13.8 ist $\phi\,|\,A$ (A lokalabgeschlossen) für jede parakompaktifizierende Trägerfamilie ϕ ebenfalls parakompaktifizierend. Ist $\mathcal{G}$ eine Garbe über A und ϕ eine beliebige Trägerfamilie auf X, dann ist der Restriktionshomomorphismus $\Gamma_\phi(\mathcal{G}^X)\to\Gamma_{\phi|A}(\mathcal{G}^X\,|\,A)=\Gamma_{\phi|A}(\mathcal{G})$ bijektiv.

Hilfssatz 22.1. *ϕ sei eine Trägerfamilie auf dem topologischen Raum X und $\mathcal{G}$ eine Garbe abelscher Gruppen über dem Teilraum A von X. Ist eine der beiden Bedingungen*

a) *A ist in X abgeschlossen;*

b) *A ist in X lokalabgeschlossen und ϕ parakompaktifizierend;*

erfüllt, so ist $\mathscr{C}^0(A;\mathcal{G})^X$ ϕ-azyklisch.

Beweis: a) Wegen der Abgeschlossenheit von A in X ist $\mathscr{C}^0(A;\mathcal{G})^X$ nach Satz 12.12 welk. Die Behauptung folgt dann unmittelbar aus Satz 18.7.

b) Nach Satz 13.10 ist $\mathscr{C}^0(A;\mathcal{G})\,(\phi\,|\,A)$-weich. Aus Satz 13.13 folgt dann, daß $\mathscr{C}^0(A;\mathcal{G})^X$ eine ϕ-weiche Garbe ist. Die Behauptung ergibt sich schließlich aus Satz 18.8.

Satz 22.2. *ϕ sei eine Trägerfamilie auf dem topologischen Raum X und $\mathcal{G}$ eine Garbe abelscher Gruppen über dem Teilraum A von X. Ist eine der beiden Bedingungen*

a) *A ist in X abgeschlossen;*

b) *A ist in X lokalabgeschlossen und ϕ parakompaktifizierend;*

erfüllt, so gibt es einen natürlichen Isomorphismus

$$
H^q_\phi(X;\mathcal{G}^X)\cong H^q_{\phi|A}(A;\mathcal{G})\qquad (q\geqq 0).
$$

Beweis: Durch vollständige Induktion konstruieren wir für jedes $q\geqq 0$ einen Isomorphismus

$$
\tau^q:H^q_\phi(X;\mathcal{G}^X)\longrightarrow H^q_{\phi|A}(A;\mathcal{G}).
$$

1) Nach Satz 18.3 ist $H^0_\phi(X;\mathscr{G}^X) \cong \Gamma_\phi(\mathscr{G}^X)$, $H^0_{\phi|A}(A;\mathscr{G}) \cong \Gamma_{\phi|A}(\mathscr{G})$. τ^0 sei dann der zusammengesetzte Isomorphismus

$$\tau^0 : H^0_\phi(X;\mathscr{G}^X) \underset{\cong}{\longrightarrow} \Gamma_\phi(\mathscr{G}^X) \underset{\cong}{\longrightarrow} \Gamma_{\phi|A}(\mathscr{G}) \underset{\cong}{\longrightarrow} H^0_{\phi|A}(A;\mathscr{G}).$$

Für jeden Garbenhomomorphismus $h : \mathscr{G} \to \mathscr{G}'$ ist offenbar das Diagramm

$$\begin{array}{ccc}
H^0_\phi(X;\mathscr{G}^X) & \xrightarrow{\ \tau^0\ } & H^0_{\phi|A}(A;\mathscr{G}) \\
\hat{h}^{*0}\downarrow & & \downarrow h^{*0} \\
H^0_\phi(X;\mathscr{G}'^X) & \xrightarrow[\tau^0]{} & H^0_{\phi|A}(A;\mathscr{G}')
\end{array}$$

kommutativ.

2) Wir nehmen nun an, daß

$$\tau^q : H^q_\phi(X;\mathscr{G}^X) \underset{\cong}{\longrightarrow} H^q_{\phi|A}(A;\mathscr{G})$$

für alle $q \leq n$ $(n \geq 0)$ und für alle Garben $\mathscr{G}$ über A definiert sei, so daß die Diagramme

$$\begin{array}{ccc}
H^q_\phi(X;\mathscr{G}^X) & \xrightarrow{\ \tau^q\ } & H^q_{\phi|A}(A;\mathscr{G}) \\
\hat{h}^{*q}\downarrow & & \downarrow h^{*q} \\
H^q_\phi(X;\mathscr{G}'^X) & \xrightarrow[\tau^q]{} & H^q_{\phi|A}(A;\mathscr{G}')
\end{array}$$

für alle $q \leq n$ kommutativ sind. Wir betrachten die exakten Sequenzen

$$0 \longrightarrow \mathscr{G} \longrightarrow \mathscr{C}^0(A;\mathscr{G}) \longrightarrow \mathscr{Z}^1(A;\mathscr{G}) \longrightarrow 0$$

$$0 \longrightarrow \mathscr{G}^X \longrightarrow \mathscr{C}^0(A;\mathscr{G})^X \longrightarrow \mathscr{Z}^1(A;\mathscr{G})^X \longrightarrow 0$$

und erhalten das Diagramm mit exakten Zeilen

$$\begin{array}{ccccccc}
H^n_\phi(X;\mathscr{C}^0(A;\mathscr{G})^X) & \longrightarrow & H^n_\phi(X;\mathscr{Z}^1(A;\mathscr{G})^X) & \longrightarrow & H^{n+1}_\phi(X;\mathscr{G}^X) & \longrightarrow & H^{n+1}_\phi(X;\mathscr{C}^0(A;\mathscr{G})^X) \\
\downarrow{\scriptstyle \tau^n} & & \downarrow{\scriptstyle \tau^n} & \textcircled{1} & \downarrow{\scriptstyle \tau^{n+1}} & & \\
H^n_{\phi|A}(A;\mathscr{C}^0(A;\mathscr{G})) & \longrightarrow & H^n_{\phi|A}(A;\mathscr{Z}^1(A;\mathscr{G})) & \longrightarrow & H^{n+1}_{\phi|A}(A;\mathscr{G}) & \longrightarrow & H^{n+1}_{\phi|A}(A;\mathscr{C}^0(A;\mathscr{G})) = 0,
\end{array}$$

dessen linke Zelle nach Voraussetzung kommutativ ist. Da $H^{n+1}_\phi(X;\mathscr{C}^0(A;\mathscr{G})^X)$ nach Hilfssatz 22.1 verschwindet, können wir Hilfssatz 1.12 anwenden und erhalten in eindeutiger Weise einen Homomorphismus $\tau^{n+1} : H^{n+1}_\phi(X;\mathscr{G}^X) \to H^{n+1}_{\phi|A}(A;\mathscr{G})$, so daß die Zelle $\textcircled{1}$ kommutativ ist. Nach Hilfssatz 1.13 ist τ^{n+1} sogar ein Isomorphismus. Wir haben noch zu zeigen, daß das Diagramm

$$\begin{array}{ccc}
H^{n+1}_\phi(X;\mathscr{G}^X) & \xrightarrow{\ \tau^{n+1}\ } & H^{n+1}_{\phi|A}(A;\mathscr{G}) \\
\hat{h}^{*n+1}\downarrow & & \downarrow h^{*n+1} \\
H^{n+1}_\phi(X;\mathscr{G}'^X) & \xrightarrow[\tau^{n+1}]{} & H^{n+1}_{\phi|A}(A;\mathscr{G}')
\end{array}$$

kommutativ ist. Die kommutativen Diagramme

$$0 \longrightarrow \mathscr{G} \longrightarrow \mathscr{C}^0(A;\mathscr{G}) \longrightarrow \mathscr{L}^1(A;\mathscr{G}) \longrightarrow 0$$

$$\downarrow h \qquad \downarrow h^0 \qquad \downarrow \tilde{h}^0$$

$$0 \longrightarrow \mathscr{G}' \longrightarrow \mathscr{C}^0(A;\mathscr{G}') \longrightarrow \mathscr{L}^1(A;\mathscr{G}') \longrightarrow 0$$

$$0 \longrightarrow \mathscr{G}^X \longrightarrow \mathscr{C}^0(A;\mathscr{G})^X \longrightarrow \mathscr{L}^1(A;\mathscr{G})^X \longrightarrow 0$$

$$\downarrow \hat{h} \qquad \downarrow \hat{h}^0 \qquad \downarrow \hat{\tilde{h}}^0$$

$$0 \longrightarrow \mathscr{G}'^X \longrightarrow \mathscr{C}^0(A;\mathscr{G}')^X \longrightarrow \mathscr{L}^1(A;\mathscr{G}')^X \longrightarrow 0$$

mit exakten Zeilen liefern das Diagramm

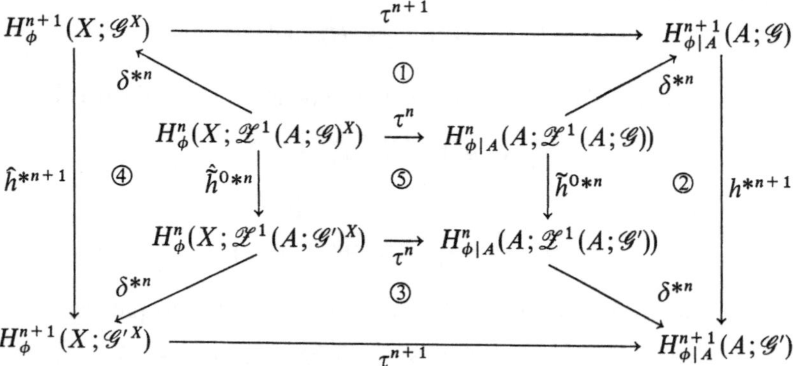

mit den kommutativen Zellen ① bis ⑤. Zelle ③ ist nach Konstruktion von τ^{n+1} kommutativ, die Kommutativität der Zellen ② und ④ ergibt sich aus der Natürlichkeit von δ^{*n} und Zelle ⑤ ist nach Voraussetzung kommutativ. Da alle δ^{*n} Epimorphismen sind, gilt $h^{*n+1}\tau^{n+1} = \tau^{n+1}\hat{h}^{*n+1}$.

Ist $\mathscr{G}$ eine Garbe abelscher Gruppen über X und A in X lokalabgeschlossen, so sei $\mathscr{G}_A$ wieder die Garbe $(\mathscr{G}|A)^X$.

Korollar 22.3. *ϕ sei eine Trägerfamilie auf dem topologischen Raum X, A ein Teilraum von X und $\mathscr{G}$ eine Garbe von abelschen Gruppen über X. Ist eine der beiden Bedingungen*

a) *A ist in X abgeschlossen;*

b) *A ist in X lokalabgeschlossen und ϕ parakompaktifizierend;*

erfüllt, so gibt es einen natürlichen Isomorphismus

$$H^q_\phi(X;\mathscr{G}_A) \cong H^q_{\phi|A}(A;\mathscr{G}|A) \qquad (q \geq 0).$$

Beweis: Die Behauptung ergibt sich aus Satz 22.2, angewandt auf die Garbe $\mathscr{G}|A$. Nun sei $A \subset X$ abgeschlossen, $\mathscr{G}$ eine Garbe über X und ϕ eine parakompaktifizierende Trägerfamilie auf X. Nach § 11 ist die Sequenz

$$0 \longrightarrow \mathscr{G}_{X-A} \longrightarrow \mathscr{G} \longrightarrow \mathscr{G}_A \longrightarrow 0$$

exakt; hierzu gehört die exakte Kohomologiesequenz

$$\cdots \longrightarrow H^q_\phi(X;\mathscr{G}_{X-A}) \longrightarrow H^q_\phi(X;\mathscr{G}) \longrightarrow H^q_\phi(X;\mathscr{G}_A) \longrightarrow H^{q+1}_\phi(X;\mathscr{G}_{X-A}) \longrightarrow \cdots.$$

Nach Korollar 22.3 ist

$$H^q_\phi(X;\mathscr{G}_{X-A}) \cong H^q_{\phi|X-A}(X-A;\mathscr{G}|X-A); \quad H^q_\phi(X;\mathscr{G}_A) \cong H^q_{\phi|A}(A;\mathscr{G}|A).$$

Damit haben wir den folgenden Satz bewiesen:

Satz 22.4. *A sei ein abgeschlossener Teilraum des topologischen Raumes X und ϕ eine parakompaktifizierende Trägerfamilie auf X. Dann hat man für jede Garbe $\mathscr{G}$ abelscher Gruppen über X eine exakte Kohomologiesequenz der Gestalt*

$$\longrightarrow H^q_{\phi|X-A}(X-A;\mathscr{G}|X-A) \longrightarrow H^q_\phi(X;\mathscr{G}) \longrightarrow H^q_{\phi|A}(A;\mathscr{G}|A)$$

$$\longrightarrow H^{q+1}_{\phi|X-A}(X-A;\mathscr{G}|X-A) \longrightarrow.$$

$A \subset X$ sei nun beliebig und $\mathscr{G}$ eine Garbe über X. Wir konstruieren einen Homomorphismus

$$k^0 : \mathscr{C}^0(X;\mathscr{G})|A \longrightarrow \mathscr{C}^0(A;\mathscr{G}|A).$$

$\mathscr{C}^0(X;\mathscr{G})|A$ wird durch das Garbendatum $\{\Gamma(U,\mathscr{C}^0(X;\mathscr{G})), r^V_U\}$ und $\mathscr{C}^0(A;\mathscr{G}|A)$ durch das Garbendatum $\{C^0(U;\mathscr{G}|A), r'^V_U\}$ (U jeweils offen in A) definiert. $\eta_x : \mathscr{C}^0(X;\mathscr{G})_x \rightarrow \mathscr{G}_x$ bezeichne den in § 20 eingeführten Homomorphismus. Ist $\sigma \in \Gamma(U,\mathscr{C}^0(X;\mathscr{G}))$ (U offen in A), so sei $k^0_U(\sigma) = \{\eta_x\sigma(x)\}_{x \in U} \in \prod_{x \in U} \mathscr{G}_x$. Damit erhalten wir einen Homomorphismus

$$k^0_U : \Gamma(U,\mathscr{C}^0(X;\mathscr{G})) \longrightarrow C^0(U;\mathscr{G}|A).$$

Die k^0_U (U offen in A) bilden offensichtlich einen Garbendatenhomomorphismus von $\{\Gamma(U,\mathscr{C}^0(X;\mathscr{G})), r^V_U\}$ in $\{C^0(U;\mathscr{G}|A), r'^V_U\}$, der einen (surjektiven) Garbenhomomorphismus

$$k^0 : \mathscr{C}^0(X;\mathscr{G})|A \longrightarrow \mathscr{C}^0(A;\mathscr{G}|A)$$

induziert. k^0 liefert weiter einen (surjektiven) Garbenhomomorphismus

$$\tilde{k}^0 : \mathscr{Z}^1(X;\mathscr{G})|A \longrightarrow \mathscr{Z}^1(A;\mathscr{G}|A).$$

Mit k^1 bezeichnen wir dann den durch k^0 und $\tilde{k}^0$ definierten Homomorphismus

$$k^1 : \mathscr{C}^1(X;\mathscr{G})|A = \mathscr{C}^0(X;\mathscr{Z}^1(X;\mathscr{G}))|A \longrightarrow \mathscr{C}^0(A;\mathscr{Z}^1(X;\mathscr{G})|A)$$

$$\longrightarrow \mathscr{C}^0(A;\mathscr{Z}^1(A;\mathscr{G}|A)) = \mathscr{C}^1(A;\mathscr{G}|A),$$

usw. Man erhält damit einen Homomorphismus

$$k^* : \mathscr{C}^*(X;\mathscr{G})|A \longrightarrow \mathscr{C}^*(A;\mathscr{G}|A).$$

Wir untersuchen nun einen Zusammenhang zwischen der Kohomologie eines Unterraumes und der seiner Umgebungen. Dazu benutzen wir den soeben konstruierten

Homomorphismus k^*. X sei ein topologischer Raum, $\mathscr{G}$ eine Garbe über X, und B, C seien Teilräume von X mit $C \subset B$. Die Abbildungen

$$k^q : \mathscr{C}^q(B;\mathscr{G}|B)|C \longrightarrow \mathscr{C}^q(C;\mathscr{G}|C)$$

definieren die Homomorphismen

$$\Gamma(B,\mathscr{C}^q(B;\mathscr{G}|B)) \longrightarrow \Gamma(C,\mathscr{C}^q(B;\mathscr{G}|B)|C) \xrightarrow{\bar{k}^q} \Gamma(C,\mathscr{C}^q(C;\mathscr{G}|C)),$$

man erhält also eine Kettenabbildung

$$\Gamma(\mathscr{C}^*(B;\mathscr{G}|B)) \longrightarrow \Gamma(\mathscr{C}^*(C;\mathscr{G}|C)),$$

die für jedes $q \geq 0$ einen Homomorphismus

$$\varrho_B^C : H^q(B;\mathscr{G}|B) \longrightarrow H^q(C;\mathscr{G}|C)$$

induziert[1]).

A sei nun ein fester Teilraum des topologischen Raumes X und M die Menge der offenen Umgebungen von A. Sind U und V aus M, so setzen wir $U \leq V$ genau dann, wenn $V \subset U$. M ist vermöge der Beziehung $\leq$ gerichtet. Für $U \leq V$ sei

$$\varrho_U^V : H^q(U;\mathscr{G}|U) \longrightarrow H^q(V;\mathscr{G}|V)$$

der oben konstruierte Homomorphismus. $\{H^q(U;\mathscr{G}|U), \varrho_U^V\}_{U\in M}$ ist dann ein direktes System abelscher Gruppen. Weiter hat man für jedes $U \in M$ einen Homomorphismus

$$s_U : H^q(U;\mathscr{G}|U) \longrightarrow H^q(A;\mathscr{G}|A)$$

mit $s_U = s_V \varrho_U^V$ für $U \leq V$. Nach Satz 1.6 existiert daher genau ein Homomorphismus

$$s : \varinjlim H^q(U;\mathscr{G}|U) \longrightarrow H^q(A;\mathscr{G}|A),$$

so daß das Diagramm

$$
\begin{array}{ccc}
H^q(U;\mathscr{G}|U) & \xrightarrow{\ s_U\ } & H^q(A;\mathscr{G}|A) \\
& \searrow{\scriptstyle \varrho_U} \qquad {\scriptstyle s}\nearrow & \\
& \varinjlim H^q(U;\mathscr{G}|U) &
\end{array}
$$

für jedes $U \in M$ kommutativ ist.

Satz 22.5. *Ist $\mathscr{G}$ eine Garbe abelscher Gruppen über dem parakompakten Raum X und $A \subset X$ abgeschlossen, so ist der Homomorphismus*

$$s : \varinjlim H^q(U;\mathscr{G}|U) \longrightarrow H^q(A;\mathscr{G}|A)$$

bijektiv.

Beweis: Nach Satz 13.3 ist für jedes $q \geq 0$

$$\Gamma(A,\mathscr{C}^q(X;\mathscr{G})) \cong \varinjlim \Gamma(U,\mathscr{C}^q(X;\mathscr{G})) = \varinjlim \Gamma(\mathscr{C}^q(X;\mathscr{G})|U),$$

---

[1]) Hierbei handelt es sich um Kohomologiegruppen bezüglich der Trägerfamilie aller abgeschlossenen Teilmengen von B bzw. C.

d. h. es gilt $\Gamma(\mathscr{C}^*(X;\mathscr{G})|A) \cong \varinjlim \Gamma(\mathscr{C}^*(X;\mathscr{G})|U)$. Nach Satz 18.10 hat man die Isomorphismen

$$H^q(A;\mathscr{G}|A) \cong H^q(\Gamma(\mathscr{C}^*(X;\mathscr{G})|A)), \quad H^q(U;\mathscr{G}|U) \cong H^q(\Gamma(\mathscr{C}^*(X;\mathscr{G})|U)),$$

da $\mathscr{C}^q(X;\mathscr{G})|A$ weich und $\mathscr{C}^q(X;\mathscr{G})|U$ für jedes $U \in M$ welk ist. Die Behauptung folgt dann aus

$$\varinjlim H^q(U;\mathscr{G}|U) \cong \varinjlim H^q(\Gamma(\mathscr{C}^*(X;\mathscr{G})|U)) \cong H^q(\varinjlim \Gamma(\mathscr{C}^*(X;\mathscr{G})|U))$$
$$\cong H^q(\Gamma(\mathscr{C}^*(X;\mathscr{G})|A)) \cong H^q(A;\mathscr{G}|A)$$

(vgl. Aufgabe 2).

Wie in der Kohomologietheorie topologischer Räume kann man auch für die Kohomologiegruppen mit Koeffizienten in einer Garbe Mayer-Vietoris-Sequenzen herleiten. $\mathscr{G}$ sei eine Garbe abelscher Gruppen über X, ϕ eine Trägerfamilie auf X und X_1, $X_2 \subset X$ seien abgeschlossen mit $X_1 \cup X_2 = X$. Schließlich setzen wir $A = X_1 \cap X_2$. Da A, X_1 und X_2 in X abgeschlossen sind, hat man die Projektionen

$$p_v : \mathscr{G} \longrightarrow \mathscr{G}_{X_v}, \quad q_v : \mathscr{G}_{X_v} \longrightarrow (\mathscr{G}_{X_v})_A = \mathscr{G}_{X_v \cap A} = \mathscr{G}_A \qquad (v = 1, 2)$$

(vgl. § 11). Dann ist die Sequenz

$$0 \longrightarrow \mathscr{G} \xrightarrow{\ s\ } \mathscr{G}_{X_1} \oplus \mathscr{G}_{X_2} \xrightarrow{\ t\ } \mathscr{G}_A \longrightarrow 0, \tag{22.1}$$

wie man leicht bestätigt, exakt, wobei $s = (p_1, p_2)$ und $t = q_1 - q_2$. Zu (22.1) gehört die exakte Kohomologiesequenz

$$\cdots \longrightarrow H^q_\phi(X;\mathscr{G}) \longrightarrow H^q_\phi(X;\mathscr{G}_{X_1} \oplus \mathscr{G}_{X_2}) \longrightarrow H^q_\phi(X;\mathscr{G}_A) \longrightarrow \cdots.$$

Nach Korollar 22.3 und Aufgabe 5 ist

$$H^q_\phi(X;\mathscr{G}_{X_1} \oplus \mathscr{G}_{X_2}) \cong H^q_\phi(X;\mathscr{G}_{X_1}) \oplus H^q_\phi(X;\mathscr{G}_{X_2}) \cong H^q_{\phi|X_1}(X_1;\mathscr{G}|X_1)$$
$$\oplus H^q_{\phi|X_2}(X_2;\mathscr{G}|X_2), \quad H^q_\phi(X;\mathscr{G}_A) \cong H^q_{\phi|A}(A;\mathscr{G}|A).$$

Damit erhalten wir dann die Mayer-Vietoris-Sequenz

$$\longrightarrow H^q_\phi(X;\mathscr{G}) \longrightarrow H^q_{\phi|X_1}(X_1;\mathscr{G}|X_1) \oplus H^q_{\phi|X_2}(X_2;\mathscr{G}|X_2) \longrightarrow H^q_{\phi|A}(A;\mathscr{G}|A) \longrightarrow \cdots.$$

Um noch eine andere Sequenz herzuleiten, nehmen wir nun an, daß ϕ parakompaktifizierend ist; außerdem seien U_1, $U_2 \subset X$ offen mit $U_1 \cup U_2 = X$. Wir setzen $U = U_1 \cap U_2$ und haben die Inklusionen

$$i_v : \mathscr{G}_U \longrightarrow \mathscr{G}_{U_v}, \quad j_v : \mathscr{G}_{U_v} \longrightarrow \mathscr{G} \qquad (v = 1, 2).$$

Dann ist die Sequenz

$$0 \longrightarrow \mathscr{G}_U \xrightarrow{\ s\ } \mathscr{G}_{U_1} \oplus \mathscr{G}_{U_2} \xrightarrow{\ t\ } \mathscr{G} \longrightarrow 0$$

exakt, wobei $s = (i_1, i_2)$ und $t = j_1 - j_2$. Hieraus erhält man unter Benutzung von Korollar 22.3 wie oben die Mayer-Vietoris-Sequenz

$$\longrightarrow H^q_{\phi|U}(U;\mathscr{G}|U) \longrightarrow H^q_{\phi|U_1}(U_1;\mathscr{G}|U_1) \oplus H^q_{\phi|U_2}(U_2;\mathscr{G}|U_2) \longrightarrow H^q_\phi(X;\mathscr{G}) \longrightarrow \cdots.$$

§ 23 Relative Kohomologiegruppen

Hilfssatz 23.1.(9-Lemma).

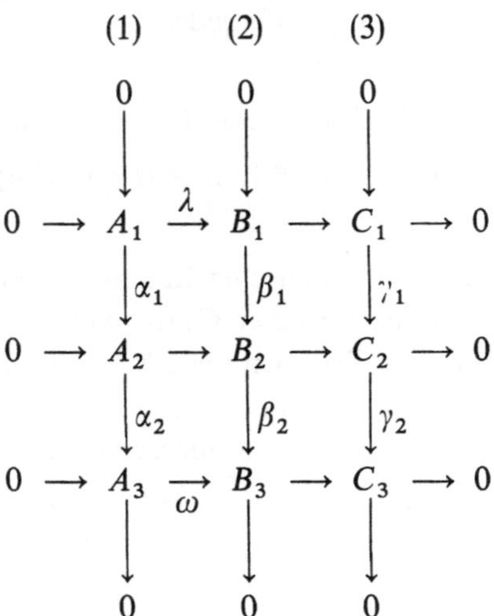

sei ein kommutatives Diagramm abelscher Gruppen mit exakten Zeilen. Sind die Spalten (2) und (3) exakt, so ist auch Spalte (1) exakt.

Beweis: Die Spalten (2) und (3) fassen wir als Kokettenkomplexe auf, die wir mit B und C bezeichnen wollen. Für jedes $a_1 \in A_1$ gilt $\omega\alpha_2\alpha_1(a_1) = \beta_2\beta_1\lambda(a_1) = 0$, d. h. $\alpha_2\alpha_1 = 0$, da ω nach Voraussetzung monomorph ist. Daher können wir auch Spalte (1) als Kokettenkomplex A auffassen. Zu der kurzen exakten Sequenz von Kokettenkomplexen

$$0 \longrightarrow A \longrightarrow B \longrightarrow C \longrightarrow 0$$

gehört nach Satz 16.9 die exakte Kohomologiesequenz

$$\cdots \longrightarrow H^{q-1}(C) \longrightarrow H^q(A) \longrightarrow H^q(B) \longrightarrow H^q(C) \longrightarrow \cdots .$$

Da $H^q(B) = 0$, $H^q(C) = 0$ für alle $q \in \mathbf{Z}$, gilt auch $H^q(A) = 0$, d. h. Spalte (1) ist exakt.

Definition 23.2. *Ist ϕ eine Trägerfamilie auf dem topologischen Raum X und $A \subset X$ ein beliebiger Teilraum, so sei $\phi \cap A$ die Trägerfamilie $\{M \cap A : M \in \phi\}$ auf A.*

Ist $A \subset X$ abgeschlossen, so gilt offensichtlich $\phi \cap A = \phi\,|\,A$.

Hilfssatz 23.3. *A sei ein Teilraum von X, $i : A \to X$ die Inklusion und $\mathscr{G}$ eine Garbe über A. Dann gilt für jede Trägerfamilie ϕ auf X*

$$\Gamma_\phi(i\mathscr{G}) \cong \Gamma_{\phi \cap A}(\mathscr{G}) .$$

Beweis klar.

$A \subset X$ sei wieder beliebig, $i : A \to X$ die Inklusion und $\mathscr{G}$ eine Garbe über X. Wir konstruieren einen Homomorphismus

$$g^0 : \mathscr{C}^0(X;\mathscr{G}) \longrightarrow i\mathscr{C}^0(A;\mathscr{G}|A).$$

$\mathscr{C}^0(X;\mathscr{G})$ wird durch das Garbendatum $\{C^0(U;\mathscr{G}), r_U^V\}$ und $i\mathscr{C}^0(A;\mathscr{G}|A)$ durch das Garbendatum $\{C^0(U \cap A;\mathscr{G}|A), s_U^V\}$ (U jeweils offen in X) definiert.

$$g_U^0 : C^0(U;\mathscr{G}) \longrightarrow C^0(U \cap A;\mathscr{G}|A)$$

sei der (surjektive) Restriktionshomomorphismus. Die g_U^0 bilden einen Garbendatenhomomorphismus von $\{C^0(U;\mathscr{G}), r_U^V\}$ in $\{C^0(U \cap A;\mathscr{G}|A), s_U^V\}$, der einen (surjektiven) Garbenhomomorphismus

$$g^0 : \mathscr{C}^0(X;\mathscr{G}) \longrightarrow i\mathscr{C}^0(A;\mathscr{G}|A)$$

induziert. Wegen

$$\Gamma(U, \operatorname{Kern} g^0) \cong \operatorname{Kern} g_U^0 = \prod_{x \in U - U \cap A} \mathscr{G}_x \times \{0_x\}_{x \in U \cap A}$$

ist Kern g^0 welk.

$$g^1 : \mathscr{C}^1(X;\mathscr{G}) \longrightarrow i\mathscr{C}^1(A;\mathscr{G}|A)$$

sei der zusammengesetzte Homomorphismus

$$g^1 : \mathscr{C}^1(X;\mathscr{G}) = \mathscr{C}^0(X;\mathscr{L}^1(X;\mathscr{G})) \xrightarrow{\;g^0\;} i\mathscr{C}^0(A;\mathscr{L}^1(X;\mathscr{G})|A) \longrightarrow$$
$$\longrightarrow i\mathscr{C}^0(A;\mathscr{L}^1(A;\mathscr{G}|A)) = i\mathscr{C}^1(A;\mathscr{G}|A);$$

dabei werde der zweite Homomorphismus durch $\tilde{k}^0$ (vgl. § 22) induziert. g^1 ist offensichtlich surjektiv und Kern g^1 welk, usw. Man erhält damit einen Homomorphismus

$$g^* : \mathscr{C}^*(X;\mathscr{G}) \longrightarrow i\mathscr{C}^*(A;\mathscr{G}|A),$$

wobei alle Abbildungen g^q surjektiv und alle Garben Kern g^q welk sind. Setzt man

$$\mathscr{C}^q(X, A;\mathscr{G}) = \operatorname{Kern} g^q \qquad (q \geqq 0),$$

so induziert $\mathscr{C}^*(X;\mathscr{G})$ den Komplex

$$0 \longrightarrow \mathscr{C}^0(X, A;\mathscr{G}) \longrightarrow \mathscr{C}^1(X, A;\mathscr{G}) \longrightarrow \mathscr{C}^2(X, A;\mathscr{G}) \longrightarrow \cdots.$$

Jeder Garbenhomomorphismus $\mathscr{G} \to \mathscr{G}'$ liefert einen Homomorphismus $\mathscr{C}^*(X, A;\mathscr{G}) \to \mathscr{C}^*(X, A;\mathscr{G}')$.

Satz 23.4. $\qquad\qquad 0 \longrightarrow \mathscr{G}' \longrightarrow \mathscr{G} \longrightarrow \mathscr{G}'' \longrightarrow 0$

sei eine exakte Sequenz von Garben über X. Dann ist auch die induzierte Sequenz

$$0 \longrightarrow \mathscr{C}^q(X, A;\mathscr{G}') \longrightarrow \mathscr{C}^q(X, A;\mathscr{G}) \longrightarrow \mathscr{C}^q(X, A;\mathscr{G}'') \longrightarrow 0$$

für alle $q \geqq 0$ exakt.

Beweis: In dem kommutativen Diagramm

$$\begin{array}{ccccccccc}
& & & & (2) & & (3) & & \\
& & 0 & & 0 & & 0 & & \\
& & \downarrow & & \downarrow & & \downarrow & & \\
0 \longrightarrow & \mathscr{C}^q(X,A;\mathscr{G}') & \longrightarrow & \mathscr{C}^q(X;\mathscr{G}') & \longrightarrow & i\mathscr{C}^q(A;\mathscr{G}'|A) & \longrightarrow & 0 & \\
& \downarrow & & \downarrow & & \downarrow & & \\
0 \longrightarrow & \mathscr{C}^q(X,A;\mathscr{G}) & \longrightarrow & \mathscr{C}^q(X;\mathscr{G}) & \longrightarrow & i\mathscr{C}^q(A;\mathscr{G}|A) & \longrightarrow & 0 & \\
& \downarrow & & \downarrow & & \downarrow & & \\
0 \longrightarrow & \mathscr{C}^q(X,A;\mathscr{G}'') & \longrightarrow & \mathscr{C}^q(X;\mathscr{G}'') & \longrightarrow & i\mathscr{C}^q(A;\mathscr{G}''|A) & \longrightarrow & 0 & \\
& \downarrow & & \downarrow & & \downarrow & & \\
& & 0 & & 0 & & 0 & &
\end{array}$$

sind alle Zeilen nach Konstruktion exakt. Aus Satz 17.7, Satz 10.1 und der Tatsache, daß $\mathscr{C}^q(A;\mathscr{G}'|A)$ welk ist, folgt die Exaktheit der Spalten (2) und (3). Die Behauptung ergibt sich dann unmittelbar aus dem 9-Lemma.

ϕ sei nun eine beliebige Trägerfamilie auf X. Der Komplex

$$0 \longrightarrow \mathscr{C}^0(X,A;\mathscr{G}) \longrightarrow \mathscr{C}^1(X,A;\mathscr{G}) \longrightarrow \mathscr{C}^2(X,A;\mathscr{G}) \longrightarrow \cdots$$

liefert den Kokettenkomplex

$$0 \longrightarrow \Gamma_\phi(\mathscr{C}^0(X,A;\mathscr{G})) \longrightarrow \Gamma_\phi(\mathscr{C}^1(X,A;\mathscr{G})) \longrightarrow \Gamma_\phi(\mathscr{C}^2(X,A;\mathscr{G})) \longrightarrow \cdots,$$

den wir mit $C_\phi^*(X,A;\mathscr{G})$ bezeichnen wollen. Jeder Garbenhomomorphismus $h:\mathscr{G}\to\mathscr{G}'$ induziert, wie wir bereits wissen, einen Homomorphismus $h^*:\mathscr{C}^*(X,A;\mathscr{G}) \to \mathscr{C}^*(X,A;\mathscr{G}')$. $h^q:\mathscr{C}^q(X,A;\mathscr{G})\to\mathscr{C}^q(X,A;\mathscr{G}')$ definiert dann einen Homomorphismus

$$\overline{h^q}: \Gamma_\phi(\mathscr{C}^q(X,A;\mathscr{G})) \longrightarrow \Gamma_\phi(\mathscr{C}^q(X,A;\mathscr{G}')).$$

$\overline{h}=\{\overline{h^q}\}$ ist offenbar eine Kokettenabbildung von $C_\phi^*(X,A;\mathscr{G})$ in $C_\phi^*(X,A;\mathscr{G}')$.

Satz 23.5. $\qquad\qquad 0 \longrightarrow \mathscr{G}' \xrightarrow{h'} \mathscr{G} \xrightarrow{h} \mathscr{G}'' \longrightarrow 0$

sei eine exakte Sequenz von Garben über X. Dann ist auch die Sequenz

$$0 \longrightarrow C_\phi^*(X,A;\mathscr{G}') \xrightarrow{\overline{h'}} C_\phi^*(X,A;\mathscr{G}) \xrightarrow{\overline{h}} C_\phi^*(X,A;\mathscr{G}'') \longrightarrow 0$$

von Kokettenkomplexen exakt.

Beweis: Nach Satz 23.4 ist die Sequenz

$$0 \longrightarrow \mathscr{C}^q(X,A;\mathscr{G}') \xrightarrow{h'^q} \mathscr{C}^q(X,A;\mathscr{G}) \xrightarrow{h^q} \mathscr{C}^q(X,A;\mathscr{G}'') \longrightarrow 0$$

für jedes $q \geq 0$ exakt. Da $\mathscr{C}^q(X, A; \mathscr{G}')$ welk ist, ist nach Satz 12.13 auch die induzierte Sequenz

$$0 \longrightarrow \Gamma_\phi(\mathscr{C}^q(X, A; \mathscr{G}')) \xrightarrow{\overline{h}'^q} \Gamma_\phi(\mathscr{C}^q(X, A; \mathscr{G})) \xrightarrow{\overline{h}^q} \Gamma_\phi(\mathscr{C}^q(X, A; \mathscr{G}'')) \longrightarrow 0$$

exakt.

Definition 23.6. *A sei ein Teilraum des topologischen Raumes* X, ϕ *eine Trägerfamilie auf* X *und* $\mathscr{G}$ *eine Garbe abelscher Gruppen über* X. *Dann heißt* $H_\phi^q(X, A; \mathscr{G})$ $= H^q(C_\phi^*(X, A; \mathscr{G}))$ q-te Kohomologiegruppe von (X, A) mit Koeffizienten in $\mathscr{G}$ und Trägern in ϕ.

Für $A = \emptyset$ gilt offensichtlich $H_\phi^q(X, \emptyset; \mathscr{G}) = H_\phi^q(X; \mathscr{G})$. Jeder Garbenhomomorphismus $h : \mathscr{G} \to \mathscr{G}'$ induziert einen Homomorphismus

$$h^{*q} : H_\phi^q(X, A; \mathscr{G}) \longrightarrow H_\phi^q(X, A; \mathscr{G}') \qquad (q \geq 0).$$

Die h^{*q} genügen den üblichen Rechenregeln (vgl. etwa Satz 18.2).

Nun sei

$$0 \longrightarrow \mathscr{G}' \xrightarrow{h'} \mathscr{G} \xrightarrow{h} \mathscr{G}'' \longrightarrow 0$$

eine exakte Sequenz von Garben über X. Nach Satz 23.5 ist die zugehörige Sequenz

$$0 \longrightarrow C_\phi^*(X, A; \mathscr{G}') \xrightarrow{\overline{h}'} C_\phi^*(X, A; \mathscr{G}) \xrightarrow{\overline{h}} C_\phi^*(X, A; \mathscr{G}'') \longrightarrow 0$$

von Kokettenkomplexen exakt. Hierzu gehört nach § 16 die exakte Kohomologiesequenz

$$0 \longrightarrow H_\phi^0(X, A; \mathscr{G}') \xrightarrow{h'^{*0}} H_\phi^0(X, A; \mathscr{G}) \xrightarrow{h^{*0}} H_\phi^0(X, A; \mathscr{G}'') \xrightarrow{\delta^{*0}}$$
$$\longrightarrow H_\phi^1(X, A; \mathscr{G}') \xrightarrow{h'^{*1}} H_\phi^1(X, A; \mathscr{G}) \xrightarrow{h^{*1}} \cdots. \tag{23.1}$$

Nach Konstruktion ist die Sequenz

$$0 \longrightarrow \mathscr{C}^q(X, A; \mathscr{G}) \longrightarrow \mathscr{C}^q(X; \mathscr{G}) \longrightarrow i\mathscr{C}^q(A; \mathscr{G}|A) \longrightarrow 0$$

für jedes $q \geq 0$ exakt. Da $\mathscr{C}^q(X, A; \mathscr{G})$ welk ist, ist nach Satz 12.13 auch die induzierte Sequenz

$$0 \longrightarrow \Gamma_\phi(\mathscr{C}^q(X, A; \mathscr{G})) \longrightarrow \Gamma_\phi(\mathscr{C}^q(X; \mathscr{G})) \longrightarrow \Gamma_\phi(i\mathscr{C}^q(A; \mathscr{G}|A)) \longrightarrow 0$$

exakt, d. h. man hat die exakte Sequenz

$$0 \longrightarrow C_\phi^*(X, A; \mathscr{G}) \longrightarrow C_\phi^*(X; \mathscr{G}) \longrightarrow C_{\phi \cap A}^*(A; \mathscr{G}|A) \longrightarrow 0$$

von Kokettenkomplexen (vgl. Hilfssatz 23.3). Durch Übergang zu den Kohomologiegruppen erhalten wir die exakte Kohomologiesequenz

$$0 \longrightarrow H_\phi^0(X, A; \mathscr{G}) \longrightarrow H_\phi^0(X; \mathscr{G}) \longrightarrow H_{\phi \cap A}^0(A; \mathscr{G}|A) \longrightarrow H_\phi^1(X, A; \mathscr{G}) \longrightarrow$$
$$\longrightarrow H_\phi^1(X; \mathscr{G}) \longrightarrow \cdots. \tag{23.2}$$

In gewissen Fällen lassen sich die relativen Kohomologiegruppen durch absolute Kohomologiegruppen ausdrücken. Ein einfaches Resultat in dieser Richtung lautet folgendermaßen:

Satz 23.7. *Ist $A \subset X$ abgeschlossen, so gilt für jede Garbe $\mathscr{G}$ über X und jede Träger-familie ϕ*

$$H_\phi^q(X, A; \mathscr{G}) \cong H_\phi^q(X; \mathscr{G}_{X-A}).$$

Beweis: Wegen der Abgeschlossenheit von A gilt $\phi \cap A = \phi \,|\, A$. Nach Korollar 22.3 ist

$$H_\phi^q(X; \mathscr{G}_A) \cong H_{\phi\,|\,A}^q(A; \mathscr{G}\,|\,A) = H_{\phi\cap A}^q(A; \mathscr{G}_A\,|\,A).$$

Aus der exakten Kohomologiesequenz (23.2)

$$\cdots \longrightarrow H_\phi^{q-1}(X; \mathscr{G}_A) \xrightarrow[\cong]{} H_{\phi\cap A}^{q-1}(A; \mathscr{G}_A\,|\,A) \longrightarrow H_\phi^q(X, A; \mathscr{G}_A) \longrightarrow H_\phi^q(X; \mathscr{G}_A) \xrightarrow[\cong]{}$$

$$\longrightarrow H_{\phi\cap A}^q(A; \mathscr{G}_A\,|\,A) \longrightarrow \cdots$$

des Paares (X, A) mit Koeffizienten in $\mathscr{G}_A$ entnimmt man, daß $H_\phi^q(X, A; \mathscr{G}_A) = 0$ für alle $q \geq 0$. Nach § 11 hat man die kurze exakte Sequenz

$$0 \longrightarrow \mathscr{G}_{X-A} \longrightarrow \mathscr{G} \longrightarrow \mathscr{G}_A \longrightarrow 0,$$

zu der die exakte Kohomologiesequenz (23.1)

$$\cdots \longrightarrow H_\phi^{q-1}(X, A; \mathscr{G}_A) \longrightarrow H_\phi^q(X, A; \mathscr{G}_{X-A}) \longrightarrow H_\phi^q(X, A; \mathscr{G}) \longrightarrow$$

$$\longrightarrow H_\phi^q(X, A; \mathscr{G}_A) \longrightarrow \cdots$$

gehört. Wegen $H_\phi^q(X, A; \mathscr{G}_A) = 0$ ist

$$H_\phi^q(X, A; \mathscr{G}_{X-A}) \cong H_\phi^q(X, A; \mathscr{G}). \tag{23.3}$$

Schließlich betrachten wir die exakte Kohomologiesequenz

$$\cdots \longrightarrow H_{\phi\cap A}^{q-1}(A; \mathscr{G}_{X-A}\,|\,A) \longrightarrow H_\phi^q(X, A; \mathscr{G}_{X-A}) \longrightarrow H_\phi^q(X; \mathscr{G}_{X-A}) \longrightarrow$$

$$\longrightarrow H_{\phi\cap A}^q(A; \mathscr{G}_{X-A}\,|\,A) \longrightarrow$$

des Paares (X, A) mit Koeffizienten in $\mathscr{G}_{X-A}$. Wegen $\mathscr{G}_{X-A}\,|\,A = 0$ gilt

$$H_\phi^q(X, A; \mathscr{G}_{X-A}) \cong H_\phi^q(X; \mathscr{G}_{X-A}).$$

Hieraus folgt zusammen mit (23.3) die Behauptung.

Wie in der Kohomologietheorie topologischer Räume kann man auch für die oben eingeführten Kohomologiegruppen Ausschneidungssätze beweisen. Wir beschränken uns auch hier auf das einfachste Resultat.

Satz 23.8. *Ist $A \subset X$ abgeschlossen, $V \subset X$ offen und $V \subset A$, so gilt für jede Garbe $\mathscr{G}$ über X und jede Trägerfamilie ϕ*

$$H_\phi^q(X, A; \mathscr{G}) \cong H_{\phi\cap(X-V)}^q(X-V, A-V; \mathscr{G}\,|\,X-V).$$

Beweis: Nach Satz 23.7 ist

$$H^q_\phi(X, X-V; \mathscr{G}_{X-A}) \cong H^q_\phi(X; (\mathscr{G}_{X-A})_V) = H^q_\phi(X; \mathscr{G}_{(X-A)\cap V}) = 0\,,$$

da $(X-A) \cap V = \emptyset$. Aus der exakten Kohomologiesequenz

$$\cdots \longrightarrow H^q_\phi(X, X-V; \mathscr{G}_{X-A}) \longrightarrow H^q_\phi(X; \mathscr{G}_{X-A}) \longrightarrow H^q_{\phi\cap(X-V)}(X-V; \mathscr{G}_{X-A}) \longrightarrow$$
$$\longrightarrow H^{q+1}_\phi(X, X-V; \mathscr{G}_{X-A}) \longrightarrow \cdots$$

folgt wegen $H^q_\phi(X, X-V; \mathscr{G}_{X-A}) = 0$

$$H^q_\phi(X; \mathscr{G}_{X-A}) \cong H^q_{\phi\cap(X-V)}(X-V; \mathscr{G}_{X-A})\,. \tag{23.4}$$

Andererseits ist nach Satz 23.7

$$H^q_\phi(X, A; \mathscr{G}) \cong H^q_\phi(X; \mathscr{G}_{X-A})\,, \quad H^q_{\phi\cap(X-V)}(X-V, A-V; \mathscr{G}) \cong H^q_{\phi\cap(X-V)}(X-V; \mathscr{G}_{X-A})\,.$$

Hieraus ergibt sich zusammen mit (23.4) die Behauptung.

§ 24 Kohomologische Dimension

Definition 24.1. *X sei ein topologischer Raum und ϕ eine Trägerfamilie auf X. Dann bezeichne $\dim_\phi X$ die kleinste ganze Zahl n (oder ∞), so daß*

$$H^i_\phi(X; \mathscr{G}) = 0$$

für alle $i > n$ und alle Garben $\mathscr{G}$ abelscher Gruppen über X.

Ist ϕ die Familie aller abgeschlossenen Teilmengen von X, so schreiben wir kurz $\dim X$. Eine Auflösung

$$0 \longrightarrow \mathscr{G} \longrightarrow \mathscr{L}^0 \longrightarrow \mathscr{L}^1 \longrightarrow \cdots$$

von $\mathscr{G}$ heißt v o n d e r L ä n g e n, wenn $\mathscr{L}^i = 0$ für alle $i > n$.

Satz 24.2. *Die folgenden Aussagen sind äquivalent:*
1) $\dim_\phi X \leq n$.
2) *$\mathscr{Z}^n(X; \mathscr{G})$ ist für jede Garbe $\mathscr{G}$ ϕ-azyklisch.*
3) *Jede Garbe über X besitzt eine ϕ-azyklische Auflösung der Länge n.*

Beweis: 1) $\Rightarrow$ 2): Die exakte Sequenz

$$\cdots \longrightarrow \mathscr{C}^{n-k-1}(X; \mathscr{G}) \xrightarrow{\;\delta^{n-k-1}\;} \mathscr{C}^{n-k}(X; \mathscr{G}) \xrightarrow{\;\delta^{n-k}\;} \mathscr{C}^{n-k+1}(X; \mathscr{G}) \longrightarrow \cdots$$

liefert die kurze exakte Sequenz

$$0 \longrightarrow \operatorname{Kern} \delta^{n-k-1} \longrightarrow \mathscr{C}^{n-k-1}(X; \mathscr{G}) \xrightarrow{\;\delta^{n-k-1}\;} \operatorname{Kern} \delta^{n-k} \longrightarrow 0$$
$$(0 \leq k \leq n-1)\,,$$

d. h. die exakte Sequenz

$$0 \longrightarrow \mathscr{Z}^{n-k-1}(X; \mathscr{G}) \longrightarrow \mathscr{C}^{n-k-1}(X; \mathscr{G}) \xrightarrow{\;\delta^{n-k-1}\;} \mathscr{Z}^{n-k}(X; \mathscr{G}) \longrightarrow 0\,.$$

Hierzu gehört die exakte Kohomologiesequenz

$$0 = H_\phi^{q+k}(X;\mathscr{C}^{n-k-1}(X;\mathscr{G})) \longrightarrow H_\phi^{q+k}(X;\mathscr{Z}^{n-k}(X;\mathscr{G})) \longrightarrow$$

$$\longrightarrow H_\phi^{q+k+1}(X;\mathscr{Z}^{n-k-1}(X;\mathscr{G})) \longrightarrow H_\phi^{q+k+1}(X;\mathscr{C}^{n-k-1}(X;\mathscr{G})) = 0 \qquad (q \geqq 1),$$

also hat man

$$H_\phi^{q+k}(X;\mathscr{Z}^{n-k}(X;\mathscr{G})) \cong H_\phi^{q+k+1}(X;\mathscr{Z}^{n-k-1}(X;\mathscr{G})).$$

Damit ist

$$H_\phi^q(X;\mathscr{Z}^n(X;\mathscr{G})) \cong H_\phi^{q+1}(X;\mathscr{Z}^{n-1}(X;\mathscr{G})) \cong \cdots \cong H_\phi^{q+n}(X;\mathscr{G}) = 0 \qquad (q \geq 1).$$

2) $\Rightarrow$ 3): $0 \to \mathscr{G} \to \mathscr{C}^0(X;\mathscr{G}) \to \cdots \to \mathscr{C}^{n-1}(X;\mathscr{G}) \to \mathscr{Z}^n(X;\mathscr{G}) \to 0$ ist nach Satz 18.7 eine ϕ-azyklische Auflösung von $\mathscr{G}$ der Länge n.

3) $\Rightarrow$ 1): $0 \to \mathscr{G} \to \mathscr{L}^0 \to \mathscr{L}^1 \to \cdots \to \mathscr{L}^n \to 0$ sei eine ϕ-azyklische Auflösung von $\mathscr{G}$. Dann ist $H_\phi^i(X;\mathscr{G})$ nach Satz 18.10 für $i \geq 1$ die i-te Kohomologiegruppe des Kokettenkomplexes

$$0 \longrightarrow \Gamma_\phi(\mathscr{L}^0) \longrightarrow \Gamma_\phi(\mathscr{L}^1) \longrightarrow \cdots \longrightarrow \Gamma_\phi(\mathscr{L}^n) \longrightarrow 0.$$

Hieraus ergibt sich unmittelbar die Behauptung.

Bevor wir Satz 24.2 verschärfen, beweisen wir noch den

Hilfssatz 24.3. *$\mathscr{G}$ sei eine Garbe über X und ϕ eine parakompaktifizierende Träger-familie auf X. Dann sind die folgenden Aussagen äquivalent:*

1) $\mathscr{G}$ besitzt eine ϕ-weiche Auflösung der Länge n.

2) Ist $\qquad 0 \longrightarrow \mathscr{G} \longrightarrow \mathscr{L}^0 \xrightarrow{\ \delta^0\ } \mathscr{L}^1 \xrightarrow{\ \delta^1\ } \cdots \xrightarrow{\ \delta^{n-1}\ } \mathscr{L}^n \longrightarrow 0$

eine Auflösung von $\mathscr{G}$, bei der alle $\mathscr{L}^i (i < n)$ ϕ-weich sind, so ist auch $\mathscr{L}^n$ ϕ-weich.

Beweis: 1) $\Rightarrow$ 2): $0 \to \mathscr{G} \to \mathscr{M}^0 \to \mathscr{M}^1 \to \cdots \to \mathscr{M}^n \to 0$ sei eine ϕ-weiche Auflösung von $\mathscr{G}$. Dann ist nach Satz 13.14

$$0 \longrightarrow \mathscr{G}_U \longrightarrow \mathscr{M}_U^0 \longrightarrow \mathscr{M}_U^1 \longrightarrow \cdots \longrightarrow \mathscr{M}_U^n \longrightarrow 0$$

für jede offene Teilmenge U von X eine ϕ-weiche Auflösung von $\mathscr{G}_U$. Daher folgt aus Satz 18.10

$$H_\phi^{n+1}(X;\mathscr{G}_U) = 0$$

für alle offenen $U \subset X$. Setzt man $\mathscr{Z}^p = \mathrm{Kern}\, \delta^p (0 \leqq p \leqq n)$, so hat man die exakte Sequenz

$$0 \longrightarrow \mathscr{Z}_U^{n-k-1} \longrightarrow \mathscr{L}_U^{n-k-1} \longrightarrow \mathscr{Z}_U^{n-k} \longrightarrow 0 \qquad (0 \leqq k \leqq n-1), \quad (24.1)$$

wobei $\mathscr{L}_U^{n-k-1}$ nach Voraussetzung und nach Satz 13.14 ϕ-weich ist. Zu (24.1) gehört die exakte Kohomologiesequenz

$$0 = H_\phi^{k+1}(X;\mathscr{L}_U^{n-k-1}) \longrightarrow H_\phi^{k+1}(X;\mathscr{Z}_U^{n-k}) \longrightarrow H_\phi^{k+2}(X;\mathscr{Z}_U^{n-k-1}) \longrightarrow$$

$$\longrightarrow H_\phi^{k+2}(X;\mathscr{L}_U^{n-k-1}) = 0,$$

also ist

$$H_\phi^{k+1}(X; \mathscr{L}_U^{n-k}) \cong H_\phi^{k+2}(X; \mathscr{L}_U^{n-k-1}).$$

Damit gilt unter Berücksichtigung von Korollar 22.3

$$H_{\phi|U}^1(U; \mathscr{L}^n | U) \cong H_\phi^1(X; \mathscr{L}_U^n) \cong H_\phi^2(X; \mathscr{L}_U^{n-1}) \cong \cdots \cong H_\phi^{n+1}(X; \mathscr{G}_U) = 0.$$

Nach Satz 22.4 ist die Sequenz

$$0 \longrightarrow \Gamma_{\phi|U}(\mathscr{L}^n | U) \longrightarrow \Gamma_\phi(\mathscr{L}^n) \longrightarrow \Gamma_{\phi|X-U}(\mathscr{L}^n | X-U) \longrightarrow H_{\phi|U}^1(U; \mathscr{L}^n | U) = 0$$

exakt, d. h. der Homomorphismus $\Gamma_\phi(\mathscr{L}^n) \longrightarrow \Gamma_{\phi|A}(\mathscr{L}^n | A)$ ist für jedes abgeschlossene $A \subset X$ surjektiv. $\mathscr{L}^n = \mathscr{L}^n$ ist also nach Satz 13.5 ϕ-weich.

2) $\Rightarrow$ 1) $0 \to \mathscr{G} \to \mathscr{C}^0(X; \mathscr{G}) \to \cdots \to \mathscr{C}^{n-1}(X; \mathscr{G}) \to \mathscr{L}^n(X; \mathscr{G}) \to 0$ ist nach Satz 13.10 eine ϕ-weiche Auflösung von $\mathscr{G}$ der Länge n.

Satz 24.4. *ϕ sei eine parakompaktifizierende Trägerfamilie auf X. Dann sind die folgenden Aussagen äquivalent:*

1) $\dim_\phi X \leq n$.
2) *$\mathscr{L}^n(X; \mathscr{G})$ ist für jede Garbe $\mathscr{G}$ ϕ-weich.*
3) *Jede Garbe über X besitzt eine ϕ-weiche Auflösung der Länge n.*

Beweis: 1) $\Rightarrow$ 2): Nach Voraussetzung ist für jedes offene $U \subset X$

$$H_\phi^{n+1}(X; \mathscr{G}_U) = 0.$$

Ausgehend von der exakten Sequenz

$$0 \longrightarrow \mathscr{L}_U^{n-k-1}(X; \mathscr{G}) \longrightarrow \mathscr{C}_U^{n-k-1}(X; \mathscr{G}) \longrightarrow \mathscr{L}_U^{n-k}(X; \mathscr{G}) \longrightarrow 0$$

zeigt man wie im ersten Teil des Beweises von Hilfssatz 24.3, daß $\mathscr{L}^n(X; \mathscr{G})$ ϕ-weich ist. 2) $\Rightarrow$ 3) $\Rightarrow$ 1) ist trivial.

Wir setzen nun voraus, daß X parakompakt und ϕ die Familie aller abgeschlossenen Teilmengen von X ist. Die Eigenschaft

$$\dim X \leqq n$$

ist dann, wie wir zum Schluß zeigen wollen, von lokaler Natur.

Satz 24.5. *X sei ein parakompakter Raum. Es gilt $\dim X \leq n$ genau dann, wenn jedes $x \in X$ eine abgeschlossene Umgebung $U(x)$ besitzt mit $\dim U(x) \leq n$.*

Beweis: Jedes $x \in X$ besitze eine abgeschlossene Umgebung $U(x)$ mit $\dim U(x) \leqq n$. $\mathscr{G}$ sei eine Garbe über X. Wegen $\dim U(x) \leqq n$ besitzt $\mathscr{G} | U(x)$ nach Satz 24.4 eine weiche Auflösung der Länge n. Andererseits ist

$$0 \longrightarrow \mathscr{G} | U(x) \longrightarrow \mathscr{C}^0(X; \mathscr{G}) | U(x) \longrightarrow \cdots \longrightarrow \mathscr{C}^{n-1}(X; \mathscr{G}) | U(x) \longrightarrow$$
$$\longrightarrow \mathscr{L}^n(X; \mathscr{G}) | U(x) \longrightarrow 0$$

eine Auflösung von $\mathscr{G} | U(x)$, bei der alle $\mathscr{C}^i(X; \mathscr{G}) | U(x) (i < n)$ weich sind. Nach

Hilfssatz 24.3 ist dann $\mathscr{L}^n(X;\mathscr{G})\,|\,U(x)$ und damit nach Satz 13.6 $\mathscr{L}^n(X;\mathscr{G})$ weich. Aus Satz 24.4 entnimmt man schließlich, daß dim $X \leq n$. Die Umkehrung ist trivial.

§ 25 Andere Kohomologietheorien

Definition 25.1. *Ein A-Modul G heißt* torsionsfrei, *wenn aus $ag = 0$ ($a \in A$, $g \in G$) stets folgt $a = 0$ oder $g = 0$.*

Hilfssatz 25.2. $\{G_\alpha, r_\alpha^\beta\}$ *sei ein direktes System von torsionsfreien A-Moduln. Dann ist auch $\varinjlim G_\alpha$ torsionsfrei.*

Beweis: Nach § 1 gilt $a[g_\alpha] = [ag_\alpha]$. Ist $a[g_\alpha] = 0$, so gibt es ein $\beta \geq \alpha$ mit $ar_\alpha^\beta(g_\alpha)$ $= r_\alpha^\beta(ag_\alpha) = 0$. Da G_β nach Voraussetzung torsionsfrei ist, folgt $a = 0$ oder $r_\alpha^\beta(g_\alpha) = 0$, d. h. $[g_\alpha] = 0$.

Den Beweis des folgenden Hilfssatzes führen wir nicht aus, sondern verweisen auf Bücher über Algebra.

Hilfssatz 25.3. *A sei ein Hauptidealring und*

$$\cdots \longrightarrow G^{q-1} \xrightarrow{h^{q-1}} G^q \xrightarrow{h^q} G^{q+1} \longrightarrow \cdots$$

eine exakte Sequenz von torsionsfreien A-Moduln. Dann ist auch die Sequenz

$$\cdots \longrightarrow G^{q-1} \underset{A}{\otimes} H \xrightarrow{h^{q-1} \otimes \mathrm{id}} G^q \underset{A}{\otimes} H \xrightarrow{h^q \otimes \mathrm{id}} G^{q+1} \underset{A}{\otimes} H \longrightarrow \cdots$$

für jeden A-Modul H exakt.

Definition 25.4. *Eine Garbe $\mathscr{G}$ von A-Moduln heißt* torsionsfrei, *wenn jeder Halm von $\mathscr{G}$ ein torsionsfreier A-Modul ist.*

Beispiele. $A^n(U;Z)$ sei die in Beispiel 6.4 eingeführte abelsche Gruppe der Abbildungen $f: U^{n+1} \to Z$. $A^n(U;Z)$ ist offensichtlich torsionsfrei. Nach Hilfssatz 25.2 ist dann auch die Garbe $\mathscr{A}^n(X;Z)$ torsionsfrei. Ähnlich zeigt man die Torsionsfreiheit der Garben $\mathscr{S}^n(X;Z)$ und $\mathscr{A}^p$ (vgl. Beispiele 6.5 und 6.6).

Aus Hilfssatz 25.3 folgt unmittelbar

Hilfssatz 25.5. *A sei ein Hauptidealring und*

$$\cdots \longrightarrow \mathscr{G}^{q-1} \xrightarrow{h^{q-1}} \mathscr{G}^q \xrightarrow{h^q} \mathscr{G}^{q+1} \longrightarrow \cdots$$

eine exakte Sequenz von torsionsfreien Garben von A-Moduln über X. Dann ist auch die Sequenz

$$\cdots \longrightarrow \mathscr{G}^{q-1} \underset{A}{\otimes} \mathscr{H} \xrightarrow{h^{q-1} \otimes \mathrm{id}} \mathscr{G}^q \underset{A}{\otimes} \mathscr{H} \xrightarrow{h^q \otimes \mathrm{id}} \mathscr{G}^{q+1} \underset{A}{\otimes} \mathscr{H} \longrightarrow \cdots$$

für jede Garbe $\mathscr{H}$ von A-Moduln über X exakt.

X sei wieder ein topologischer Raum, ϕ eine Trägerfamilie auf X und $\mathscr{G}$ eine Garbe abelscher Gruppen über X. Aus der Auflösung

$$0 \longrightarrow \mathscr{Z} \longrightarrow \mathscr{A}^0(X;\mathbf{Z}) \longrightarrow \mathscr{A}^1(X;\mathbf{Z}) \longrightarrow \cdots$$

(vgl. Beispiel 6.4) erhält man durch Tensorierung mit $\mathscr{G}$ den Komplex

$$0 \longrightarrow \mathscr{A}^0(X;\mathbf{Z}) \otimes \mathscr{G} \longrightarrow \mathscr{A}^1(X;\mathbf{Z}) \otimes \mathscr{G} \longrightarrow \cdots,$$

der den Kokettenkomplex $\Gamma_\phi(\mathscr{A}^*(X;\mathbf{Z}) \otimes \mathscr{G})$

$$0 \longrightarrow \Gamma_\phi(\mathscr{A}^0(X;\mathbf{Z}) \otimes \mathscr{G}) \longrightarrow \Gamma_\phi(\mathscr{A}^1(X;\mathbf{Z}) \otimes \mathscr{G}) \longrightarrow \cdots$$

liefert.

$$_A H^q_\phi(X;\mathscr{G}) = H^q(\Gamma_\phi(\mathscr{A}^*(X;\mathbf{Z}) \otimes \mathscr{G}))$$

heißt q-te Alexander-Spaniersche Kohomologiegruppe von X mit Koeffizienten in $\mathscr{G}$ und Trägern in ϕ.

Satz 25.6. *Ist ϕ eine parakompaktifizierende Trägerfamilie auf X, so gilt für jede Garbe $\mathscr{G}$ abelscher Gruppen über X:*

$$_A H^q_\phi(X;\mathscr{G}) \cong H^q_\phi(X;\mathscr{G}).$$

Beweis: Wegen der Torsionsfreiheit der Garben $\mathscr{A}^q(X;\mathbf{Z})$ ist

$$0 \longrightarrow \mathscr{G} \longrightarrow \mathscr{A}^0(X;\mathbf{Z}) \otimes \mathscr{G} \longrightarrow \mathscr{A}^1(X;\mathbf{Z}) \otimes \mathscr{G} \longrightarrow \cdots$$

nach Hilfssatz 25.5 eine Auflösung von $\mathscr{G}$. Mit $\mathscr{A}^q(X;\mathbf{Z})$ ist wegen Satz 14.7 auch $\mathscr{A}^q(X;\mathbf{Z}) \otimes \mathscr{G}$ eine ϕ-feine Garbe. Die Behauptung folgt dann aus Satz 18.10.

X sei nun eine differenzierbare Mannigfaltigkeit und $\mathscr{G}$ eine Garbe von R-Moduln über X. Aus der Auflösung

$$0 \longrightarrow \mathscr{R} \longrightarrow \mathscr{A}^0 \longrightarrow \mathscr{A}^1 \longrightarrow \mathscr{A}^2 \longrightarrow \cdots$$

(vgl. Beispiel 6.6) gewinnt man durch Tensorierung mit $\mathscr{G}$ den Komplex

$$0 \longrightarrow \mathscr{A}^0 \underset{\mathscr{R}}{\otimes} \mathscr{G} \longrightarrow \mathscr{A}^1 \underset{\mathscr{R}}{\otimes} \mathscr{G} \longrightarrow \mathscr{A}^2 \underset{\mathscr{R}}{\otimes} \mathscr{G} \longrightarrow \cdots,$$

der den Kokettenkomplex $\Gamma(\mathscr{A}^* \underset{\mathscr{R}}{\otimes} \mathscr{G})$

$$0 \longrightarrow \Gamma(\mathscr{A}^0 \underset{\mathscr{R}}{\otimes} \mathscr{G}) \longrightarrow \Gamma(\mathscr{A}^1 \underset{\mathscr{R}}{\otimes} \mathscr{G}) \longrightarrow \cdots$$

liefert.

$$_D H^q(X;\mathscr{G}) = H^q(\Gamma(\mathscr{A}^* \underset{\mathscr{R}}{\otimes} \mathscr{G}))$$

heißt dann q-te de Rhamsche Kohomologiegruppe von X mit Koeffizienten in $\mathscr{G}$.

Satz 25.7. *Für jede Garbe $\mathscr{G}$ von R-Moduln über X gilt*

$$_D H^q(X;\mathscr{G}) \cong H^q(X;\mathscr{G}).$$

Beweis: Wegen der Torsionsfreiheit der Garben $\mathscr{A}^q$ ist

$$0 \longrightarrow \mathscr{G} \longrightarrow \mathscr{A}^0 \underset{\mathscr{R}}{\otimes} \mathscr{G} \longrightarrow \mathscr{A}^1 \underset{\mathscr{R}}{\otimes} \mathscr{G} \longrightarrow \cdots$$

nach Hilfssatz 25.5 eine Auflösung von $\mathscr{G}$. Da $\mathscr{A}^q \underset{\mathscr{R}}{\otimes} \mathscr{G}$ eine $\mathscr{A}^0$-Garbe und $\mathscr{A}^0$ weich ist (vgl. Beispiel 15.10), ist $\mathscr{A}^q \underset{\mathscr{R}}{\otimes} \mathscr{G}$ nach Satz 13.15 eine weiche Garbe. Die Behauptung folgt wiederum aus Satz 18.10.

Zum Schluß behandeln wir der Vollständigkeit halber noch die singulären Kohomologiegruppen mit Koeffizienten in einer Garbe, ohne auf nähere Einzelheiten einzugehen. Unter Benutzung der Korandoperatoren der klassischen singulären Kohomologietheorie definiert man den Komplex

$$0 \longrightarrow \mathscr{Z} \longrightarrow \mathscr{S}^0(X;\mathbf{Z}) \longrightarrow \mathscr{S}^1(X;\mathbf{Z}) \longrightarrow \cdots . \tag{25.1}$$

(25.1) ist genau dann exakt, wenn X homologisch lokal zusammenhängend (HLC) ist (X heißt homologisch lokal zusammenhängend, wenn für jedes $x \in X$ und jede Umgebung U von x eine von q abhängige Umgebung V von x mit $V \subset U$ existiert, so daß $\tilde{H}_q(V) \to \tilde{H}_q(U)$ trivial ist; dabei sei $\tilde{H}_q(U)$ die q-te reduzierte singuläre Homologiegruppe von U mit Koeffizienten in $\mathbf{Z}$).

X sei ein topologischer Raum, ϕ eine Trägerfamilie auf X und $\mathscr{G}$ eine Garbe abelscher Gruppen über X. Aus (25.1) erhält man durch Tensorierung mit $\mathscr{G}$ den Komplex

$$0 \longrightarrow \mathscr{S}^0(X;\mathbf{Z}) \otimes \mathscr{G} \longrightarrow \mathscr{S}^1(X;\mathbf{Z}) \otimes \mathscr{G} \longrightarrow \cdots ,$$

der den Kokettenkomplex $\Gamma_\phi(\mathscr{S}^*(X;\mathbf{Z}) \otimes \mathscr{G})$ liefert.

$$_sH^q_\phi(X;\mathscr{G}) = H^q(\Gamma_\phi(\mathscr{S}^*(X;\mathbf{Z}) \otimes \mathscr{G}))$$

heißt q-te **singuläre Kohomologiegruppe von** X **mit Koeffizienten in** $\mathscr{G}$ **und Trägern in** ϕ. Wie oben zeigt man dann, daß $_sH^q_\phi(X;\mathscr{G}) \cong H^q_\phi(X;\mathscr{G})$, falls X HLC und ϕ parakompaktifizierend ist.

Aufgaben zu Kapitel III

1. Die Beziehung „kokettenhomotop" ist eine Äquivalenzrelation.

2. $\{G'_\alpha, r'^\beta_\alpha\}, \{G_\alpha, r^\beta_\alpha\}, \{G''_\alpha, r''^\beta_\alpha\}$ seien direkte Systeme von abelschen Gruppen über M, $\{u_\alpha\}$ sei ein direktes System von Homomorphismen von $\{G'_\alpha, r'^\beta_\alpha\}$ in $\{G_\alpha, r^\beta_\alpha\}$ und $\{v_\alpha\}$ ein direktes System von Homomorphismen von $\{G_\alpha, r^\beta_\alpha\}$ in $\{G''_\alpha, r''^\beta_\alpha\}$ mit $v_\alpha u_\alpha = 0$ für alle $\alpha \in M$. Setzt man $u = \varinjlim u_\alpha$ und $v = \varinjlim v_\alpha$, so gilt

$$\text{Kern } v/\text{Bild } u \cong \varinjlim (\text{Kern } v_\alpha/\text{Bild } u_\alpha).$$

3. $\mathscr{G}$ sei eine $\mathscr{A}$-Garbe über X. Dann ist auch $\mathscr{C}^q(X;\mathscr{G})$ eine $\mathscr{A}$-Garbe und $\delta^q : \mathscr{C}^q(X;\mathscr{G}) \to \mathscr{C}^{q+1}(X;\mathscr{G})$ ein $\mathscr{A}$-Homomorphismus.

4. $\mathscr{G}$ und $\mathscr{H}$ seien Garben abelscher Gruppen über X. Dann ist $\mathscr{C}^*(X;\mathscr{G}) \otimes \mathscr{C}^*(X;\mathscr{H})$ eine Auflösung von $\mathscr{G} \otimes \mathscr{H}$.

5. $\mathscr{G}_1$ und $\mathscr{G}_2$ seien Garben abelscher Gruppen über X. Dann gilt für jede Trägerfamilie ϕ auf X: $H_\phi^q(X;\mathscr{G}_1 \oplus \mathscr{G}_2) \cong H_\phi^q(X;\mathscr{G}_1) \oplus H_\phi^q(X;\mathscr{G}_2)$.

6. X sei ein topologischer Raum, ϕ eine Trägerfamilie auf X, und $\mathscr{L}^*$, $\mathscr{M}^*$, $\mathscr{N}^*$ seien Auflösungen der Garben $\mathscr{G}'$, $\mathscr{G}$, $\mathscr{G}''$ über X. Weiter habe man das kommutative Diagramm

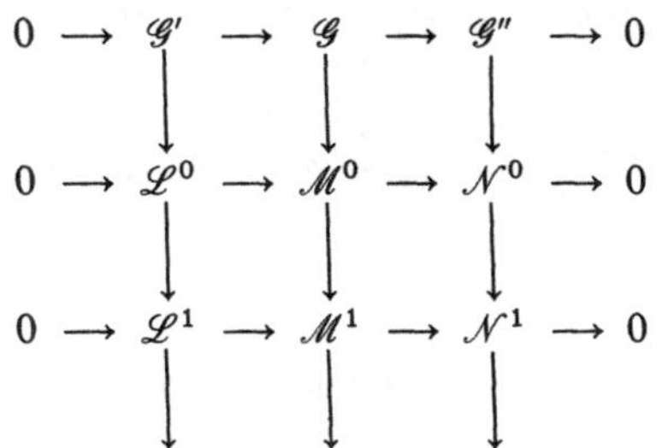

mit exakten Zeilen. Ist die Sequenz

$$0 \longrightarrow \Gamma_\phi(\mathscr{L}^*) \longrightarrow \Gamma_\phi(\mathscr{M}^*) \longrightarrow \Gamma_\phi(\mathscr{N}^*) \longrightarrow 0$$

exakt, so sind die Diagramme

$$
\begin{array}{ccc}
H^q(\Gamma_\phi(\mathscr{N}^*)) & \xrightarrow{\ \lambda^q\ } & H_\phi^q(X;\mathscr{G}'') \\
\Big\downarrow{\scriptstyle \delta^q} & & \Big\downarrow{\scriptstyle \delta^q} \\
H^{q+1}(\Gamma_\phi(\mathscr{L}^*)) & \xrightarrow[\ \lambda^{q+1}\ ]{} & H_\phi^{q+1}(X;\mathscr{G}')
\end{array}
$$

für alle $q \geqq 0$ kommutativ.

7. Wendet man Satz 18.10 auf die kanonische welke Auflösung $0 \to \mathscr{G} \to \mathscr{C}^0(X;\mathscr{G}) \to \mathscr{C}^1(X;\mathscr{G}) \to \cdots$ von $\mathscr{G}$ an, so erhält man einen Isomorphismus $\lambda^q : H_\phi^q(X;\mathscr{G}) \to H_\phi^q(X;\mathscr{G})$. Man zeige, daß λ^q die Identität ist.

8. Sind $f_1, f_2 : C \to C'$ bzw. $g_1, g_2 : D \to D'$ kokettenhomotop, so sind $f_1 \otimes g_1$ und $f_2 \otimes g_2$ kokettenhomotop.

9. Identifiziert man $\mathscr{G} \otimes \mathscr{H}$ und $\mathscr{H} \otimes \mathscr{G}$, so gilt für $a \in H_\phi^p(X;\mathscr{G})$ und $b \in H_\psi^q(X;\mathscr{H})$

$$a \cup b = (-1)^{pq} b \cup a.$$

Außerdem ist das cup-Produkt assoziativ.

10. Man zeige, daß das Diagramm (21.2) kommutativ ist.

11. Die Homomorphismen $f^{*q} : H_\psi^q(Y;\mathscr{G}) \to H_\phi^q(X;f^*(\mathscr{G}))$ sind mit dem cup-Produkt verträglich.

12. Die Isomorphismen $H_\phi^q(X;\mathscr{G}^X) \cong H_{\phi|A}^q(A;\mathscr{G})$ (vgl. Satz 22.2) sind mit dem cup-Produkt verträglich.

13. Ist $\mathscr{G}$ eine Garbe abelscher Gruppen über dem metrisierbaren Raum X, so gilt für jeden Teilraum A von X: $\varinjlim H^q(U;\mathscr{G}|U) \cong H^q(A;\mathscr{G}|A)$.

14. Ist $\mathscr{G}$ eine Garbe abelscher Gruppen über X und $A \subset X$, so ist $\mathscr{C}^q(X,A;\mathscr{G})$ eine $\mathscr{C}^0(X;\mathbf{Z})$-Garbe.

15. Es sei $A \subset X$, ϕ eine Trägerfamilie auf X und $0 \to \mathscr{G}' \to \mathscr{G} \to \mathscr{G}'' \to 0$ eine exakte Sequenz von Garben abelscher Gruppen über X. Dann ist das Diagramm

$$\begin{array}{ccccccc}
& \vdots & & \vdots & & \vdots & \\
& \downarrow & & \downarrow & & \downarrow & \\
\cdots \longrightarrow & H^q_\phi(X,A;\mathscr{G}') & \longrightarrow & H^q_\phi(X;\mathscr{G}') & \longrightarrow & H^q_{\phi|A}(A;\mathscr{G}'|A) & \longrightarrow \cdots \\
& \downarrow & & \downarrow & & \downarrow & \\
\cdots \longrightarrow & H^q_\phi(X,A;\mathscr{G}) & \longrightarrow & H^q_\phi(X;\mathscr{G}) & \longrightarrow & H^q_{\phi|A}(A;\mathscr{G}|A) & \longrightarrow \cdots \\
& \downarrow & & \downarrow & & \downarrow & \\
\cdots \longrightarrow & H^q_\phi(X,A;\mathscr{G}'') & \longrightarrow & H^q_\phi(X;\mathscr{G}'') & \longrightarrow & H^q_{\phi|A}(A;\mathscr{G}''|A) & \longrightarrow \cdots \\
& \downarrow & & \downarrow & & \downarrow & \\
& \vdots & & \vdots & & \vdots &
\end{array}$$

kommutativ.

16. Es sei $B \subset A \subset X$, ϕ eine Trägerfamilie auf X und $\mathscr{G}$ eine Garbe abelscher Gruppen über X. Dann hat man eine exakte Sequenz

$$\cdots \longrightarrow H^q_\phi(X,A;\mathscr{G}) \longrightarrow H^q_\phi(X,B;\mathscr{G}) \longrightarrow H^q_{\phi \cap A}(A,B;\mathscr{G}|A) \longrightarrow \cdots.$$

17. Ist ϕ eine Trägerfamilie auf X, $U \subset X$ offen und $\mathscr{G}$ eine Garbe abelscher Gruppen über X, so gilt $H^q_\phi(X,U;\mathscr{G}) \cong H^q_{\phi|X-U}(X;\mathscr{G})$.

18. Ist $V \subset X$ offen, $A \subset X$ abgeschlossen und $A \subset V$, so gilt für jede Garbe $\mathscr{G}$ über X und jede Trägerfamilie ϕ

$$H^q_\phi(X,V;\mathscr{G}) \cong H^q_{\phi|X-A}(X-A,V-A;\mathscr{G}|X-A).$$

19. Eine Garbe abelscher Gruppen über X ist genau dann welk, wenn sie für jede Trägerfamilie ϕ auf X ϕ-azyklisch ist.

20. X sei ein metrisierbarer Raum. Aus $\dim X \leq n$ folgt $\dim A \leq n$ für jeden Teilraum A von X.

21. $A \subset X$ sei abgeschlossen und ϕ eine Trägerfamilie auf X. Dann gilt $\dim_{\phi|A} A \leq \dim_\phi X$.

22. Jede Mannigfaltigkeit ist homologisch lokal zusammenhängend.

23. X sei eine komplexe Mannigfaltigkeit und Ω^p die Garbe der holomorphen p-Formen auf X. Dann gilt

$$H^q(X;\Omega^p) \cong H^q(\Gamma(\mathscr{A}^{p,*}))$$

(vgl. Beispiel 6.7).

IV Kohärente Garben

§ 26 Kohärente Garben

$\mathscr{G}$ bezeichne in diesem Paragraphen stets eine $\mathscr{A}$-Garbe über dem topologischen Raum X.

Definition 26.1. *Man sagt, die Schnitte $\sigma_1, \ldots, \sigma_p \in \Gamma(U,\mathscr{G})$ ($U \subset X$ offen) erzeugen $\mathscr{G}|U$, wenn sich jedes $g_x \in \mathscr{G}_x$ ($x \in U$) in der Form $g_x = \sum_{i=1}^{p} a_x^i \sigma_i(x)$ ($a_x^i \in \mathscr{A}_x$) darstellen läßt.*

Hilfssatz 26.2. *$\mathscr{G}\,|\,U$ wird genau dann von endlich vielen Schnitten $\sigma_1, \ldots, \sigma_p \in \Gamma(U, \mathscr{G})$ erzeugt, wenn ein Epimorphismus $\varphi : \mathscr{A}^p\,|\,U \to \mathscr{G}\,|\,U$ existiert.*

Beweis: Wird $\mathscr{G}\,|\,U$ von den Schnitten $\sigma_1, \ldots, \sigma_p \in \Gamma(U, \mathscr{G})$ erzeugt, so definieren wir $\varphi : \mathscr{A}^p\,|\,U \to \mathscr{G}\,|\,U$ durch

$$\varphi(a_x^1, \ldots, a_x^p) = \sum_{i=1}^{p} a_x^i \sigma_i(x) \qquad (x \in U).$$

Ist umgekehrt $\varphi : \mathscr{A}^p\,|\,U \to \mathscr{G}\,|\,U$ ein Epimorphismus, so sei $\sigma_i \in \Gamma(U, \mathscr{G})$ $(1 \leqq i \leqq p)$ der Schnitt

$$\sigma_i(x) = \varphi(0, \ldots, 1_x^i, \ldots, 0) \qquad (x \in U).$$

Da wir φ als epimorph vorausgesetzt haben, gilt für jedes $g_x \in \mathscr{G}_x$

$$g_x = \varphi(a_x^1, \ldots, a_x^p) = \sum_{i=1}^{p} a_x^i \varphi(0, \ldots, 1_x^i, \ldots, 0) = \sum_{i=1}^{p} a_x^i \sigma_i(x).$$

Definition 26.3. *Sind $\sigma_1, \ldots, \sigma_p \in \Gamma(U, \mathscr{G})$, so sei $\varphi : \mathscr{A}^p\,|\,U \to \mathscr{G}\,|\,U$ der durch $\varphi(a_x^1, \ldots, a_x^p)$*

$$= \sum_{i=1}^{p} a_x^i \sigma_i(x) \text{ definierte Homomorphismus. Kern } \varphi \text{ ist eine } \mathscr{A}\text{-Untergarbe } \mathscr{R}(\sigma_1, \ldots, \sigma_p)$$

von $\mathscr{A}^p\,|\,U$, die als Relationengarbe zwischen den Schnitten $\sigma_1, \ldots, \sigma_p$ bezeichnet wird.

Ist $\varphi : \mathscr{A}^p\,|\,U \to \mathscr{G}\,|\,U$ beliebig, so ist Kern φ die Relationengarbe zwischen den Schnitten $\sigma_1(x) = \varphi(1_x, 0, \ldots, 0), \ldots, \sigma_p(x) = \varphi(0, \ldots, 0, 1_x)$.

Definition 26.4. *Die $\mathscr{A}$-Garbe $\mathscr{G}$ über X heißt von endlichem Typ, wenn jeder Punkt $x \in X$ eine offene Umgebung U besitzt, so daß $\mathscr{G}\,|\,U$ von endlich vielen Schnitten aus $\Gamma(U, \mathscr{G})$ erzeugt wird.*

Satz 26.5. *$\mathscr{G}$ sei eine Garbe von endlichem Typ über X und U eine offene Umgebung von $x \in X$. Wird $\mathscr{G}_x$ von den Schnitten $\sigma_1, \ldots, \sigma_p \in \Gamma(U, \mathscr{G})$ erzeugt, dann gibt es eine offene Umgebung V von x, so daß $\mathscr{G}_y$ für alle $y \in V$ von $\sigma_1, \ldots, \sigma_p$ erzeugt wird.*

Beweis: Da $\mathscr{G}$ nach Voraussetzung von endlichem Typ ist, existiert eine offene Umgebung W_1 von x, so daß $\mathscr{G}\,|\,W_1$ von $t_1, \ldots, t_q \in \Gamma(W_1, \mathscr{G})$ erzeugt wird. Da $\sigma_1, \ldots, \sigma_p \in \Gamma(U, \mathscr{G})$ den Halm $\mathscr{G}_x$ erzeugen, gibt es eine offene Umgebung W_2 von x und Schnitte $\tau_{ij} \in \Gamma(W_2, \mathscr{A})$ mit

$$t_j(x) = \sum_{i=1}^{p} \tau_{ij}(x)\sigma_i(x) \qquad (j = 1, \ldots, q).$$

Nach Satz 2.13 existiert dann eine offene Umgebung V von x mit $V \subset U \cap W_1 \cap W_2$, so daß

$$t_j(y) = \sum_{i=1}^{p} \tau_{ij}(y)\sigma_i(y)$$

für alle $y \in V$. Hieraus ergibt sich dann die Behauptung.

Definition 26.6. *Eine $\mathscr{A}$-Garbe $\mathscr{G}$ über X heißt* kohärent, *wenn gilt:*

a) *$\mathscr{G}$ ist von endlichem Typ über X.*

b) *Sind $\sigma_1, \ldots, \sigma_p \in \Gamma(U, \mathscr{G})$, so ist die Relationengarbe $\mathscr{R}(\sigma_1, \ldots, \sigma_p)$ von endlichem Typ über U.*

Ist $\mathscr{G}$ kohärent und $U \subset X$ offen, so ist auch $\mathscr{G}|U$ kohärent. Die Kohärenz ist eine lokale Eigenschaft, d. h. besitzt jeder Punkt $x \in X$ eine offene Umgebung U, so daß $\mathscr{G}|U$ kohärent ist, dann ist auch $\mathscr{G}$ kohärent.

Satz 26.7. *Ist $\mathscr{G}$ kohärent, dann besitzt jeder Punkt $x \in X$ eine offene Umgebung U, so daß eine exakte Sequenz $\mathscr{A}^q|U \to \mathscr{A}^p|U \to \mathscr{G}|U \to 0$ besteht.*

Beweis: Da $\mathscr{G}$ nach Voraussetzung von endlichem Typ ist, existiert eine offene Umgebung V von x, so daß $\mathscr{G}|V$ von geeigneten Schnitten $\sigma_1, \ldots, \sigma_p \in \Gamma(V, \mathscr{G})$ erzeugt wird. $\varphi : \mathscr{A}^p|V \to \mathscr{G}|V$ sei der durch $\sigma_1, \ldots, \sigma_p$ definierte Epimorphismus (vgl. Hilfssatz 26.2). Weiter ist $\mathscr{R}(\sigma_1, \ldots, \sigma_p) = \mathrm{Kern}\,\varphi$ von endlichem Typ über V, also gibt es für eine geeignete offene Umgebung U von x mit $U \subset V$ einen Epimorphismus

$$\bar{\varphi} : \mathscr{A}^q|U \longrightarrow \mathscr{R}(\sigma_1, \ldots, \sigma_p)|U \,.$$

Bezeichnet ψ die zusammengesetzte Abbildung $\mathscr{A}^q|U \xrightarrow{\bar{\varphi}} \mathscr{R}(\sigma_1, \ldots, \sigma_p)|U \to \mathscr{A}^p|U$, so ist die Sequenz

$$\mathscr{A}^q|U \xrightarrow{\ \psi\ } \mathscr{A}^p|U \xrightarrow{\ \varphi\ } \mathscr{G}|U \longrightarrow 0$$

exakt.

Der Beweis des folgenden Satzes ist trivial.

Satz 26.8. *Jede Untergarbe von endlichem Typ einer kohärenten Garbe ist kohärent.*

Hilfssatz 26.9. *Ist $h : \mathscr{G} \to \mathscr{G}''$ ein Epimorphismus, $\varphi : \mathscr{A}^p|U \to \mathscr{G}''|U$ ein Homomorphismus und $x \in U$ ($U \subset X$ offen), so existiert eine offene Menge V mit $x \in V \subset U$ und ein Homomorphismus $\psi : \mathscr{A}^p|V \to \mathscr{G}|V$, so daß das Diagramm*

$$
\begin{array}{ccc}
\mathscr{A}^p|V & \xrightarrow{\ \psi\ } & \mathscr{G}|V \\
{\scriptstyle \varphi}\searrow & & \swarrow{\scriptstyle h} \\
& \mathscr{G}''|V &
\end{array}
$$

kommutativ ist.

Beweis: $\sigma_i'' \in \Gamma(U, \mathscr{G}'')\,(i = 1, \ldots, p)$ sei der Schnitt

$$\sigma_i''(y) = \varphi(0, \ldots, 1_y^i, \ldots, 0) \qquad (y \in U)\,.$$

Nach Hilfssatz 3.4 gibt es zu $x \in U$ ein offenes V_i mit $x \in V_i \subset U$ und einen Schnitt $\sigma_i \in \Gamma(V_i, \mathscr{G})$, so daß $h\sigma_i = \sigma_i''|V_i$. Wir setzen $V = \bigcap_{i=1}^{p} V_i$ und definieren $\psi : \mathscr{A}^p|V \to \mathscr{G}|V$ durch

$$\psi(a_y^1, \ldots, a_y^p) = \sum_{i=1}^{p} a_y^i \sigma_i(y) \qquad (y \in V).$$

Dann gilt

$$h\psi(a_y^1, \ldots, a_y^p) = h\left(\sum_{i=1}^{p} a_y^i \sigma_i(y) \right) = \sum_{i=1}^{p} a_y^i h\sigma_i(y) = \sum_{i=1}^{p} a_y^i \sigma_i''(y)$$

$$= \sum_{i=1}^{p} a_y^i \varphi(0, \ldots, 1_y^i, \ldots, 0) = \varphi(a_y^1, \ldots, a_y^p).$$

Satz 26.10. $0 \to \mathscr{G}' \overset{h'}{\to} \mathscr{G} \overset{h}{\to} \mathscr{G}'' \to 0$ *sei eine exakte Sequenz von $\mathscr{A}$-Garben. Sind $\mathscr{G}'$ und $\mathscr{G}$ kohärent, so ist auch $\mathscr{G}''$ kohärent.*

Beweis: 1) $\mathscr{G}''$ ist von endlichem Typ: Da $\mathscr{G}$ von endlichem Typ ist, gibt es zu $x \in X$ einen Epimorphismus $\varphi: \mathscr{A}^p | U \to \mathscr{G} | U$ (U eine offene Umgebung von x). Dann ist auch $h\varphi: \mathscr{A}^p | U \to \mathscr{G}'' | U$ ein Epimorphismus.

2) $\mathscr{G}''$ genügt der Bedingung b): Wir haben zu zeigen, daß für jeden Homomorphismus $\varphi: \mathscr{A}^p | U \to \mathscr{G}'' | U$ ($U \subset X$ offen) Kern φ von endlichem Typ über U ist. Nach Hilfssatz 26.9 existiert zu $x \in U$ eine offene Menge V mit $x \in V \subset U$ und ein Homomorphismus $\psi: \mathscr{A}^p | V \to \mathscr{G} | V$, so daß $h\psi = \varphi | (\mathscr{A}^p | V)$. Da $\mathscr{G}'$ von endlichem Typ ist, gibt es zu x eine offene Umgebung W mit $W \subset V$ und einen Epimorphismus $\tau: \mathscr{A}^q | W \to \mathscr{G}' | W$. $\varrho: \mathscr{A}^{p+q} | W \to \mathscr{G} | W$ sei dann der Homomorphismus

$$\varrho(a_y^1, \ldots, a_y^{p+q}) = \psi(a_y^1, \ldots, a_y^p) + h'\tau(a_y^{p+1}, \ldots, a_y^{p+q}) \qquad (y \in W).$$

In dem Diagramm

$$
\begin{array}{ccccc}
\mathscr{A}^q | W & \overset{\pi_1}{\longleftarrow} & \mathscr{A}^{p+q} | W & \overset{\pi_2}{\longrightarrow} & \mathscr{A}^p | W \\
\tau \downarrow & & \varrho \downarrow \quad \psi \swarrow & & \downarrow \varphi \\
\mathscr{G}' | W & \underset{h'}{\longrightarrow} & \mathscr{G} | W & \underset{h}{\longrightarrow} & \mathscr{G}'' | W
\end{array}
\qquad (26.1)
$$

ist die rechte Zelle kommutativ:

$$h\varrho(a_y^1, \ldots, a_y^{p+q}) = h\psi(a_y^1, \ldots, a_y^p) = \varphi(a_y^1, \ldots, a_y^p) = \varphi\pi_2(a_y^1, \ldots, a_y^{p+q}).$$

Daher bildet π_2 Kern ϱ in Kern $\varphi | W$ ab. $\pi_2 |$ Kern ϱ: Kern $\varrho \to$ Kern $\varphi | W$ ist sogar surjektiv: Ist $a \in$ Kern $\varphi | W$, so gilt $h\psi(a) = \varphi(a) = 0$, also gibt es ein $b \in \mathscr{G}' | W$ mit $h'(b) = \psi(a)$. Weiter existiert ein $c \in \mathscr{A}^q | W$ mit $\tau(c) = b$, da τ ein Epimorphismus ist. Dann gilt

$$\varrho(a, -c) = \psi(a) - h'\tau(c) = \psi(a) - h'(b) = 0$$

und $\pi_2(a, -c) = a$, d.h. π_2: Kern $\varrho \to$ Kern $\varphi | W$ ist surjektiv. Da $\mathscr{G}$ der Bedingung b) genügt, ist Kern ϱ von endlichem Typ über W. $\pi_2 |$ Kern ϱ ist, wie wir eben gesehen haben, surjektiv, also ist auch Kern $\varphi | W$ von endlichem Typ. Hieraus ergibt sich schließlich die Behauptung.

Satz 26.11. $0 \to \mathcal{G}' \xrightarrow{h'} \mathcal{G} \xrightarrow{h} \mathcal{G}'' \to 0$ *sei eine exakte Sequenz von* $\mathcal{A}$*-Garben. Sind* $\mathcal{G}'$ *und* $\mathcal{G}''$ *kohärent, so ist auch* $\mathcal{G}$ *kohärent.*

Beweis: 1) $\mathcal{G}$ ist von endlichem Typ: Da $\mathcal{G}''$ von endlichem Typ ist, gibt es zu $x \in X$ einen Epimorphismus $\varphi : \mathcal{A}^p | U \to \mathcal{G}'' | U$ (U eine offene Umgebung von x). Nach Hilfssatz 26.9 existiert zu $x \in U$ eine offene Menge V mit $x \in V \subset U$ und ein Homo-. morphismus $\psi : \mathcal{A}^p | V \to \mathcal{G} | V$, so daß $h\psi = \varphi | (\mathcal{A}^p | V)$. Da $\mathcal{G}'$ von endlichem Typ ist, gibt es zu x eine offene Umgebung W mit $W \subset V$ und einen Epimorphismus $\tau : \mathcal{A}^q | W \to \mathcal{G}' | W$. $\varrho : \mathcal{A}^{p+q} | W \to \mathcal{G} | W$ werde dann wie im Beweis von Satz 26.10 definiert. Ist $g \in \mathcal{G} | W$, so gibt es ein $a \in \mathcal{A}^p | W$ mit $h(g) = \varphi(a)$, da φ surjektiv ist (vgl. (26.1)). Wegen $h\psi(a) = \varphi(a)$ gilt $h(g - \psi(a)) = 0$, also existiert ein $b \in \mathcal{G}' | W$ mit $h'(b) = g - \psi(a)$. Weiter gibt es ein $c \in \mathcal{A}^q | W$, so daß $\tau(c) = b$. Dann gilt

$$\varrho(a, c) = \psi(a) + h'\tau(c) = \psi(a) + h'(b) = \psi(a) + g - \psi(a) = g,$$

also ist ϱ surjektiv.

2) $\mathcal{G}$ genügt der Bedingung b): Wir haben zu zeigen, daß für jeden Homomorphismus $\varphi : \mathcal{A}^p | U \to \mathcal{G} | U$ ($U \subset X$ offen) Kern φ von endlichem Typ ist. Dazu betrachten wir zunächst den Homomorphismus $h\varphi : \mathcal{A}^p | U \to \mathcal{G}'' | U$. Da $\mathcal{G}''$ der Bedingung b) genügt, ist Kern $h\varphi$ von endlichem Typ über U, d.h. zu $x \in U$ gibt es ein offenes V mit $x \in V \subset U$ und einen Epimorphismus

$$\omega : \mathcal{A}^q | V \to \text{Kern } h\varphi | V.$$

ψ sei der zusammengesetzte Homomorphismus $\mathcal{A}^q | V \xrightarrow{\omega} \text{Kern } h\varphi | V \to \mathcal{A}^p | V$, also hat man

$$\text{Bild } \psi = \text{Kern } h\varphi | V. \tag{26.2}$$

Daher ist Bild $\varphi\psi \subset \text{Kern } h | V = \text{Bild } h' | V$. $\varrho : \mathcal{A}^q | V \to \mathcal{G}' | V$ bezeichne den Homomorphismus $\varrho = h'^{-1}\varphi\psi$. Da $\mathcal{G}'$ der Bedingung b) genügt, ist Kern ϱ von endlichem Typ über V, d.h. zu $x \in V$ existiert ein offenes W mit $x \in W \subset V$ und ein Epimorphismus

$$\lambda : \mathcal{A}^s | W \longrightarrow \text{Kern } \varrho | W.$$

τ sei dann der zusammengesetzte Homomorphismus $\mathcal{A}^s | W \xrightarrow{\lambda} \text{Kern } \varrho | W \to \mathcal{A}^q | W$, also gilt

$$\text{Bild } \tau = \text{Kern } \varrho | W. \tag{26.3}$$

Aus dem kommutativen Diagramm

$$
\begin{array}{ccccc}
\mathcal{A}^s | W & \xrightarrow{\tau} & \mathcal{A}^q | W & \xrightarrow{\psi} & \mathcal{A}^p | W \\
& & \downarrow{\varrho} & & \downarrow{\varphi} \\
& & \mathcal{G}' | W & \xrightarrow{h'} \mathcal{G} | W \xrightarrow{h} & \mathcal{G}'' | W
\end{array}
$$

ergibt sich wegen (26.3) $\varphi\psi\tau = h'\varrho\tau = 0$, d.h.

$$\text{Bild } \psi\tau \subset \text{Kern } \varphi | W. \tag{26.4}$$

Ist $b \in \operatorname{Kern} \varphi \,|\, W$, so folgt wegen (26.2) $b \in \operatorname{Kern} h\varphi \,|\, W = \operatorname{Bild} \psi \,|\, W$, also gibt es ein $c \in \mathscr{A}^q \,|\, W$ mit $b = \psi(c)$. Wegen

$$\varrho(c) = h'^{-1}\varphi\psi(c) = h'^{-1}\varphi(b) = 0$$

ist nach (26.3) $c \in \operatorname{Kern} \varrho \,|\, W = \operatorname{Bild} \tau$, also gilt $c = \tau(a)$ für ein geeignetes $a \in \mathscr{A}^s \,|\, W$. Dann ist $\psi\tau(a) = \psi(c) = b$, d. h.

$$\operatorname{Kern} \varphi \,|\, W \subset \operatorname{Bild} \psi\tau.$$

Wegen (26.4) gilt somit $\operatorname{Kern} \varphi \,|\, W = \operatorname{Bild} \psi\tau$, d. h. man hat den Epimorphismus

$$\psi\tau : \mathscr{A}^s \,|\, W \longrightarrow \operatorname{Kern} \varphi \,|\, W.$$

Daher ist $\operatorname{Kern} \varphi$ von endlichem Typ über U.

Satz 26.12. $0 \to \mathscr{G}' \overset{h'}{\to} \mathscr{G} \overset{h}{\to} \mathscr{G}'' \to 0$ *sei eine exakte Sequenz von* $\mathscr{A}$*-Garben. Sind* $\mathscr{G}$ *und* $\mathscr{G}''$ *kohärent, so ist auch* $\mathscr{G}'$ *kohärent.*

Beweis: 1) $\mathscr{G}'$ ist von endlichem Typ: Da $\mathscr{G}$ von endlichem Typ ist, gibt es zu $x \in X$ einen Epimorphismus $\varphi : \mathscr{A}^p \,|\, U \to \mathscr{G} \,|\, U$ (U eine offene Umgebung von x). $\mathscr{G}''$ genügt der Bedingung b), also ist $\operatorname{Kern} h\varphi$ von endlichem Typ über U, d. h. zu $x \in U$ gibt es ein offenes V mit $x \in V \subset U$ und einen Epimorphismus

$$\omega : \mathscr{A}^q \,|\, V \longrightarrow \operatorname{Kern} h\varphi \,|\, V.$$

ψ sei dann der zusammengesetzte Homomorphismus $\mathscr{A}^q \,|\, V \overset{\omega}{\to} \operatorname{Kern} h\varphi \,|\, V \to \mathscr{A}^p \,|\, V$, also hat man

$$\operatorname{Bild} \psi = \operatorname{Kern} h\varphi \,|\, V.$$

Daher ist $\operatorname{Bild} \varphi\psi \subset \operatorname{Kern} h \,|\, V$. Da φ ein Epimorphismus ist, gibt es zu $b \in \operatorname{Kern} h \,|\, V$ ein $c \in \mathscr{A}^p \,|\, V$ mit $\varphi(c) = b$. Wegen $c \in \operatorname{Kern} h\varphi \,|\, V = \operatorname{Bild} \psi$ existiert weiter ein $a \in \mathscr{A}^q \,|\, V$, so daß $\psi(a) = c$. Aus $\varphi\psi(a) = \varphi(c) = b$ folgt dann $\operatorname{Kern} h \,|\, V \subset \operatorname{Bild} \varphi\psi$, also hat man insgesamt

$$\operatorname{Bild} \varphi\psi = \operatorname{Kern} h \,|\, V = \operatorname{Bild} h' \,|\, V. \tag{26.5}$$

$\tau : \mathscr{A}^q \,|\, V \to \mathscr{G}' \,|\, V$ bezeichne den zusammengesetzten Homomorphismus $\tau = h'^{-1}\varphi\psi$. Da τ nach (26.5) surjektiv ist, ist $\mathscr{G}'$ von endlichem Typ.

2) Nach Satz 26.8 genügt $\mathscr{G}'$ der Bedingung b).

Fassen wir die drei letzten Sätze zusammen, so erhalten wir

Satz 26.13. *Sind in der exakten Sequenz* $0 \to \mathscr{G}' \to \mathscr{G} \to \mathscr{G}'' \to 0$ *von* $\mathscr{A}$*-Garben zwei Garben kohärent, so ist auch die dritte Garbe kohärent.*

Aus diesem Satz ergibt sich dann

Satz 26.14. *Ist* $h : \mathscr{G} \to \mathscr{G}'$ *ein Homomorphismus zwischen den kohärenten* $\mathscr{A}$*-Garben* $\mathscr{G}$ *und* $\mathscr{G}'$*, so sind auch die Garben* $\operatorname{Kern} h$*,* $\operatorname{Bild} h$ *und* $\operatorname{Kokern} h$[1]*) kohärent.*

---

[1]) $\operatorname{Kokern} h = \mathscr{G}'/\operatorname{Bild} h$.

Beweis: Bild h ist von endlichem Typ, da $h: \mathscr{G} \to$ Bild h ein Epimorphismus ist. Die Kohärenz von Bild h ergibt sich dann aus Satz 26.8. Die beiden anderen Behauptungen folgen aus Satz 26.13, angewandt auf die exakten Sequenzen

$$0 \longrightarrow \mathrm{Kern}\, h \longrightarrow \mathscr{G} \xrightarrow{\ h\ } \mathrm{Bild}\, h \longrightarrow 0$$

$$0 \longrightarrow \mathrm{Bild}\, h \longrightarrow \mathscr{G}' \longrightarrow \mathrm{Kokern}\, h \longrightarrow 0.$$

Satz 26.15. $0 \to \mathscr{G}_0 \xrightarrow{h_0} \mathscr{G}_1 \xrightarrow{h_1} \mathscr{G}_2 \to \cdots$ *sei eine unendliche exakte Sequenz von $\mathscr{A}$-Garben, und die Garben $\mathscr{G}_{3\nu+1}, \mathscr{G}_{3\nu+2}$ ($\nu \geq 0$) seien kohärent. Dann sind auch die Garben $\mathscr{G}_{3\nu}(\nu \geq 0)$ kohärent.*

Beweis: 1) Aus $\mathscr{G}_0 \cong$ Bild $h_0 = $ Kern h_1 ergibt sich die Kohärenz von $\mathscr{G}_0$, da Kern h_1 nach Satz 26.14 kohärent ist.

2) In der exakten Sequenz

$$\mathscr{G}_{3\nu-2} \xrightarrow{\ h_{3\nu-2}\ } \mathscr{G}_{3\nu-1} \xrightarrow{\ h_{3\nu-1}\ } \mathscr{G}_{3\nu} \xrightarrow{\ h_{3\nu}\ } \mathscr{G}_{3\nu+1} \xrightarrow{\ h_{3\nu+1}\ } \mathscr{G}_{3\nu+2} \qquad (\nu \geq 1)$$

sind die vier äußeren Garben nach Voraussetzung kohärent. Nach Satz 26.14 sind dann auch die Garben Kern $h_{3\nu-1} = $ Bild $h_{3\nu-2}$ und Bild $h_{3\nu} = $ Kern $h_{3\nu+1}$ kohärent. Aus der exakten Sequenz

$$0 \longrightarrow \mathrm{Kern}\, h_{3\nu-1} \longrightarrow \mathscr{G}_{3\nu-1} \xrightarrow{\ h_{3\nu-1}\ } \mathrm{Bild}\, h_{3\nu-1} \longrightarrow 0$$

folgt nach Satz 26.13 die Kohärenz von Bild $h_{3\nu-1} = $ Kern $h_{3\nu}$. Weiter hat man die exakte Sequenz

$$0 \longrightarrow \mathrm{Kern}\, h_{3\nu} \longrightarrow \mathscr{G}_{3\nu} \xrightarrow{\ h_{3\nu}\ } \mathrm{Bild}\, h_{3\nu} \longrightarrow 0,$$

in der die beiden äußeren Garben kohärent sind. Hieraus folgt schließlich die Kohärenz von $\mathscr{G}_{3\nu}$.

§ 27 Permanenzeigenschaften

Satz 27.1. *Sind $\mathscr{G}_1$ und $\mathscr{G}_2$ kohärente $\mathscr{A}$-Garben über X, so ist auch $\mathscr{G}_1 \oplus \mathscr{G}_2$ kohärent.*

Beweis: Die Behauptung ergibt sich aus Satz 26.13, angewandt auf die exakte Sequenz

$$0 \longrightarrow \mathscr{G}_1 \longrightarrow \mathscr{G}_1 \oplus \mathscr{G}_2 \longrightarrow \mathscr{G}_2 \longrightarrow 0.$$

Satz 27.2. *Sind $\mathscr{G}$ und $\mathscr{H}$ kohärente $\mathscr{A}$-Garben über X, so ist auch $\mathscr{G} \underset{\mathscr{A}}{\otimes} \mathscr{H}$ kohärent.*

Beweis: Da $\mathscr{G}$ nach Voraussetzung kohärent ist, besitzt jeder Punkt $x \in X$ nach Satz 26.7 eine offene Umgebung U, so daß eine exakte Sequenz

$$\mathscr{A}^q | U \longrightarrow \mathscr{A}^p | U \longrightarrow \mathscr{G} | U \longrightarrow 0$$

besteht. Die tensorierte Sequenz

$$\mathscr{A}^q \underset{\mathscr{A}}{\otimes} \mathscr{H} \,|\, U \xrightarrow{\;h\;} \mathscr{A}^p \underset{\mathscr{A}}{\otimes} \mathscr{H} \,|\, U \longrightarrow \mathscr{G} \underset{\mathscr{A}}{\otimes} \mathscr{H} \,|\, U \longrightarrow 0$$

ist nach Satz 8.2 ebenfalls exakt, d. h. $\mathscr{G} \underset{\mathscr{A}}{\otimes} \mathscr{H} \,|\, U \cong \mathrm{Kokern}\, h$. Da $\mathscr{A}^q \underset{\mathscr{A}}{\otimes} \mathscr{H} \,|\, U$ $\cong \mathscr{H}^q \,|\, U$ und $\mathscr{A}^p \underset{\mathscr{A}}{\otimes} \mathscr{H} \,|\, U \cong \mathscr{H}^p \,|\, U$ nach dem letzten Satz kohärent sind, ist auch $\mathrm{Kokern}\, h$ kohärent. Hieraus ergibt sich dann die Behauptung.

Hilfssatz 27.3. *$\mathscr{G}$ und $\mathscr{H}$ seien $\mathscr{A}$-Garben über X und $\mathscr{G}$ sei von endlichem Typ. Sind $h, h' : \mathscr{G} \to \mathscr{H}$ Homomorphismen, so ist die Menge $U = \{x \in X : h \,|\, \mathscr{G}_x = h' \,|\, \mathscr{G}_x\}$ in X offen.*

Beweis: Sei $x_0 \in U$. Da $\mathscr{G}$ von endlichem Typ ist, gibt es einen Epimorphismus

$$\varphi : \mathscr{A}^p \,|\, V \longrightarrow \mathscr{G} \,|\, V$$

(V eine offene Umgebung von x_0). Sind $\sigma_i, \sigma_i' \in \Gamma(V, \mathscr{H})$ $(i = 1, \ldots, p)$ die Schnitte

$$\sigma_i(x) = h \varphi(0, \ldots, 1_x^i, \ldots, 0), \quad \sigma_i'(x) = h' \varphi(0, \ldots, 1_x^i, \ldots, 0) \qquad (x \in V),$$

so gilt offensichtlich $\sigma_i(x_0) = \sigma_i'(x_0)$. Nach Satz 2.13 existiert dann eine offene Umgebung W_i von x_0 mit $W_i \subset V$, so daß $\sigma_i \,|\, W_i = \sigma_i' \,|\, W_i$. Wir setzen $W = \bigcap\limits_{i=1}^{p} W_i$ und erhalten

$$h \varphi(a_x^1, \ldots, a_x^p) = h \left(\sum_{i=1}^{p} a_x^i \varphi(0, \ldots, 1_x^i, \ldots, 0) \right) = \sum_{i=1}^{p} a_x^i h \varphi(0, \ldots, 1_x^i, \ldots, 0)$$

$$= \sum_{i=1}^{p} a_x^i h' \varphi(0, \ldots, 1_x^i, \ldots, 0) = h' \varphi(a_x^1, \ldots, a_x^p)$$

für alle $x \in W$, d. h. $h \varphi \,|\, (\mathscr{A}^p \,|\, W) = h' \varphi \,|\, (\mathscr{A}^p \,|\, W)$. Da φ ein Epimorphismus ist, gilt $h \,|\, (\mathscr{G} \,|\, W) = h' \,|\, (\mathscr{G} \,|\, W)$, also hat man $x_0 \in W \subset U$. Daher ist U offen.

Hilfssatz 27.4. *$\mathscr{G}$ und $\mathscr{H}$ seien $\mathscr{A}$-Garben über X, und $\mathscr{G}$ sei kohärent. Ist $h_{x_0} : \mathscr{G}_{x_0} \to \mathscr{H}_{x_0}$ ein $\mathscr{A}_{x_0}$-Homomorphismus, so gibt es eine offene Umgebung U von x_0 und einen Homomorphismus $h : \mathscr{G} \,|\, U \to \mathscr{H} \,|\, U$ mit $h \,|\, \mathscr{G}_{x_0} = h_{x_0}$.*

Beweis: Da $\mathscr{G}$ von endlichem Typ ist, gibt es Schnitte $\sigma_1, \ldots, \sigma_p \in \Gamma(V, \mathscr{G})$, die $\mathscr{G} \,|\, V$ erzeugen (V eine offene Umgebung von x_0). Da $\mathscr{R}(\sigma_1, \ldots, \sigma_p)$ von endlichem Typ über V ist, existieren Schnitte $f_1, \ldots, f_q \in \Gamma(W, \mathscr{A}^p)$, die $\mathscr{R}(\sigma_1, \ldots, \sigma_p) \,|\, W$ erzeugen ($x_0 \in W \subset V$, W offen). $\tau_1, \ldots, \tau_p \in \Gamma(W_1, \mathscr{H})$ seien Schnitte mit

$$\tau_i(x_0) = h_{x_0}(\sigma_i(x_0))$$

(W_1 eine offene Umgebung von x_0). Wegen

$$\sum_{i=1}^{p} f_j^i(x_0) \tau_i(x_0) = \sum_{i=1}^{p} f_j^i(x_0) h_{x_0}(\sigma_i(x_0)) = h_{x_0} \sum_{i=1}^{p} f_j^i(x_0) \sigma_i(x_0) = 0$$

gibt es eine offene Umgebung U von x_0, so daß

$$\sum_{i=1}^{p} f_j^i(x) \tau_i(x) = 0 \tag{27.1}$$

für alle $x \in U$. $h: \mathscr{G}\,|\,U \to \mathscr{H}\,|\,U$ definieren wir durch

$$h\left(\sum_{i=1}^{p} a_x^i \sigma_i(x) \right) = \sum_{i=1}^{p} a_x^i \tau_i(x)\,.$$

Aus (27.1) entnimmt man sofort, daß h wohldefiniert ist. Offenbar gilt $h\,|\,\mathscr{G}_{x_0} = h_{x_0}$. $\mathscr{G}$ und $\mathscr{H}$ seien wieder zwei $\mathscr{A}$-Garben über X, und $\mathscr{H}om_{\mathscr{A}}(\mathscr{G},\mathscr{H})$ bezeichne die Garbe der Keime von Homomorphismen von $\mathscr{G}$ in $\mathscr{H}$. In §9 haben wir für jedes $x \in X$ einen Homomorphismus

$$\mu: (\mathscr{H}om_{\mathscr{A}}(\mathscr{G},\mathscr{H}))_x \longrightarrow \mathrm{Hom}_{\mathscr{A}_x}(\mathscr{G}_x,\mathscr{H}_x)$$

wie folgt konstruiert: Wird $h^x \in (\mathscr{H}om_{\mathscr{A}}(\mathscr{G},\mathscr{H}))_x$ durch $h: \mathscr{G}\,|\,U \to \mathscr{H}\,|\,U$ repräsentiert, so ist $\mu(h^x) = h\,|\,\mathscr{G}_x$. μ ist im allgemeinen weder injektiv noch surjektiv. Es gilt jedoch der

Satz 27.5. *$\mathscr{G}$ und $\mathscr{H}$ seien $\mathscr{A}$-Garben über X, und $\mathscr{G}$ sei kohärent. Dann ist*

$$\mu: (\mathscr{H}om_{\mathscr{A}}(\mathscr{G},\mathscr{H}))_x \longrightarrow \mathrm{Hom}_{\mathscr{A}_x}(\mathscr{G}_x,\mathscr{H}_x)$$

ein Isomorphismus.

Beweis: μ ist nach Hilfssatz 27.3 monomorph und nach Hilfssatz 27.4 epimorph.

Satz 27.6. *Sind $\mathscr{G}$ und $\mathscr{H}$ kohärente $\mathscr{A}$-Garben über X, so ist auch $\mathscr{H}om_{\mathscr{A}}(\mathscr{G},\mathscr{H})$ kohärent.*

Beweis: Da $\mathscr{G}$ nach Voraussetzung kohärent ist, besitzt jeder Punkt $x_0 \in X$ nach Satz 26.7 eine offene Umgebung U, so daß eine exakte Sequenz

$$\mathscr{A}^q\,|\,U \longrightarrow \mathscr{A}^p\,|\,U \longrightarrow \mathscr{G}\,|\,U \longrightarrow 0$$

besteht. Dann ist auch die Folge

$$0 \longrightarrow \mathrm{Hom}_{\mathscr{A}_x}(\mathscr{G}_x,\mathscr{H}_x) \longrightarrow \mathrm{Hom}_{\mathscr{A}_x}(\mathscr{A}_x^p,\mathscr{H}_x) \longrightarrow \mathrm{Hom}_{\mathscr{A}_x}(\mathscr{A}_x^q,\mathscr{H}_x)$$

für alle $x \in U$ exakt. Aus Satz 27.5 folgt die Exaktheit der Sequenz

$$0 \longrightarrow \mathscr{H}om_{\mathscr{A}|U}(\mathscr{G}\,|\,U,\mathscr{H}\,|\,U) \longrightarrow \mathscr{H}om_{\mathscr{A}|U}(\mathscr{A}^p\,|\,U,\mathscr{H}\,|\,U) \longrightarrow$$
$$\longrightarrow \mathscr{H}om_{\mathscr{A}|U}(\mathscr{A}^q\,|\,U,\mathscr{H}\,|\,U)\,.$$

Nach Satz 9.2 und 9.3 gilt $\mathscr{H}om_{\mathscr{A}|U}(\mathscr{A}^p\,|\,U,\mathscr{H}\,|\,U) \cong \mathscr{H}^p\,|\,U$ und $\mathscr{H}om_{\mathscr{A}|U}(\mathscr{A}^q\,|\,U,\mathscr{H}\,|\,U) \cong \mathscr{H}^q\,|\,U$, d.h. $\mathscr{H}om_{\mathscr{A}}(\mathscr{G},\mathscr{H})\,|\,U \cong \mathscr{H}om_{\mathscr{A}|U}(\mathscr{G}\,|\,U,\mathscr{H}\,|\,U) \cong \mathrm{Kern}\,(\mathscr{H}^p\,|\,U \to \mathscr{H}^q\,|\,U)$. Nach Satz 26.14 ist $\mathscr{H}om_{\mathscr{A}}(\mathscr{G},\mathscr{H})\,|\,U$ und damit $\mathscr{H}om_{\mathscr{A}}(\mathscr{G},\mathscr{H})$ kohärent.

Ist $\mathscr{G}$ kohärent und $U \subset X$ offen, so ist trivialerweise auch $\mathscr{G}\,|\,U$ kohärent. Allgemeiner gilt

Satz 27.7. *Ist Y ein beliebiger Teilraum von X und $\mathscr{G}$ eine kohärente $\mathscr{A}$-Garbe über X, so ist $\mathscr{G}\,|\,Y$ eine kohärente $\mathscr{A}\,|\,Y$-Garbe.*

Beweis: 1) Da $\mathcal{G}$ von endlichem Typ ist, gibt es zu jedem $y \in Y$ einen Epimorphismus

$$\varphi : \mathcal{A}^p | U \longrightarrow \mathcal{G} | U$$

(U eine offene Umgebung von y). Dann ist auch $\varphi | (\mathcal{A}^p | U \cap Y) : \mathcal{A}^p | U \cap Y \to \mathcal{G} | U \cap Y$ ein Epimorphismus, d. h. $\mathcal{G} | Y$ ist von endlichem Typ.

2) $\mathcal{G} | Y$ genügt der Bedingung b): Wir haben zu zeigen, daß für jeden Homomorphismus $\varphi : \mathcal{A}^p | U \cap Y \to \mathcal{G} | U \cap Y$ (U offen in X) Kern φ von endlichem Typ über $U \cap Y$ ist. $y_0 \in U \cap Y$ werde fest gewählt. Dann seien $\sigma_i \in \Gamma(V, \mathcal{G})$ ($y_0 \in V$, V offen in X) Schnitte, so daß

$$\sigma_i(y_0) = \varphi(0, \ldots, 1^i_{y_0}, \ldots, 0) \qquad (i = 1, \ldots, p).$$

Bezeichnet $\hat{\varphi} : \mathcal{A}^p | V \to \mathcal{G} | V$ den Homomorphismus

$$\hat{\varphi}(a_x^1, \ldots, a_x^p) = \sum_{i=1}^{p} a_x^i \sigma_i(x) \qquad (x \in V),$$

so gilt

$$\hat{\varphi}(a_{y_0}^1, \ldots, a_{y_0}^p) = \sum_{i=1}^{p} a_{y_0}^i \varphi(0, \ldots, 1^i_{y_0}, \ldots, 0) = \varphi(a_{y_0}^1, \ldots, a_{y_0}^p),$$

d. h. $\hat{\varphi} | \mathcal{A}_{y_0}^p = \varphi | \mathcal{A}_{y_0}^p$. Nach Hilfssatz 27.3 ist die Menge $A = \{ y \in Y : \hat{\varphi} | \mathcal{A}_y^p = \varphi | \mathcal{A}_y^p \}$ in Y offen, also gibt es ein offenes W in X mit $y_0 \in W \subset U \cap V$, so daß $A = W \cap Y$. Da $\mathcal{G}$ der Bedingung b) genügt, ist Kern $\hat{\varphi}$ von endlichem Typ über W, d. h. zu $y_0 \in W$ existiert ein offenes $\tilde{W}$ mit $y_0 \in \tilde{W} \subset W$ und ein Epimorphismus

$$\tau : \mathcal{A}^q | \tilde{W} \longrightarrow \text{Kern } \hat{\varphi} | \tilde{W}.$$

ψ sei der zusammengesetzte Homomorphismus $\mathcal{A}^q | \tilde{W} \xrightarrow{\tau} \text{Kern } \hat{\varphi} | \tilde{W} \to \mathcal{A}^p | \tilde{W}$, also ist die Sequenz

$$\mathcal{A}^q | \tilde{W} \xrightarrow{\psi} \mathcal{A}^p | \tilde{W} \xrightarrow{\hat{\varphi}} \mathcal{G} | \tilde{W}$$

exakt, aus der man durch Einschränkung auf $\tilde{W} \cap Y$ die exakte Sequenz

$$\mathcal{A}^q | \tilde{W} \cap Y \xrightarrow{\psi} \mathcal{A}^p | \tilde{W} \cap Y \xrightarrow{\varphi} \mathcal{G} | \tilde{W} \cap Y$$

erhält. Hieraus ergibt sich dann die Behauptung.

§ 28 Kohärente Garben von Ringen

Definition 28.1. *Eine Garbe $\mathcal{A}$ von Ringen heißt* kohärente Garbe von Ringen, *wenn $\mathcal{A}$, aufgefaßt als $\mathcal{A}$-Garbe, kohärent ist.*

Da $\mathcal{A}$ trivialerweise von endlichem Typ ist, ist $\mathcal{A}$ genau dann kohärent, wenn $\mathcal{A}$ der Bedingung b) von Definition 26.6 genügt.

Satz 28.2. *Ist $\mathcal{A}$ eine kohärente Garbe von Ringen über X, so ist eine $\mathcal{A}$-Garbe $\mathcal{G}$ über X genau dann kohärent, wenn jeder Punkt $x \in X$ eine offene Umgebung U besitzt, so daß eine exakte Sequenz $\mathcal{A}^q | U \to \mathcal{A}^p | U \to \mathcal{G} | U \to 0$ besteht.*

Beweis: Ist $\mathscr{G}$ kohärent, so besteht nach Satz 26.7 eine exakte Sequenz von der obigen Gestalt. Umgekehrt gebe es für jedes $x \in X$ eine offene Umgebung U und eine exakte Sequenz

$$\mathscr{A}^q|U \xrightarrow{\;\psi\;} \mathscr{A}^p|U \xrightarrow{\;\varphi\;} \mathscr{G}|U \longrightarrow 0\,.$$

Da $\mathscr{A}^q|U$ und $\mathscr{A}^p|U$ kohärent sind (Satz 27.1), ist Bild ψ nach Satz 26.14 kohärent. In der exakten Sequenz

$$0 \longrightarrow \text{Bild}\,\psi \longrightarrow \mathscr{A}^p|U \xrightarrow{\;\varphi\;} \mathscr{G}|U \longrightarrow 0$$

sind die beiden ersten Garben kohärent, also ist nach Satz 26.13 auch $\mathscr{G}|U$ und damit $\mathscr{G}$ kohärent.

Das nächste Resultat ist eine unmittelbare Folgerung aus Satz 26.8.

Satz 28.3. *Ist $\mathscr{A}$ kohärent, so ist eine Untergarbe von $\mathscr{A}^p$ genau dann kohärent, wenn sie von endlichem Typ ist.*

Korollar 28.4. *Ist $\mathscr{A}$ kohärent und $\mathscr{G}$ eine kohärente $\mathscr{A}$-Garbe, dann ist jede Relationengarbe $\mathscr{R}(\sigma_1, \ldots, \sigma_p)$ zwischen Schnitten $\sigma_1, \ldots, \sigma_p$ von $\mathscr{G}$ über U kohärent.*

Beweis: Da $\mathscr{G}$ nach Voraussetzung kohärent ist, ist $\mathscr{R}(\sigma_1, \ldots, \sigma_p) \subset \mathscr{A}^p|U$ von endlichem Typ. Die Behauptung ergibt sich dann nach Satz 28.3.

Der Beweis des folgenden Satzes ist trivial.

Satz 28.5. *Ist $\mathscr{A}$ kohärent, so ist jede freie $\mathscr{A}$-Garbe kohärent.*

In Beispiel 6.3 haben wir die Garbe von Ringen $\mathcal{O}$ der Keime von lokalen holomorphen Funktionen auf der komplexen Mannigfaltigkeit X eingeführt. Ist $U \subset X$ offen und $f \in O_U$, so bezeichne f_x den Keim von f in $x \in U$. Da das Garbendatum $\{O_U, r_U^V\}$ den Bedingungen (G 1) in Satz 4.7 und (G 2) in Satz 4.8 genügt, ist

$$r_U : O_U \longrightarrow \Gamma(U, \mathcal{O})$$

nach § 4 für jede offene Teilmenge U von X ein Isomorphismus. Für jeden Schnitt $\sigma \in \Gamma(U, \mathcal{O})$ existiert daher genau ein $f \in O_U$ mit $\sigma(x) = f_x$ für alle $x \in U$. Der folgende Satz liefert ein wichtiges Beispiel einer kohärenten Garbe von Ringen.

Satz 28.6. *Die Garbe $\mathcal{O}$ der Keime von lokalen holomorphen Funktionen auf $\mathbf{C}^1$ ist eine kohärente Garbe von Ringen.*

Beweis: Sei $U \subset \mathbf{C}^1$ offen und $\sigma_1, \ldots, \sigma_p \in \Gamma(U, \mathcal{O})$. Wir haben dann zu zeigen, daß die Garbe $\mathscr{R}(\sigma_1, \ldots, \sigma_p)$ von endlichem Typ über U ist, d. h. zu $z_0 \in U$ gibt es ein offenes V mit $z_0 \in V \subset U$ und einen Epimorphismus

$$\psi : \mathcal{O}^k|V \longrightarrow \mathscr{R}(\sigma_1, \ldots, \sigma_p)|V\,.$$

Zu $\sigma_i \in \Gamma(U, \mathcal{O})$ $(i = 1, \ldots, p)$ existiert ein $f_i \in O_U$ mit $\sigma_i(z) = (f_i)_z$ für alle $z \in U$. $f_i(z)$ können wir in der Form $f_i(z) = (z - z_0)^{n_i} g_i(z)$ darstellen, wobei $g_i(z_0) \neq 0$. Da $g_i(z)$ in U holomorph ist, gilt $g_i(z) \neq 0$ für alle z aus einer geeigneten offenen Umgebung $V_i \subset U$ von z_0. V bezeichne dann den Durchschnitt $V = \bigcap\limits_{i=1}^{p} V_i$. Weiter sei $n = \min$ $(n_1, \ldots, n_p)$; o. B. d. A. können wir voraussetzen, daß $n_1 = n$.

$$\psi : \mathcal{O}^{p-1} \big| V \longrightarrow \mathcal{R}(\sigma_1, \ldots, \sigma_p) \big| V$$

sei schließlich der Homomorphismus

$$\psi(c_z^1, \ldots, c_z^{p-1}) = \left(-\frac{1}{(g_1)_z} \sum_{i=2}^{p} c_z^{i-1} (g_i)_z (w - z_0)_z^{n_i - n}, c_z^1, \ldots, c_z^{p-1} \right).$$

Um zu zeigen, daß ψ surjektiv ist, gehen wir von einem Element $(a_{z_1}^1, \ldots, a_{z_1}^p)$ $\in \mathcal{R}(\sigma_1, \ldots, \sigma_p)_{z_1}$ $(z_1 \in V)$ aus, d. h.

$$\sum_{i=1}^{p} a_{z_1}^i \, \sigma_i(z_1) = 0. \tag{28.1}$$

Zu jedem $a_{z_1}^i$ gibt es eine in z_1 holomorphe Funktion $h_i(z)$, so daß $a_{z_1}^i = (h_i)_{z_1}$. Wegen (28.1) ist

$$\sum_{i=1}^{p} h_i(z) g_i(z) (z - z_0)^{n_i} = \sum_{i=1}^{p} h_i(z) f_i(z) = 0$$

für alle z aus einer offenen Umgebung W von z_1 mit $W \subset V$, d. h.

$$h_1(z) = -\frac{1}{g_1(z)} \sum_{i=2}^{p} h_i(z) g_i(z) (z - z_0)^{n_i - n}.$$

Offensichtlich gilt dann

$$\psi((h_2)_{z_1}, \ldots, (h_p)_{z_1}) = (a_{z_1}^1, \ldots, a_{z_1}^p),$$

also ist ψ surjektiv.

Das soeben bewiesene Resultat ist ein Spezialfall des folgenden fundamentalen Satzes.

Satz 28.7. (O k a). *Die Garbe $\mathcal{O}$ der Keime von lokalen holomorphen Funktionen auf einer komplexen Mannigfaltigkeit ist eine kohärente Garbe von Ringen.*

Auf den Beweis dieses Satzes können wir hier nicht eingehen[1].

X sei eine komplexe Mannigfaltigkeit, $\mathcal{O}$ die Garbe der Keime von lokalen holomorphen Funktionen auf X und $\mathcal{G}$ eine $\mathcal{O}$-Garbe. $\mathcal{G}$ heißt dann a n a l y t i s c h e G a r b e über X. Die analytischen Garben bilden ein wichtiges Hilfsmittel in der Funktionentheorie mehrerer komplexer Veränderlichen (vgl. z. B. [25]). Aus den Sätzen 28.2 und 28.7 ergibt sich unmittelbar

---

[1] Einen Beweis findet man z. B. in [25] S. 134.

Satz 28.8. *Eine analytische Garbe $\mathscr{G}$ über der komplexen Mannigfaltigkeit X ist genau dann kohärent, wenn jeder Punkt $x \in X$ eine offene Umgebung U besitzt, so daß eine exakte Sequenz $\mathcal{O}^q | U \to \mathcal{O}^p | U \to \mathscr{G} | U \to 0$ besteht.*

§ 29 Urbildgarben bei Morphismen geringter Räume

$f: X \to Y$ sei eine stetige Abbildung topologischer Räume, und $\mathscr{G}$ bzw. $\mathscr{H}$ seien Garben abelscher Gruppen (oder Garben von Ringen) über X bzw. Y. Jedem Garbenhomomorphismus $h: f^*(\mathscr{H}) \to \mathscr{G}$ über X ordnen wir einen Garbenhomomorphismus $h_*: \mathscr{H} \to f(\mathscr{G})$ über Y wie folgt zu: Ist $V \subset Y$ offen, so definieren wir zunächst einen Homomorphismus $h_{*V}: \Gamma(V, \mathscr{H}) \to \Gamma(V, f(\mathscr{G}))$. Für einen Schnitt $\sigma \in \Gamma(V, \mathscr{H})$ sei $h_{*V}(\sigma) = h_{f^{-1}(V)}(\sigma f) \in \Gamma(f^{-1}(V), \mathscr{G}) = \Gamma(V, f(\mathscr{G}))$, wobei $\sigma f \in \Gamma(f^{-1}(V), f^*(\mathscr{H}))$ der Schnitt $x \to (x, \sigma(f(x)))$ ist, vgl. § 10. Die h_{*V} definieren dann einen Garbenhomomorphismus $h_*: \mathscr{H} \to f(\mathscr{G})$.

Ist umgekehrt $h: \mathscr{H} \to f(\mathscr{G})$ ein Garbenhomomorphismus über Y, so definieren wir $h^*: f^*(\mathscr{H}) \to \mathscr{G}$ wie folgt: Ist $(x, k) \in f^*(\mathscr{H})$, so gibt es eine offene Umgebung V von $f(x)$ und einen Schnitt $\sigma \in \Gamma(V, \mathscr{H})$ mit $\sigma(f(x)) = k$. $h_V(\sigma) \in \Gamma(V, f(\mathscr{G})) = \Gamma(f^{-1}(V), \mathscr{G})$ bestimmt dann einen Keim $h_V(\sigma)_x$ in $\mathscr{G}_x$. Man zeigt sofort, daß dieser durch k eindeutig bestimmt ist. Setzen wir $h_x^*(x, k) = h_V(\sigma)_x$, so erhalten wir einen Homomorphismus $h_x^*: f^*(\mathscr{H})_x \to \mathscr{G}_x$. $h^*: f^*(\mathscr{H}) \to \mathscr{G}$ erklären wir durch $h^* | f^*(\mathscr{H})_x = h_x^*$. h^* ist offenbar stetig.

Man prüft leicht nach, daß $h \to h_*$ und $h \to h^*$ inverse Bildungen sind. Damit erhalten wir den

Satz 29.1. *Ist $f: X \to Y$ eine stetige Abbildung topologischer Räume und sind $\mathscr{G}$ bzw. $\mathscr{H}$ Garben abelscher Gruppen (oder Garben von Ringen) über X bzw. Y, so ist durch $h \to h_*$ ein kanonischer Isomorphismus $\operatorname{Hom}(f^*(\mathscr{H}), \mathscr{G}) \to \operatorname{Hom}(\mathscr{H}, f(\mathscr{G}))$ definiert.*

Definition 29.2. *Ein geringter Raum ist ein Paar $(X, {}_X\mathcal{O})$, wobei X ein topologischer Raum und ${}_X\mathcal{O}$ eine Garbe von Ringen über X ist. Ein Morphismus von dem geringten Raum $(X, {}_X\mathcal{O})$ in den geringten Raum $(Y, {}_Y\mathcal{O})$ ist ein Paar $f = (f, h)$, wobei $f: X \to Y$ eine stetige Abbildung und $h: {}_Y\mathcal{O} \to f({}_X\mathcal{O})$ ein Garbenhomomorphismus für Ringe ist.*

Wegen Satz 29.1 ist die Vorgabe von $h: {}_Y\mathcal{O} \to f({}_X\mathcal{O})$ gleichbedeutend mit der Vorgabe eines Homomorphismus $h^*: f^*({}_Y\mathcal{O}) \to {}_X\mathcal{O}$. Sind $f = (f, h): (X, {}_X\mathcal{O}) \to (Y, {}_Y\mathcal{O})$ und $g = (g, k): (Y, {}_Y\mathcal{O}) \to (Z, {}_Z\mathcal{O})$ zwei Morphismen geringter Räume, so definiert man $g \cdot f$ durch das Paar $(g \cdot f, g(h) \cdot k)$, wobei $g(h): g({}_Y\mathcal{O}) \to g(f({}_X\mathcal{O})) = (g \cdot f)({}_X\mathcal{O})$ in § 10 definiert ist.

$f = (f, h): (X, {}_X\mathcal{O}) \to (Y, {}_Y\mathcal{O})$ sei ein Morphismus geringter Räume und $\mathscr{G}$ eine ${}_Y\mathcal{O}$-Garbe über Y. ${}_X\mathcal{O}$ können wir vermöge des Homomorphismus $h^*: f^*({}_Y\mathcal{O}) \to {}_X\mathcal{O}$ als $f^*({}_Y\mathcal{O})$-Garbe auffassen. Dann heißt

$$f^0(\mathscr{G}) = f^*(\mathscr{G}) \underset{f^*({}_Y\mathcal{O})}{\otimes} \mathcal{O}_X$$

Urbildgarbe von $\mathscr{G}$ bezüglich $f = (f, h)$. Es ist klar, daß man $f^0(\mathscr{G})$ als $_X\mathcal{O}$-Garbe über X betrachten kann.

Jeder Homomorphismus φ von der $_Y\mathcal{O}$-Garbe $\mathscr{G}$ in die $_Y\mathcal{O}$-Garbe $\mathscr{H}$ definiert nach § 10 einen Homomorphismus $f^*(\varphi): f^*(\mathscr{G}) \to f^*(\mathscr{H})$.

$$f^0(\varphi): f^0(\mathscr{G}) \to f^0(\mathscr{H})$$

sei dann der Homomorphismus $f^0(\varphi) = f^*(\varphi) \otimes \mathrm{id}$, wobei id die Identität von $_X\mathcal{O}$ auf sich bezeichne. Ist $\psi: \mathscr{H} \to \mathscr{K}$ ein weiterer Homomorphismus, so gilt offenbar $f^0(\psi\,\varphi) = f^0(\psi)\,f^0(\varphi)$.

Satz 29.3. *Sind $\mathscr{G}$ und $\mathscr{H}$ $_Y\mathcal{O}$-Garben über Y, so gilt*

$$f^0(\mathscr{G} \oplus \mathscr{H}) \cong f^0(\mathscr{G}) \oplus f^0(\mathscr{H}); \quad f^0(\mathscr{G} \underset{Y\mathcal{O}}{\otimes} \mathscr{H}) \cong f^0(\mathscr{G}) \underset{X\mathcal{O}}{\otimes} f^0(\mathscr{H}).$$

Beweis: Nach Satz 8.1 gilt

$$f^0(\mathscr{G} \oplus \mathscr{H}) = f^*(\mathscr{G} \oplus \mathscr{H}) \underset{f^*(_Y\mathcal{O})}{\otimes} {_X\mathcal{O}} \cong (f^*(\mathscr{G}) \oplus f^*(\mathscr{H})) \underset{f^*(_Y\mathcal{O})}{\otimes} {_X\mathcal{O}}$$

$$\cong (f^*(\mathscr{G}) \underset{f^*(_Y\mathcal{O})}{\otimes} {_X\mathcal{O}}) \oplus (f^*(\mathscr{H}) \underset{f^*(_Y\mathcal{O})}{\otimes} {_X\mathcal{O}}) = f^0(\mathscr{G}) \oplus f^0(\mathscr{H});$$

weiter hat man

$$f^0(\mathscr{G} \underset{Y\mathcal{O}}{\otimes} \mathscr{H}) = f^*(\mathscr{G} \underset{Y\mathcal{O}}{\otimes} \mathscr{H}) \underset{f^*(_Y\mathcal{O})}{\otimes} {_X\mathcal{O}} \cong (f^*(\mathscr{G}) \underset{f^*(_Y\mathcal{O})}{\otimes} f^*(\mathscr{H})) \underset{f^*(_Y\mathcal{O})}{\otimes} {_X\mathcal{O}},$$

$$f^0(\mathscr{G}) \underset{X\mathcal{O}}{\otimes} f^0(\mathscr{H}) = (f^*(\mathscr{G}) \underset{f^*(_Y\mathcal{O})}{\otimes} {_X\mathcal{O}}) \underset{X\mathcal{O}}{\otimes} (f^*(\mathscr{H}) \underset{f^*(_Y\mathcal{O})}{\otimes} {_X\mathcal{O}})$$

$$\cong f^*(\mathscr{G}) \underset{f^*(_Y\mathcal{O})}{\otimes} ({_X\mathcal{O}} \underset{X\mathcal{O}}{\otimes} (f^*(\mathscr{H}) \underset{f^*(_Y\mathcal{O})}{\otimes} {_X\mathcal{O}})) \cong f^*(\mathscr{G}) \underset{f^*(_Y\mathcal{O})}{\otimes} (f^*(\mathscr{H}) \underset{f^*(_Y\mathcal{O})}{\otimes} {_X\mathcal{O}}).$$

Hieraus ergibt sich dann die zweite Behauptung.

Satz 29.4. *Ist*

$$\mathscr{G}' \xrightarrow{\varphi'} \mathscr{G} \xrightarrow{\varphi} \mathscr{G}'' \longrightarrow 0$$

eine exakte Sequenz von $_Y\mathcal{O}$-Garben über Y, so ist

$$f^0(\mathscr{G}') \xrightarrow{f^0(\varphi')} f^0(\mathscr{G}) \xrightarrow{f^0(\varphi)} f^0(\mathscr{G}'') \longrightarrow 0$$

eine exakte Sequenz von $_X\mathcal{O}$-Garben über X.

Beweis: Nach Voraussetzung ist die Folge

$$f^*(\mathscr{G}') \xrightarrow{f^*(\varphi')} f^*(\mathscr{G}) \xrightarrow{f^*(\varphi)} f^*(\mathscr{G}'') \longrightarrow 0$$

exakt. Die Behauptung ergibt sich dann aus Satz 8.2.

Satz 29.5. *Ist $\mathscr{G}$ eine freie $_Y\mathcal{O}$-Garbe über Y, so ist $f^0(\mathscr{G})$ eine freie $_X\mathcal{O}$-Garbe über X.*

Beweis: Da $\mathcal{G}$ eine freie Garbe ist, gibt es für jedes U_i einer geeigneten offenen Überdeckung $\{U_i\}_{i \in I}$ von Y einen Isomorphismus $\mathcal{G}|U_i \cong {}_Y\mathcal{O}^{p_i}|U_i$. Die Teilmengen $V_i = f^{-1}(U_i)$ $(i \in I)$ bilden eine offene Überdeckung von X. Aus Satz 29.3 ergibt sich dann

$$f^0(\mathcal{G})|V_i \cong f^0(\mathcal{G}|U_i) \cong f^0({}_Y\mathcal{O}^{p_i}|U_i) \cong f^0({}_Y\mathcal{O}^{p_i})|V_i \cong f^0({}_Y\mathcal{O})^{p_i}|V_i \cong {}_X\mathcal{O}^{p_i}|V_i .$$

Satz 29.6. *Ist ${}_X\mathcal{O}$ kohärent, so ist für jede kohärente ${}_Y\mathcal{O}$-Garbe $\mathcal{G}$ auch $f^0(\mathcal{G})$ eine kohärente ${}_X\mathcal{O}$-Garbe.*

Beweis: Da $\mathcal{G}$ eine kohärente ${}_Y\mathcal{O}$-Garbe über Y ist, gibt es nach Satz 26.7 für jedes $x \in X$ eine offene Umgebung U von $f(x)$, so daß eine exakte Sequenz

$${}_Y\mathcal{O}^q|U \longrightarrow {}_Y\mathcal{O}^p|U \longrightarrow \mathcal{G}|U \longrightarrow 0$$

besteht. Nach Satz 29.4 ist dann auch die Folge

$$f^0({}_Y\mathcal{O}^q|U) \longrightarrow f^0({}_Y\mathcal{O}^p|U) \longrightarrow f^0(\mathcal{G}|U) \longrightarrow 0,$$

d. h. die Sequenz

$${}_X\mathcal{O}^q|V \longrightarrow {}_X\mathcal{O}^p|V \longrightarrow f^0(\mathcal{G})|V \longrightarrow 0$$

exakt, wobei $V = f^{-1}(U)$. Aus Satz 28.2 folgt schließlich die Behauptung.

§ 30 Bildgarben bei Morphismen geringter Räume

$f = (f, h): (X, {}_X\mathcal{O}) \to (Y, {}_Y\mathcal{O})$ sei wieder ein Morphismus geringter Räume und $\mathcal{G}$ eine ${}_X\mathcal{O}$-Garbe über X. $H^q(f^{-1}(U); \mathcal{G})$ können wir für jede nichtleere offene Teilmenge U von Y als $\Gamma(f^{-1}(U), {}_X\mathcal{O})$-Modul auffassen (vgl. Kapitel III, Aufgabe 3). Durch $h: {}_Y\mathcal{O} \to f({}_X\mathcal{O})$ ist für jedes U ein Homomorphismus $h_U: \Gamma(U, {}_Y\mathcal{O}) \to \Gamma(U, f({}_X\mathcal{O}))$ $= \Gamma(f^{-1}(U), {}_X\mathcal{O})$ definiert, der es gestattet, $H^q(f^{-1}(U); \mathcal{G})$ als $\Gamma(U, {}_Y\mathcal{O})$-Modul zu betrachten. Bezeichnen

$$\bar{r}_U^V: \Gamma(U, {}_Y\mathcal{O}) \longrightarrow \Gamma(V, {}_Y\mathcal{O}), \quad r_U^V: H^q(f^{-1}(U); \mathcal{G}) \longrightarrow H^q(f^{-1}(V); \mathcal{G}) \qquad (V \subset U)$$

die Restriktionshomomorphismen [1]), so ist $r_U^V = (\bar{r}_U^V, r_U^V)$ ein Homomorphismus von $(\Gamma(U, {}_Y\mathcal{O}), H^q(f^{-1}(U); \mathcal{G}))$ in $(\Gamma(V, {}_Y\mathcal{O}), H^q(f^{-1}(V); \mathcal{G}))$. Die zu dem Garbendatum $\{\Gamma(U, {}_Y\mathcal{O}), H^q(f^{-1}(U); \mathcal{G}), r_U^V\}$ $(q \geq 0)$ gehörende ${}_Y\mathcal{O}$-Garbe heißt q-te **Bildgarbe** von $\mathcal{G}$ bezüglich f und werde mit $f_q(\mathcal{G})$ bezeichnet.

Betrachtet man $f_0(\mathcal{G})$ als Garbe abelscher Gruppen, so stimmt $f_0(\mathcal{G})$ mit dem Bild $f(\mathcal{G})$ von $\mathcal{G}$ ($\mathcal{G}$ aufgefaßt als Garbe abelscher Gruppen) bezüglich f überein (vgl. § 10). $\mathcal{G}$ und $\mathcal{H}$ seien ${}_X\mathcal{O}$-Garben über X, und $\varphi: \mathcal{G} \to \mathcal{H}$ bezeichne einen Garbenhomomorphismus. Dann induziert φ für jede nichtleere offene Teilmenge U von Y einen Homomorphismus

$$\varphi_{f^{-1}(U)}^{*q}: H^q(f^{-1}(U); \mathcal{G}) \longrightarrow H^q(f^{-1}(U); \mathcal{H}).$$

---

[1]) Zur Definition von r_U^V vgl. § 22.

Die $\varphi^{*q}_{f^{-1}(U)}$ bilden einen Garbendatenhomomorphismus von $\{\Gamma(U,{}_Y\mathcal{O}), H^q(f^{-1}(U);$ $\mathcal{G}), r_U^V\}$ in $\{\Gamma(U,{}_Y\mathcal{O}), H^q(f^{-1}(U);\mathcal{H}), s_U^V\}$, der einen Garbenhomomorphismus $f_q(\varphi): f_q(\mathcal{G}) \to f_q(\mathcal{H})$ definiert. Ist $\psi: \mathcal{H} \to \mathcal{K}$ ein weiterer Garbenhomomorphismus, dann gilt offenbar $f_q(\psi\varphi) = f_q(\psi)f_q(\varphi)$. Der Beweis des folgenden Satzes ergibt sich unmittelbar aus Kapitel III, Aufgabe 5.

Satz 30.1. *Sind $\mathcal{G}$ und $\mathcal{H}$ ${}_X\mathcal{O}$-Garben über X, so gilt für alle $q \geq 0$*

$$f_q(\mathcal{G} \oplus \mathcal{H}) = f_q(\mathcal{G}) \oplus f_q(\mathcal{H}).$$

Weiter hat man

Satz 30.2. $0 \to \mathcal{G}' \to \mathcal{G} \to \mathcal{G}'' \to 0$ *sei eine exakte Sequenz von ${}_X\mathcal{O}$-Garben über X. Dann gibt es eine exakte Sequenz*

$$0 \longrightarrow f_0(\mathcal{G}') \longrightarrow f_0(\mathcal{G}) \longrightarrow f_0(\mathcal{G}'') \longrightarrow f_1(\mathcal{G}') \longrightarrow f_1(\mathcal{G}) \longrightarrow f_1(\mathcal{G}'') \longrightarrow$$
$$\longrightarrow f_2(\mathcal{G}') \longrightarrow \cdots$$

der Bildgarben.

Beweis: Für jede offene Teilmenge U von Y hat man die exakte Sequenz

$$0 \longrightarrow H^0(f^{-1}(U);\mathcal{G}') \longrightarrow H^0(f^{-1}(U);\mathcal{G}) \longrightarrow H^0(f^{-1}(U);\mathcal{G}'') \longrightarrow$$
$$\longrightarrow H^1(f^{-1}(U);\mathcal{G}') \longrightarrow \cdots$$

von $\Gamma(U,{}_Y\mathcal{O})$-Moduln. Durch Übergang zum direkten Limes ergibt sich dann die Behauptung.

$\mathcal{G}$ sei wieder eine ${}_X\mathcal{O}$-Garbe über X und

$$0 \longrightarrow \mathcal{G} \xrightarrow{\varepsilon} \mathcal{L}^0 \xrightarrow{h^0} \mathcal{L}^1 \xrightarrow{h^1} \mathcal{L}^2 \xrightarrow{h^2} \cdots \tag{30.1}$$

eine Auflösung von $\mathcal{G}$ durch welke ${}_X\mathcal{O}$-Garben über X. (30.1) liefert den Komplex $f_0(\mathcal{L}^*)$

$$0 \longrightarrow f_0(\mathcal{L}^0) \xrightarrow{f_0(h^0)} f_0(\mathcal{L}^1) \xrightarrow{f_0(h^1)} f_0(\mathcal{L}^2) \xrightarrow{f_0(h^2)} \cdots$$

von ${}_Y\mathcal{O}$-Garben über Y. $\mathcal{H}^q(f_0(\mathcal{L}^*))$ sei dann die ${}_Y\mathcal{O}$-Garbe

$$\mathcal{H}^q(f_0(\mathcal{L}^*)) = \text{Kern } f_0(h^q)/\text{Bild } f_0(h^{q-1}) \qquad (q \geq 0),$$

die man als q-te Homologiegarbe von $f_0(\mathcal{L}^*)$ bezeichnet.

Satz 30.3. *Für jedes $q \geq 0$ ist die q-te Bildgarbe $f_q(\mathcal{G})$ zu der q-ten Homologiegarbe $\mathcal{H}^q(f_0(\mathcal{L}^*))$ isomorph.*

Beweis: Da die Behauptung für $q = 0$ trivial ist, nehmen wir an, daß $q \geq 1$. $f_0(\mathcal{L}^*)$ definiert für jede offene Teilmenge U von Y den Kokettenkomplex

$$0 \longrightarrow \Gamma(U,f_0(\mathcal{L}^0)) \longrightarrow \Gamma(U,f_0(\mathcal{L}^1)) \longrightarrow \Gamma(U,f_0(\mathcal{L}^2)) \longrightarrow \cdots.$$

$\mathscr{H}^q(f_0(\mathscr{L}^*))$ wird dann, wie man sofort bestätigt, durch das Garbendatum $\{\Gamma(U, {}_Y\mathcal{O}),$ $H^q(\Gamma(U, f_0(\mathscr{L}^*))), r_U^V\}$ erzeugt. Da die Kokettenkomplexe $\Gamma(U, f_0(\mathscr{L}^*))$ und $\Gamma(f^{-1}(U), \mathscr{L}^*)$ zueinander isomorph sind, ergibt sich aus Satz 18.10

$$H^q(\Gamma(U, f_0(\mathscr{L}^*))) \cong H^q(\Gamma(f^{-1}(U), \mathscr{L}^*)) \cong H^q(f^{-1}(U); \mathscr{G}).$$

Durch Übergang zum direkten Limes erhält man schließlich die Behauptung.

$$f = (f, h) : (X, {}_X\mathcal{O}) \longrightarrow (Y, {}_Y\mathcal{O}), g = (g, k) : (Y, {}_Y\mathcal{O}) \longrightarrow (Z, {}_Z\mathcal{O})$$

seien Morphismen geringter Räume, und $\mathscr{G}$ bezeichne eine ${}_X\mathcal{O}$-Garbe über X. Aus der Definition der 0-ten Bildgarbe folgt dann sofort

$$(g\,f)_0(\mathscr{G}) \cong g_0(f_0(\mathscr{G})),$$

d. h. die Bildung der 0-ten Bildgarbe ist transitiv.

Satz 30.4. *$\mathscr{G}$ sei eine ${}_X\mathcal{O}$-Garbe über X. so daß $f_q(\mathscr{G}) = 0$ für alle $q > 0$. Dann gilt für jedes $q \geq 0$*

$$g_q(f_0(\mathscr{G})) \cong (g\,f)_q(\mathscr{G}).$$

Beweis: Da die Behauptung für $q = 0$ bereits bekannt ist, nehmen wir an, daß $q \geq 1$.

$$0 \longrightarrow \mathscr{G} \longrightarrow \mathscr{L}^0 \longrightarrow \mathscr{L}^1 \longrightarrow \mathscr{L}^2 \longrightarrow \cdots$$

sei eine Auflösung von $\mathscr{G}$ durch welke ${}_X\mathcal{O}$-Garben über X. Diese liefert den Komplex

$$0 \longrightarrow f_0(\mathscr{G}) \longrightarrow f_0(\mathscr{L}^0) \longrightarrow f_0(\mathscr{L}^1) \longrightarrow f_0(\mathscr{L}^2) \longrightarrow \cdots, \qquad (30.2)$$

der an den Stellen $f_0(\mathscr{G})$ und $f_0(\mathscr{L}^0)$ exakt ist. Offenbar sind die Garben $f_0(\mathscr{L}^q)$ für alle $q \geq 0$ welk. Da $f_q(\mathscr{G}) = 0$ $(q \geq 1)$, gilt nach Satz 30.3

$$\mathscr{H}^q(f_0(\mathscr{L}^*)) \cong f_q(\mathscr{G}) = 0$$

für alle $q \geq 1$, d. h. (30.2) ist eine welke Auflösung von $f_0(\mathscr{G})$. Daher ist nach Satz 30.3, angewandt auf die ${}_Y\mathcal{O}$-Garbe $f_0(\mathscr{G})$ und den Morphismus $g : (Y, {}_Y\mathcal{O}) \to (Z, {}_Z\mathcal{O})$

$$\mathscr{H}^q(g_0(f_0(\mathscr{L}^*))) \cong g_q(f_0(\mathscr{G})). \qquad (30.3)$$

Andererseits folgt aus Satz 30.3, angewandt auf $\mathscr{G}$ und $g\,f : (X, {}_X\mathcal{O}) \to (Z, {}_Z\mathcal{O})$

$$\mathscr{H}^q((g\,f)_0(\mathscr{L}^*)) \cong (g\,f)_q(\mathscr{G}).$$

Hieraus ergibt sich zusammen mit (30.3) die Behauptung.

Satz 30.5. *$f = (f, h) : (X, {}_X\mathcal{O}) \to (Y, {}_Y\mathcal{O})$ sei ein Morphismus geringter Räume und $\mathscr{G}$ eine ${}_X\mathcal{O}$-Garbe über X, so daß $f_q(\mathscr{G}) = 0$ für alle $q > 0$. Dann sind $H^q(Y; f_0(\mathscr{G}))$ und $H^q(X; \mathscr{G})$ für alle $q \geq 0$ operatorverträglich isomorph.*

Beweis: Wir betrachten nur den Fall $q \geq 1$.

$$0 \longrightarrow \mathscr{G} \longrightarrow \mathscr{L}^0 \longrightarrow \mathscr{L}^1 \longrightarrow \mathscr{L}^2 \longrightarrow \cdots$$

sei wieder eine Auflösung von $\mathscr{G}$ durch welke $_X\mathcal{O}$-Garben. Dann gilt nach Satz 18.10

$$H^q(X;\mathscr{G}) \cong H^q(\Gamma(\mathscr{L}^*)).$$

Da $$0 \longrightarrow f_0(\mathscr{G}) \longrightarrow f_0(\mathscr{L}^0) \longrightarrow f_0(\mathscr{L}^1) \longrightarrow f_0(\mathscr{L}^2) \longrightarrow \cdots$$

eine welke Auflösung von $f_0(\mathscr{G})$ ist (vgl. den Beweis von Satz 30.4), hat man weiter $H^q(Y;f_0(\mathscr{G})) \cong H^q(\Gamma(f_0(\mathscr{L}^*)))$.

Aus der Isomorphie der Kokettenkomplexe $\Gamma(\mathscr{L}^*)$ und $\Gamma(f_0(\mathscr{L}^*))$ ergibt sich dann die Behauptung.

Geringte Räume und Morphismen geringter Räume treten sowohl in der modernen komplexen Analysis als auch in der modernen algebraischen Geometrie auf. Als Beispiel führen wir hier nur die holomorphen Abbildungen zwischen komplexen Mannigfaltigkeiten an.

Definition 30.6. *X und Y seien komplexe Mannigfaltigkeiten der Dimension m und n mit den lokalen Koordinatensystemen $\{h_i\}_{i\in I}$ und $\{k_j\}_{j\in J}$. Eine stetige Abbildung $f: X \to Y$ heißt holomorph, wenn die Abbildungen $k_j f h_i^{-1}$ für alle Karten h_i von X und k_j von Y holomorph sind.*

Sind X, Y, Z komplexe Mannigfaltigkeiten und $f: X \to Y$, $g: Y \to Z$ holomorphe Abbildungen, so ist offensichtlich auch $gf: X \to Z$ holomorph.

Ist X eine komplexe Mannigfaltigkeit und $_X\mathcal{O}$ die Garbe der Keime von lokalen holomorphen Funktionen auf X, so ist $(X, _X\mathcal{O})$ ein geringter Raum. Eine $_X\mathcal{O}$-Garbe $\mathscr{G}$ über X heißt dann analytische Garbe über X (vgl. § 28).

Ist $f: X \to Y$ eine holomorphe Abbildung von der komplexen Mannigfaltigkeit X in die komplexe Mannigfaltigkeit Y, so ist f ein kanonischer Morphismus

$$f = (f, \tilde{f}) : (X, _X\mathcal{O}) \longrightarrow (Y, _Y\mathcal{O})$$

der geringten Räume wie folgt zugeordnet. Ordnet man jeder holomorphen Funktion $h: U \to C$ ($U \subset Y$ offen) die holomorphe Funktion $hf: f^{-1}(U) \to C$ zu, so erhält man einen Homomorphismus

$$\tilde{f}_U : \Gamma(U, _Y\mathcal{O}) \longrightarrow \Gamma(f^{-1}(U), _X\mathcal{O}) = \Gamma(U, f(_X\mathcal{O})).$$

Die $\tilde{f}_U$ definieren dann einen Garbenhomomorphismus $\tilde{f}: _Y\mathcal{O} \to f(_X\mathcal{O})$.

Ist $\mathscr{G}$ eine analytische Garbe über X, so sind die Bildgarben $f_q(\mathscr{G})$ $_Y\mathcal{O}$-Garben, also analytische Garben über Y. Ist $\mathscr{G}$ eine kohärente analytische Garbe über X, so ist $f_q(\mathscr{G})$ im allgemeinen nicht kohärent. Es gilt jedoch

Satz 30.7. *Ist $f: X \to Y$ eine eigentliche[1] holomorphe Abbildung zwischen komplexen Mannigfaltigkeiten und $\mathscr{G}$ eine kohärente analytische Garbe über X, so ist $f_q(\mathscr{G})$ für alle $q \geqq 0$ kohärent.*

---

[1] Sind X_1 und X_2 lokalkompakte Räume, so heißt eine stetige Abbildung $g: X_1 \to X_2$ eigentlich, wenn das Urbild jeder kompakten Teilmenge von X_2 bezüglich g kompakt ist.

Auf den überaus schwierigen Beweis dieses Satzes können wir hier nicht eingehen (vgl. [15], [36]).

Aufgaben zu Kapitel IV

1. $\mathcal{G} \xrightarrow{g} \mathcal{H} \xrightarrow{h} \mathcal{K}$ sei eine Sequenz kohärenter $\mathcal{A}$-Garben über dem topologischen Raum X. Ist die Folge $\mathcal{G}_{x_0} \xrightarrow{g_{x_0}} \mathcal{H}_{x_0} \xrightarrow{h_{x_0}} \mathcal{K}_{x_0}$ für ein geeignetes $x_0 \in X$ exakt, dann gibt es eine offene Umgebung U von x_0, so daß auch die Sequenz $\mathcal{G}|U \xrightarrow{g} \mathcal{H}|U \xrightarrow{h} \mathcal{K}|U$ exakt ist.

2. A sei eine abgeschlossene Teilmenge des topologischen Raumes X und $\mathcal{G}$ eine $\mathcal{A}$-Garbe über A. $\mathcal{G}$ ist genau dann eine kohärente $\mathcal{A}$-Garbe, wenn $\mathcal{G}^X$ eine kohärente $\mathcal{A}^X$-Garbe ist.

3. A sei eine abgeschlossene Teilmenge des parakompakten Raumes X, $\mathcal{G}$ eine kohärente $\mathcal{A}$-Garbe über X und $\mathcal{H}$ eine $\mathcal{A}$-Garbe über X von endlichem Typ. Ist $g : \mathcal{G}|A \to \mathcal{H}|A$ ein Garbenhomomorphismus, dann existiert eine offene Umgebung U von A und ein Garbenhomomorphismus $h : \mathcal{G}|U \to \mathcal{H}|U$, so daß $h|(\mathcal{G}|A) = g$.

4. A sei eine abgeschlossene Teilmenge des parakompakten Raumes X, $\mathcal{A}$ eine kohärente Garbe von Ringen über X und $\mathcal{G}$ eine kohärente $\mathcal{A}|A$-Garbe über A. Dann existiert eine offene Umgebung U von A und eine kohärente $\mathcal{A}|U$-Garbe $\mathcal{H}$ über U mit $\mathcal{H}|A \cong \mathcal{G}$.

5. Die Garbe $_{c^1}\mathcal{O}$, aufgefaßt als C-Garbe, ist nicht von endlichem Typ.

6. Auf einer Riemannschen Fläche ist jede kohärente analytische Untergarbe einer freien Garbe frei.

7. Ist $\mathcal{G}$ eine kohärente analytische Garbe über der Riemannschen Fläche X, dann besitzt jeder Punkt $x \in X$ eine offene Umgebung U, so daß eine exakte Sequenz

$$0 \longrightarrow \mathcal{O}^q|U \longrightarrow \mathcal{O}^p|U \longrightarrow \mathcal{G}|U \longrightarrow 0$$

besteht.

8. $f = (f, h) : (X, _X\mathcal{O}) \to (Y, _Y\mathcal{O})$, $g = (g, k) : (Y, _Y\mathcal{O}) \to (Z, _Z\mathcal{O})$ seien Morphismen geringter Räume und $\mathcal{G}$ eine $_Z\mathcal{O}$-Garbe über Z. Dann gilt $(gf)^0(\mathcal{G}) \cong f^0(g^0(\mathcal{G}))$.

9. Ist X eine komplexe Mannigfaltigkeit, $\mathcal{G}$ eine analytische Garbe über X und $f : X \to y_0$ die konstante Abbildung von X auf den Punkt y_0 $(_{y_0}\mathcal{O} = y_0 \times C)$, so ist $f_q(\mathcal{G})$ genau dann kohärent, wenn $H^q(X; \mathcal{G})$ ein endlich-dimensionaler Vektorraum über C ist.

10. Ist $f = (f, h) : (X, _X\mathcal{O}) \to (Y, _Y\mathcal{O})$ ein Morphismus geringter Räume, $\mathcal{G}$ eine $_X\mathcal{O}$-Garbe über X und $\mathcal{H}$ eine $_Y\mathcal{O}$-Garbe über Y, so gibt es einen kanonischen Isomorphismus

$$\mathrm{Hom}_{_X\mathcal{O}}(f^0(\mathcal{H}), \mathcal{G}) = \mathrm{Hom}_{_Y\mathcal{O}}(\mathcal{H}, f_0(\mathcal{G})).$$

V Die Čechschen Kohomologiegruppen

§ 31 Kohomologiegruppen einer Überdeckung

In Kapitel III haben wir Kohomologiegruppen $H^q_\phi(X;\mathscr{G})$ mit Koeffizienten in der Garbe $\mathscr{G}$ mit Hilfe von Auflösungen erklärt. Im vorliegenden Kapitel definieren wir Kohomologiegruppen unter Benutzung von Überdeckungen des Raumes X und zeigen, daß diese Gruppen in wichtigen Fällen zu den Kohomologiegruppen $H^q_\phi(X;\mathscr{G})$ isomorph sind. $\mathscr{G}$ bezeichne stets, wenn nichts anderes vereinbart wird, eine Garbe abelscher Gruppen und $\mathfrak{G}$ ein Garbendatum von abelschen Gruppen.

X sei ein beliebiger topologischer Raum, $\mathfrak{U} = \{U_i\}_{i\in I}$ eine offene Überdeckung von X und $\mathfrak{G} = \{G_U, r^V_U\}$ ein Garbendatum über X. Ist $(i_0, \ldots, i_q)$ ein $(q+1)$-Tupel von Indizes aus I $(q \geqq 0)$, so bezeichnen wir die offene Menge $U_{i_0} \cap \cdots \cap U_{i_q}$ kurz mit $U_{i_0 \ldots i_q}$.

Definition 31.1. *Eine Funktion f^q, die jedem $(q+1)$-Tupel $(i_0, \ldots, i_q)$ von Indizes aus I $(q \geqq 0)$ ein Element $f^q(i_0, \ldots, i_q)$ aus $G_{U_{i_0 \ldots i_q}}$ zuordnet, heißt q-te* Kokette *der Überdeckung $\mathfrak{U}$ mit Koeffizienten in $\mathfrak{G}$.*

Die q-Koketten von $\mathfrak{U}$ mit Koeffizienten in $\mathfrak{G}$ bilden in natürlicher Weise eine abelsche Gruppe, die wir mit $C^q(\mathfrak{U};\mathfrak{G})$ bezeichnen. $C^q(\mathfrak{U};\mathfrak{G})$ heißt q-te **Kokettengruppe der Überdeckung** $\mathfrak{U}$ **mit Koeffizienten in** $\mathfrak{G}$. Offensichtlich gilt

$$C^q(\mathfrak{U};\mathfrak{G}) \cong \prod_{(i_0, \ldots, i_q)} G_{U_{i_0 \ldots i_q}}.$$

Für $q < 0$ setzen wir $C^q(\mathfrak{U};\mathfrak{G}) = 0$. Ist $\mathfrak{G}$ das kanonische Garbendatum der Garbe $\mathscr{G}$, so schreiben wir $C^q(\mathfrak{U};\mathscr{G})$ statt $C^q(\mathfrak{U};\mathfrak{G})$.

Für jedes $q \geqq 0$ definieren wir nun einen **Korandhomomorphismus**

$$\delta^q_\mathfrak{U} : C^q(\mathfrak{U};\mathfrak{G}) \longrightarrow C^{q+1}(\mathfrak{U};\mathfrak{G})$$

auf folgende Weise:

$$(\delta^q_\mathfrak{U} f^q)(i_0, \ldots, i_{q+1}) = \sum_{k=0}^{q+1} (-1)^k\, r^{U_{i_0} \ldots \hat{i}_k \ldots i_{q+1}}_{U_{i_0} \ldots i_{q+1}}\, f^q(i_0, \ldots, \hat{i}_k, \ldots, i_{q+1})$$

(Das Dach $\frown$ über einem Index bedeutet wieder, daß dieser Index weggelassen werden soll).

Hilfssatz 31.2. *Für jedes $q \geqq 0$ gilt $\delta^{q+1}_\mathfrak{U}\, \delta^q_\mathfrak{U} = 0$.*

$\mathbf{Beweis}$: $(\delta_{\mathfrak{U}}^{q+1}\, \delta_{\mathfrak{U}}^{q}\, f^{q})(i_0, \dots, i_{q+2})$

$$= \sum_{l=0}^{q+2} (-1)^l\, r_{U_{i_0}\dots \hat{i}_l \dots i_{q+2}}^{U_{i_0}}\, (\delta_{\mathfrak{U}}^{q}\, f^{q})(i_0, \dots, \hat{i}_l, \dots, i_{q+2})$$

$$= \sum_{l=0}^{q+2} (-1)^l\, r_{U_{i_0}\dots \hat{i}_l \dots i_{q+2}}^{U_{i_0}} \left(\sum_{\substack{k=0 \\ k<l}}^{q+2} (-1)^k\, r_{U_{i_0}\dots \hat{i}_k \dots \hat{i}_l \dots i_{q+2}}^{U_{i_0}}\, f^{q}(i_0, \dots, \hat{i}_k, \dots, \hat{i}_l, \dots, i_{q+2}) + \right.$$

$$\left. + \sum_{\substack{k=0 \\ k>l}}^{q+2} (-1)^{k-1}\, r_{U_{i_0}\dots \hat{i}_l \dots \hat{i}_k \dots i_{q+2}}^{U_{i_0}\dots \hat{i}_l}\, f^{q}(i_0, \dots, \hat{i}_l, \dots, \hat{i}_k, \dots, i_{q+2}) \right)$$

$$= \sum_{\substack{k,l=0 \\ k<l}}^{q+2} (-1)^{k+l}\, r_{U_{i_0}\dots \hat{i}_k \dots \hat{i}_l \dots i_{q+2}}^{U_{i_0}}\, f^{q}(i_0, \dots, \hat{i}_k, \dots, \hat{i}_l, \dots, i_{q+2}) -$$

$$- \sum_{\substack{k,l=0 \\ k>l}}^{q+2} (-1)^{k+l}\, r_{U_{i_0}\dots \hat{i}_l \dots \hat{i}_k \dots i_{q+2}}^{U_{i_0}}\, f^{q}(i_0, \dots, \hat{i}_l, \dots, \hat{i}_k, \dots, i_{q+2}) = 0\,.$$

Nach Hilfssatz 31.2 ist die Sequenz

$$\cdots \longrightarrow 0 \longrightarrow C^0(\mathfrak{U}; \mathfrak{G}) \xrightarrow{\delta_{\mathfrak{U}}^0} C^1(\mathfrak{U}; \mathfrak{G}) \xrightarrow{\delta_{\mathfrak{U}}^1} C^2(\mathfrak{U}; \mathfrak{G}) \xrightarrow{\delta_{\mathfrak{U}}^2} \cdots$$

ein Kokettenkomplex, den wir mit $C^*(\mathfrak{U}; \mathfrak{G})$ bezeichnen wollen.

$\mathfrak{G} = \{G_U, r_U^V\}$ und $\mathfrak{G}' = \{G_U', r_U'^V\}$ seien nun zwei Garbendaten über X und $h = \{h_U\}$ ein Garbendatenhomomorphismus von $\mathfrak{G}$ in $\mathfrak{G}'$ (vgl. § 5). Für jedes $q \geq 0$ definiert h einen Homomorphismus

$$h_{\mathfrak{U}}^q : C^q(\mathfrak{U}; \mathfrak{G}) \longrightarrow C^q(\mathfrak{U}; \mathfrak{G}')$$

auf folgende Weise:

$$(h_{\mathfrak{U}}^q\, f^q)(i_0, \dots, i_q) = h_{U_{i_0}\dots i_q}(f^q(i_0, \dots, i_q))\,.$$

Für jedes $q \geq 0$ ist dann das Diagramm

$$
\begin{array}{ccc}
C^q(\mathfrak{U}; \mathfrak{G}) & \xrightarrow{\delta_{\mathfrak{U}}^q} & C^{q+1}(\mathfrak{U}; \mathfrak{G}) \\
{\scriptstyle h_{\mathfrak{U}}^q}\Big\downarrow & & \Big\downarrow{\scriptstyle h_{\mathfrak{U}}^{q+1}} \\
C^q(\mathfrak{U}; \mathfrak{G}') & \xrightarrow[\delta_{\mathfrak{U}}'^q]{} & C^{q+1}(\mathfrak{U}; \mathfrak{G}')
\end{array}
$$

kommutativ:

$(h_{\mathfrak{U}}^{q+1}\, \delta_{\mathfrak{U}}^q\, f^q)(i_0, \dots, i_{q+1})$

$$= h_{U_{i_0}\dots i_{q+1}} \left(\sum_{k=0}^{q+1} (-1)^k\, r_{U_{i_0}\dots \hat{i}_k \dots i_{q+1}}^{U_{i_0}}\, f^q(i_0, \dots, \hat{i}_k, \dots, i_{q+1}) \right)$$

$$= \sum_{k=0}^{q+1} (-1)^k\, h_{U_{i_0}\dots i_{q+1}}\, r_{U_{i_0}\dots \hat{i}_k \dots i_{q+1}}^{U_{i_0}}\, f^q(i_0, \dots, \hat{i}_k, \dots, i_{q+1})$$

$$= \sum_{k=0}^{q+1} (-1)^k r'^{U_{i_0}\cdots \hat{i}_k \cdots i_{q+1}}_{U_{i_0}\cdots \hat{i}_k \cdots i_{q+1}} h_{U_{i_0}\cdots \hat{i}_k \cdots i_{q+1}} f^q(i_0, \ldots, \hat{i}_k, \ldots, i_{q+1})$$

$$= \sum_{k=0}^{q+1} (-1)^k r'^{U_{i_0}\cdots \hat{i}_k \cdots i_{q+1}}_{U_{i_0}\cdots \hat{i}_k \cdots i_{q+1}} (h^q_{\mathfrak{U}} f^q)(i_0, \ldots, \hat{i}_k, \ldots, i_{q+1}) = (\delta'^q_{\mathfrak{U}} h^q_{\mathfrak{U}} f^q)(i_0, \ldots, i_{q+1}).$$

Die Homomorphismen $h^q_{\mathfrak{U}}$ bilden also eine Kokettenabbildung von $C^*(\mathfrak{U}; \mathfrak{G})$ in $C^*(\mathfrak{U}; \mathfrak{G}')$.

ϕ bezeichne im folgenden eine beliebige Trägerfamilie auf X.

Definition 31.3. $C^q_\phi(\mathfrak{U}; \mathfrak{G})$ *sei die Menge derjenigen q-Koketten $f^q \in C^q(\mathfrak{U}; \mathfrak{G})$, für die ein $A \in \phi$ existiert, so daß*

$$r^{U_{i_0}\cdots i_q \cap (X-A)}_{U_{i_0}\cdots i_q} f^q(i_0, \ldots, i_q) = 0$$

für alle $(q + 1)$-Tupel $(i_0, \ldots, i_q)$ von Indizes aus I.

$C^q_\phi(\mathfrak{U}; \mathfrak{G})$ ist offensichtlich eine Untergruppe von $C^q(\mathfrak{U}; \mathfrak{G})$. Der Korandhomomorphismus

$$\delta^q_{\mathfrak{U}} : C^q(\mathfrak{U}; \mathfrak{G}) \longrightarrow C^{q+1}(\mathfrak{U}; \mathfrak{G})$$

bildet, wie man leicht bestätigt, die Untergruppe $C^q_\phi(\mathfrak{U}; \mathfrak{G})$ von $C^q(\mathfrak{U}; \mathfrak{G})$ in die Untergruppe $C^{q+1}_\phi(\mathfrak{U}; \mathfrak{G})$ von $C^{q+1}(\mathfrak{U}; \mathfrak{G})$ ab. $\delta^q_{\mathfrak{U}}|C^q_\phi(\mathfrak{U}; \mathfrak{G})$ ist daher ein Homomorphismus von $C^q_\phi(\mathfrak{U}; \mathfrak{G})$ in $C^{q+1}_\phi(\mathfrak{U}; \mathfrak{G})$, den wir wieder mit $\delta^q_{\mathfrak{U}}$ bezeichnen wollen. Damit haben wir dann den Kokettenkomplex $C^*_\phi(\mathfrak{U}; \mathfrak{G})$:

$$\cdots \longrightarrow 0 \longrightarrow C^0_\phi(\mathfrak{U}; \mathfrak{G}) \xrightarrow{\delta^0_{\mathfrak{U}}} C^1_\phi(\mathfrak{U}; \mathfrak{G}) \xrightarrow{\delta^1_{\mathfrak{U}}} C^2_\phi(\mathfrak{U}; \mathfrak{G}) \xrightarrow{\delta^2_{\mathfrak{U}}} \cdots .$$

$H^q_\phi(\mathfrak{U}; \mathfrak{G}) = H^q(C^*_\phi(\mathfrak{U}; \mathfrak{G}))$ heißt q-te Kohomologiegruppe der Überdeckung $\mathfrak{U}$ mit Koeffizienten in $\mathfrak{G}$ und Trägern in ϕ. Ist $\mathfrak{G}$ das kanonische Garbendatum der Garbe $\mathscr{G}$, so schreiben wir für $H^q_\phi(\mathfrak{U}; \mathfrak{G})$ auch $H^q_\phi(\mathfrak{U}; \mathscr{G})$. Nach Konstruktion gilt $H^q_\phi(\mathfrak{U}; \mathfrak{G}) = 0$ für alle $q < 0$.

Ist h ein Garbendatenhomomorphismus von $\mathfrak{G}$ in $\mathfrak{G}'$, so definiert h, wie wir oben gesehen haben, für jedes $q \geq 0$ einen Homomorphismus

$$h^q_{\mathfrak{U}} : C^q(\mathfrak{U}; \mathfrak{G}) \longrightarrow C^q(\mathfrak{U}; \mathfrak{G}').$$

$h^q_{\mathfrak{U}}$ bildet die Untergruppe $C^q_\phi(\mathfrak{U}; \mathfrak{G})$ von $C^q(\mathfrak{U}; \mathfrak{G})$ in die Untergruppe $C^q_\phi(\mathfrak{U}; \mathfrak{G}')$ von $C^q(\mathfrak{U}; \mathfrak{G}')$ ab. $h^q_{\mathfrak{U}}|C^q_\phi(\mathfrak{U}; \mathfrak{G})$ ist somit ein Homomorphismus von $C^q_\phi(\mathfrak{U}; \mathfrak{G})$ in $C^q_\phi(\mathfrak{U}; \mathfrak{G}')$, den wir ebenfalls mit $h^q_{\mathfrak{U}}$ bezeichnen. Die $h^q_{\mathfrak{U}}$ bilden eine Kokettenabbildung von $C^*_\phi(\mathfrak{U}; \mathfrak{G})$ in $C^*_\phi(\mathfrak{U}; \mathfrak{G}')$, welche nach § 16 für jedes $q \geq 0$ einen Homomorphismus

$$h^{*q}_{\mathfrak{U}} : H^q_\phi(\mathfrak{U}; \mathfrak{G}) \longrightarrow H^q_\phi(\mathfrak{U}; \mathfrak{G}')$$

induziert. Aus Satz 16.4 ergibt sich unmittelbar

Satz 31.4. $h : \mathfrak{G} \to \mathfrak{G}'$ *und* $h' : \mathfrak{G}' \to \mathfrak{G}''$ *seien Garbenhomomorphismen. Dann gilt:*

1) $(h'h)_{\mathfrak{U}}^{*q} = h_{\mathfrak{U}}'^{*q} h_{\mathfrak{U}}^{*q}$ *für alle* $q \geq 0$.

2) *Ist* $\mathfrak{G} = \mathfrak{G}'$ *und* h *der identische Homomorphismus, so gilt* $h_{\mathfrak{U}}^{*q} = \mathrm{id}_{H_{\phi}^q(\mathfrak{U};\mathfrak{G})}$ *für alle* $q \geq 0$.

Um die Kohomologiegruppen $H_{\phi}^q(\mathfrak{U};\mathscr{G})$ genauer untersuchen zu können, definieren wir im folgenden eine neue Garbe, die wir mit $\mathscr{C}^q(\mathfrak{U};\mathscr{G})$ bezeichnen werden. Ist $\mathscr{G}$ eine Garbe über X, so sei $C^q(\mathfrak{U} \cap U;\mathscr{G})$ für jede offene Teilmenge U von X die abelsche Gruppe

$$C^q(\mathfrak{U} \cap U;\mathscr{G}) = \prod_{(i_0,\ldots,i_q)} \Gamma(U_{i_0\ldots i_q} \cap U, \mathscr{G}) \qquad (q \geq 0).$$

Für $V \subset U$ (V offen) sei $\varrho_U^{qV} : C^q(\mathfrak{U} \cap U;\mathscr{G}) \to C^q(\mathfrak{U} \cap V;\mathscr{G})$ der Homomorphismus

$$\varrho_U^{qV} = \prod_{(i_0,\ldots,i_q)} r_{U_{i0}\ldots i_q \cap U}^{U_{i0}\ldots i_q \cap V},$$

wobei $r_{U_{i0}\ldots i_q \cap U}^{U_{i0}\ldots i_q \cap V}$ den Restriktionshomomorphismus

$$\Gamma(U_{i_0\ldots i_q} \cap U, \mathscr{G}) \longrightarrow \Gamma(U_{i_0\ldots i_q} \cap V, \mathscr{G})$$

bezeichne.

$\{C^q(\mathfrak{U} \cap U;\mathscr{G}), \varrho_U^{qV}\}$ ist dann ein Garbendatum, welches eine Garbe $\mathscr{C}^q(\mathfrak{U};\mathscr{G})$ definiert.

Hilfssatz 31.5. *Das Garbendatum* $\{C^q(\mathfrak{U} \cap U;\mathscr{G}), \varrho_U^{qV}\}$ *genügt den Bedingungen (G 1) in Satz 4.7 und (G 2) in Satz 4.8.*

B e w e i s : $(i_0,\ldots,i_q)$ sei zunächst ein festes $(q+1)$-Tupel von Indizes aus I. $\mathscr{G}(i_0,\ldots,i_q)$ bezeichne die durch das Garbendatum

$$\{\Gamma(U_{i_0\ldots i_q} \cap U, \mathscr{G}), r_{U_{i0}\ldots i_q \cap U}^{U_{i0}\ldots i_q \cap V}\}$$

definierte Garbe; da

$$\{\Gamma(U_{i_0\ldots i_q} \cap U, \mathscr{G}), r_{U_{i0}\ldots i_q \cap U}^{U_{i0}\ldots i_q \cap V}\}$$

den Bedingungen (G 1) in Satz 4.7 und (G 2) in Satz 4.8 genügt, kann man

$$\{\Gamma(U_{i_0\ldots i_q} \cap U, \mathscr{G}), r_{U_{i_0^0}\ldots i_q \cap U}^{U_{i0}\ldots i_q \cap V}\}$$

mit dem kanonischen Garbendatum von $\mathscr{G}(i_0,\ldots,i_q)$ identifizieren. Die Behauptung ergibt sich dann aus Kapitel I, Aufgabe 16.

Für jedes $q \geq 0$ definieren wir nun einen Garbenhomomorphismus

$$d^q : \mathscr{C}^q(\mathfrak{U};\mathscr{G}) \longrightarrow \mathscr{C}^{q+1}(\mathfrak{U};\mathscr{G})$$

wie folgt:

$$\delta_{\mathfrak{U} \cap U}^q : C^q(\mathfrak{U} \cap U;\mathscr{G}) \longrightarrow C^{q+1}(\mathfrak{U} \cap U;\mathscr{G})$$

sei durch

$$(\delta_{\mathfrak{U} \cap U}^q f^q)(i_0,\ldots,i_{q+1}) = \sum_{k=0}^{q+1} (-1)^k r_{U_{i0}\ldots i_k\ldots i_{q+1} \cap U}^{U_{i0}\ldots i_{q+1} \cap U} f^q(i_0,\ldots,\hat{i}_k,\ldots,i_{q+1})$$

$(f^q \in C^q(\mathfrak{U} \cap U;\mathscr{G}))$ erklärt. Die $\delta_{\mathfrak{U} \cap U}^q$ bilden einen Garbendatenhomomorphismus von $\{C^q(\mathfrak{U} \cap U; \mathcal{G}), \varrho_U^{qV}\}$ in $\{C^{q+1}(\mathfrak{U} \cap U; \mathcal{G}), \varrho^{q+1}{}_U^V\}$, der schließlich einen Garbenhomomorphismus $d^q : \mathcal{C}^q(\mathfrak{U}; \mathcal{G}) \to \mathcal{C}^{q+1}(\mathfrak{U}; \mathcal{G})$ induziert. Wegen $d^{q+1} d^q = 0$ für alle $q \geqq 0$ ist die Sequenz

$$0 \longrightarrow \mathcal{C}^0(\mathfrak{U}; \mathcal{G}) \xrightarrow{d^0} \mathcal{C}^1(\mathfrak{U}; \mathcal{G}) \xrightarrow{d^1} \mathcal{C}^2(\mathfrak{U}; \mathcal{G}) \xrightarrow{d^2} \cdots$$

ein Komplex von Garben, der den Kokettenkomplex

$$0 \longrightarrow \Gamma_\phi(\mathcal{C}^0(\mathfrak{U}; \mathcal{G})) \xrightarrow{\bar{d}^0} \Gamma_\phi(\mathcal{C}^1(\mathfrak{U}; \mathcal{G})) \xrightarrow{\bar{d}^1} \Gamma_\phi(\mathcal{C}^2(\mathfrak{U}; \mathcal{G})) \xrightarrow{\bar{d}^2} \cdots$$

induziert.

Satz 31.6. *Für jede Trägerfamilie ϕ auf X sind die Kokettenkomplexe $C_\phi^*(\mathfrak{U}; \mathcal{G})$ und $\Gamma_\phi(\mathcal{C}^*(\mathfrak{U}; \mathcal{G}))$ zueinander isomorph*[1].

Beweis: Nach § 4 hat man für jede offene Teilmenge U von X einen Homomorphismus

$$\varrho_U^q : C^q(\mathfrak{U} \cap U; \mathcal{G}) \longrightarrow \Gamma(U, \mathcal{C}^q(\mathfrak{U}; \mathcal{G})).$$

Ist $V \subset U$ (V offen), so ist das Diagramm

$$
\begin{array}{ccc}
C^q(\mathfrak{U} \cap U; \mathcal{G}) & \xrightarrow{\varrho_U^q} & \Gamma(U, \mathcal{C}^q(\mathfrak{U}; \mathcal{G})) \\[2pt]
\varrho_U^{qV} \downarrow & & \downarrow \tau_U^{qV} \\[2pt]
C^q(\mathfrak{U} \cap V; \mathcal{G}) & \xrightarrow[\varrho_V^q]{} & \Gamma(V, \mathcal{C}^q(\mathfrak{U}; \mathcal{G}))
\end{array}
\tag{31.1}
$$

nach Hilfssatz 4.6 kommutativ, wobei τ_U^{qV} den Restriktionshomomorphismus bezeichne. $\{\varrho_X^q\}$ ist eine Kokettenabbildung von $C^*(\mathfrak{U}; \mathcal{G})$ in $\Gamma(\mathcal{C}^*(\mathfrak{U}; \mathcal{G}))$. Da das Garbendatum $\{C^q(\mathfrak{U} \cap U; \mathcal{G}), \varrho_U^{qV}\}$ den Bedingungen (G 1) in Satz 4.7 und (G 2) in Satz 4.8 genügt (vgl. Hilfssatz 31.5), sind alle Homomorphismen ϱ_U^q bijektiv. Insbesondere sind die Kokettenkomplexe $C^*(\mathfrak{U}; \mathcal{G})$ und $\Gamma(\mathcal{C}^*(\mathfrak{U}; \mathcal{G}))$ zueinander isomorph. Um die Behauptung des Satzes zu beweisen, zeigen wir, daß

$$\Gamma_\phi(\mathcal{C}^q(\mathfrak{U}; \mathcal{G})) = \varrho_X^q(C_\phi^q(\mathfrak{U}; \mathcal{G})) \qquad \text{für alle } q \geqq 0.$$

1) $\varrho_X^q(C_\phi^q(\mathfrak{U}; \mathcal{G})) \subset \Gamma_\phi(\mathcal{C}^q(\mathfrak{U}; \mathcal{G}))$: Ist $f^q \in C_\phi^q(\mathfrak{U}; \mathcal{G})$, so gibt es nach Definition ein $A \in \phi$, so daß

$$r_{U_{i_0 \ldots i_q}}^{U_{i_0 \ldots i_q} \cap (X-A)} f^q(i_0, \ldots, i_q) = 0$$

für alle $(q+1)$-Tupel $(i_0, \ldots, i_q)$, d.h. $\varrho_X^{qX-A}(f^q) = 0$. Nach (31.1) gilt dann

$$\tau_X^{qX-A} \varrho_X^q(f^q) = \varrho_{X-A}^q \varrho_X^{qX-A}(f^q) = 0,$$

d.h. $\mathrm{Tr}\, \varrho_X^q(f^q) \subset A$, also hat man $\mathrm{Tr}\, \varrho_X^q(f^q) \in \phi$.

2) $\Gamma_\phi(\mathcal{C}^q(\mathfrak{U}; \mathcal{G})) \subset \varrho_X^q(C_\phi^q(\mathfrak{U}; \mathcal{G}))$: Ist $\sigma \in \Gamma_\phi(\mathcal{C}^q(\mathfrak{U}; \mathcal{G}))$, so gilt trivialerweise $\tau_X^{qX-A}(\sigma)$

---

[1] Zwei Kokettenkomplexe C und C' heißen zueinander isomorph, wenn eine Kokettenabbildung $f = \{f^q\}$ von C in C' existiert, bei der alle f^q Isomorphismen sind.

$= 0$, wenn wir mit A den Träger von σ bezeichnen. Zu σ gibt es genau ein $f^q \in C^q(\mathfrak{U}; \mathscr{G})$, so daß $\sigma = \varrho_X^q(f^q)$. Nach (31.1) gilt dann

$$\varrho_{X-A}^q \varrho_X^{qX-A}(f^q) = \tau_X^{qX-A}(\sigma) = 0 \,.$$

Aus der Bijektivität von ϱ_{X-A}^q ergibt sich $\varrho_X^{qX-A}(f^q) = 0$, d. h.

$$r_{U^{i0}\ldots\, i_q}^{U_{i0}\ldots\, i_q \cap (X-A)} f^q(i_0, \ldots, i_q) = 0$$

für alle $(q+1)$-Tupel $(i_0, \ldots, i_q)$. Wegen $A \in \phi$ ist also $\sigma \in \varrho_X^q(C_\phi^q(\mathfrak{U}; \mathscr{G}))$. Damit ist der Satz vollständig bewiesen.

Als nächstes konstruieren wir für jede Garbe $\mathscr{G}$ über X einen Homomorphismus

$$\varepsilon : \mathscr{G} \longrightarrow \mathscr{C}^0(\mathfrak{U}; \mathscr{G}) \,.$$

$\mathscr{G}$ wird durch das Garbendatum $\{\Gamma(U, \mathscr{G}), r_U^V\}$ und $\mathscr{C}^0(\mathfrak{U}; \mathscr{G})$ durch das Garbendatum $\left\{\prod\limits_{i\in I} \Gamma(U_i \cap U, \mathscr{G}), \varrho_U^{0V}\right\}$ induziert.

$$\varepsilon_U : \Gamma(U, \mathscr{G}) \longrightarrow \prod\limits_{i\in I} \Gamma(U_i \cap U, \mathscr{G})$$

erklären wir durch

$$(\varepsilon_U \sigma)(i) = r_U^{U \cap U_i}(\sigma) \qquad (\sigma \in \Gamma(U, \mathscr{G})) \,.$$

$\{\varepsilon_U\}$ ist ein Garbendatenhomomorphismus von $\{\Gamma(U, \mathscr{G}), r_U^V\}$ in $\left\{\prod\limits_{i\in I} \Gamma(U_i \cap U, \mathscr{G}), \varrho_U^{0V}\right\}$, der einen Garbenhomomorphismus $\varepsilon : \mathscr{G} \to \mathscr{C}^0(\mathfrak{U}; \mathscr{G})$ definiert.

Satz 31.7. *Für jede Garbe $\mathscr{G}$ über X ist die Sequenz*

$$0 \longrightarrow \mathscr{G} \xrightarrow{\ \varepsilon\ } \mathscr{C}^0(\mathfrak{U}; \mathscr{G}) \xrightarrow{\ d^0\ } \mathscr{C}^1(\mathfrak{U}; \mathscr{G}) \xrightarrow{\ d^1\ } \mathscr{C}^2(\mathfrak{U}; \mathscr{G}) \xrightarrow{\ d^2\ } \cdots$$

exakt.

Beweis: 1) ε ist injektiv: Ist $\sigma \in \operatorname{Kern} \varepsilon_U$, so hat man $r_U^{U\cap U_i}(\sigma) = 0$ für alle $i \in I$, d. h. $\sigma = 0$. ε_U ist daher für jede offene Teilmenge U von X ein Monomorphismus, woraus die Behauptung folgt.

2) Bild $\varepsilon = \operatorname{Kern} d^0$: Für $\sigma \in \Gamma(U, \mathscr{G})$ gilt

$$(\delta_{\mathfrak{u}\cap U}^0 \varepsilon_U \sigma)(i_0, i_1) = r_{U_{i_1}^{i_0}\cap U^{i_1}}^{U_{i_0}\cap U_{i_1}\cap U}\, \varepsilon_U \sigma(i_1) - r_{U_{i_0}^{i_0}\cap U^{i_1}}^{U_{i_0}\cap U_{i_1}\cap U}\, \varepsilon_U \sigma(i_0)$$

$$= r_{U_{i_1}^{i_0}\cap U^{i_1}}^{U_{i_0}\cap U_{i_1}\cap U}\, r_U^{U_{i_1}\cap U}(\sigma) - r_{U_{i_0}^{i_0}\cap U^{i_1}}^{U_{i_0}\cap U_{i_1}\cap U}\, r_U^{U_{i_0}\cap U}(\sigma) = 0 \,,$$

d. h. $\delta_{\mathfrak{u}\cap U}^0 \varepsilon_U = 0$ für alle offenen Teilmengen U von X. Daher ist $d^0 \varepsilon = 0$, also Bild $\varepsilon \subset \operatorname{Kern} d^0$. Um die umgekehrte Inklusion zu beweisen, betrachten wir die Sequenz

$$\mathscr{G}_x \xrightarrow{\ \varepsilon_x\ } \mathscr{C}^0(\mathfrak{U}; \mathscr{G})_x \xrightarrow{\ d_x^0\ } \mathscr{C}^1(\mathfrak{U}; \mathscr{G})_x \,.$$

Ist $\tau_x \in \operatorname{Kern} d_x^0$, so wird τ_x durch ein Element $\tau \in C^0(\mathfrak{U} \cap U; \mathscr{G})$ repräsentiert mit $\delta_{\mathfrak{u}\cap U}^0(\tau) = 0$ (U eine geeignete offene Umgebung von x). Somit ist

$$r_{U_{i_1}^{i_0}\cap U^{i_1}}^{U_{i_0}\cap U_{i_1}\cap U}\, \tau(i_1) = r_{U_{i_0}^{i_0}\cap U^{i_1}}^{U_{i_0}\cap U_{i_1}\cap U}\, \tau(i_0)$$

für alle Paare (i_0, i_1) von Indizes aus I. Daher gibt es ein $\tilde{\tau} \in \Gamma(U, \mathcal{G})$, so daß $r_U^{U \cap U_i}(\tilde{\tau}) = \tau(i)$ für alle $i \in I$, d. h. man hat $\varepsilon_U(\tilde{\tau}) = \tau$. Für die Klasse $\tilde{\tau}_x \in \mathcal{G}_x$ von τ gilt dann $\varepsilon_x(\tilde{\tau}_x) = \tau_x$, d. h. Kern $d_x^0 \subset$ Bild ε_x.

3) Bild $d^q = $ Kern d^{q+1} $(q \geq 0)$: Wir brauchen nur zu zeigen, daß Kern $d_x^{q+1} \subset$ Bild d_x^q für alle $x \in X$. Ist $\tau_x \in$ Kern d_x^{q+1}, so wird τ_x durch ein Element $\tau \in C^{q+1}(\mathfrak{U} \cap U; \mathcal{G})$ repräsentiert mit $\delta_{\mathfrak{U} \cap U}^{q+1}(\tau) = 0$ (U eine offene Umgebung von x). U kann man so klein wählen, daß $U \subset U_i$ für ein geeignetes $i \in I$. Unter dieser Voraussetzung gilt dann für alle $(q+1)$-Tupel $(i_0, \ldots, i_q)$ von Indizes aus I

$$U \cap U_{ii_0 \ldots i_q} = U \cap U_{i_0 \ldots i_q}.$$

$\tilde{\tau} \in C^q(\mathfrak{U} \cap U; \mathcal{G})$ sei die Funktion

$$\tilde{\tau}(i_0, \ldots, i_q) = \tau(i, i_0, \ldots, i_q).$$

Da nach Voraussetzung

$$(\delta_{\mathfrak{U} \cap U}^{q+1}\tau)(i, i_0, \ldots, i_{q+1}) = r_{U_{i0} \ldots i_{q+1} \cap U}^{U_{ii0} \ldots i_{q+1} \cap U}\tau(i_0, \ldots, i_{q+1}) -$$

$$- \sum_{k=0}^{q+1} (-1)^k r_{U_{ii0} \ldots \hat{i}_k \ldots i_{q+1} \cap U}^{U_{ii0} \ldots i_{q+1} \cap U}\tau(i, i_0, \ldots, \hat{i}_k, \ldots, i_{q+1}) = 0$$

für alle $(q+2)$-Tupel $(i_0, \ldots, i_{q+1})$, gilt

$$(\delta_{\mathfrak{U} \cap U}^q \tilde{\tau})(i_0, \ldots, i_{q+1}) = \sum_{k=0}^{q+1} (-1)^k r_{U_{i0} \ldots \hat{i}_k \ldots i_{q+1} \cap U}^{U_{i0} \ldots i_{q+1} \cap U}\tilde{\tau}(i_0, \ldots, \hat{i}_k, \ldots, i_{q+1})$$

$$= \sum_{k=0}^{q+1} (-1)^k r_{U_{i0} \ldots \hat{i}_k \ldots i_{q+1} \cap U}^{U_{i0} \ldots i_{q+1} \cap U}\tau(i, i_0, \ldots, \hat{i}_k, \ldots, i_{q+1}) = \tau(i_0, \ldots, i_{q+1}),$$

d. h. man hat $\delta_{\mathfrak{U} \cap U}^q \tilde{\tau} = \tau$. Für die Klasse $\tilde{\tau}_x \in \mathscr{C}^q(\mathfrak{U}; \mathcal{G})_x$ von $\tilde{\tau}$ gilt dann $d_x^q(\tilde{\tau}_x) = \tau_x$, woraus sich die Behauptung unmittelbar ergibt.

Satz 31.7 besagt also, daß die Sequenz

$$0 \longrightarrow \mathcal{G} \xrightarrow{\varepsilon} \mathscr{C}^0(\mathfrak{U}; \mathcal{G}) \xrightarrow{d^0} \mathscr{C}^1(\mathfrak{U}; \mathcal{G}) \xrightarrow{d^1} \mathscr{C}^2(\mathfrak{U}; \mathcal{G}) \xrightarrow{d^2} \cdots$$

eine Auflösung der Garbe $\mathcal{G}$ ist.

Satz 31.8. *Ist ϕ eine Trägerfamilie auf X, so gilt für jede Garbe $\mathcal{G}$ über X*

$$H_\phi^0(\mathfrak{U}; \mathcal{G}) \cong \Gamma_\phi(\mathcal{G}).$$

Beweis: Aus der Exaktheit der Sequenz

$$0 \longrightarrow \mathcal{G} \xrightarrow{\varepsilon} \mathscr{C}^0(\mathfrak{U}; \mathcal{G}) \xrightarrow{d^0} \mathscr{C}^1(\mathfrak{U}; \mathcal{G})$$

ergibt sich nach Satz 12.4 die Exaktheit der Folge

$$0 \longrightarrow \Gamma_\phi(\mathcal{G}) \xrightarrow{\bar{\varepsilon}} \Gamma_\phi(\mathscr{C}^0(\mathfrak{U}; \mathcal{G})) \xrightarrow{\bar{d}^0} \Gamma_\phi(\mathscr{C}^1(\mathfrak{U}; \mathcal{G})).$$

Hieraus folgt unter Berücksichtigung von Satz 31.6

$$H_\phi^0(\mathfrak{U}; \mathcal{G}) \cong \text{Kern } \bar{d}^0 \cong \Gamma_\phi(\mathcal{G}).$$

Satz 31.9. *Ist ϕ eine Trägerfamilie auf X und $\mathscr{G}$ eine welke Garbe über X, so gilt für alle $q \geq 1$*

$$H^q_\phi(\mathfrak{U}; \mathscr{G}) = 0.$$

Beweis: Aus dem Beweis von Hilfssatz 31.5 ergibt sich, daß man $\mathscr{C}^q(\mathfrak{U}; \mathscr{G})$ mit dem Produkt $\prod_{(i_0, \ldots, i_q)} \mathscr{G}(i_0, \ldots, i_q)$ identifizieren kann. Mit $\mathscr{G}$ ist auch $\mathscr{G}(i_0, \ldots, i_q)$ und weiter $\mathscr{C}^q(\mathfrak{U}; \mathscr{G})$ eine welke Garbe[1]). Daher ist

$$0 \longrightarrow \mathscr{G} \xrightarrow{\varepsilon} \mathscr{C}^0(\mathfrak{U}; \mathscr{G}) \xrightarrow{d^0} \mathscr{C}^1(\mathfrak{U}; \mathscr{G}) \xrightarrow{d^1} \mathscr{C}^2(\mathfrak{U}; \mathscr{G}) \xrightarrow{d^2} \cdots$$

eine exakte Sequenz welker Garben, die nach Satz 12.15 die exakte Folge

$$0 \longrightarrow \Gamma_\phi(\mathscr{G}) \xrightarrow{\bar{\varepsilon}} \Gamma_\phi(\mathscr{C}^0(\mathfrak{U}; \mathscr{G})) \xrightarrow{\bar{d}^0} \Gamma_\phi(\mathscr{C}^1(\mathfrak{U}; \mathscr{G})) \xrightarrow{\bar{d}^1} \cdots$$

induziert. Hieraus folgt unter Benutzung von Satz 31.6

$$H^q_\phi(\mathfrak{U}; \mathscr{G}) \cong \operatorname{Kern} \bar{d}^q / \operatorname{Bild} \bar{d}^{q-1} = 0$$

für alle $q \geq 1$.

Satz 31.10. *Ist ϕ eine parakompaktifizierende Trägerfamilie auf X und $\mathscr{G}$ eine ϕ-feine Garbe über X, so gilt für alle $q \geq 1$*

$$H^q_\phi(\mathfrak{U}; \mathscr{G}) = 0.$$

Beweis: Da wir $\mathscr{G}$ als ϕ-fein vorausgesetzt haben, ist $\mathscr{H}om_{\mathscr{X}}(\mathscr{G}, \mathscr{G})$ eine ϕ-weiche Garbe. Nach Satz 13.15 ist damit auch die $\mathscr{H}om_{\mathscr{X}}(\mathscr{G}, \mathscr{G})$-Garbe $\mathscr{C}^q(\mathfrak{U}; \mathscr{G})$ ϕ-weich, d. h. wir haben die exakte Sequenz

$$0 \longrightarrow \mathscr{G} \xrightarrow{\varepsilon} \mathscr{C}^0(\mathfrak{U}; \mathscr{G}) \xrightarrow{d^0} \mathscr{C}^1(\mathfrak{U}; \mathscr{G}) \xrightarrow{d^1} \mathscr{C}^2(\mathfrak{U}; \mathscr{G}) \xrightarrow{d^2} \cdots$$

ϕ-weicher Garben, die die exakte Folge

$$0 \longrightarrow \Gamma_\phi(\mathscr{G}) \xrightarrow{\bar{\varepsilon}} \Gamma_\phi(\mathscr{C}^0(\mathfrak{U}; \mathscr{G})) \xrightarrow{\bar{d}^0} \Gamma_\phi(\mathscr{C}^1(\mathfrak{U}; \mathscr{G})) \xrightarrow{\bar{d}^1} \cdots$$

induziert. Hieraus ergibt sich unmittelbar die Behauptung.

§ 32 Übergang zum direkten Limes

Bislang haben wir nur Kohomologiegruppen $H^q_\phi(\mathfrak{U}; \mathfrak{G})$ einer offenen Überdeckung $\mathfrak{U}$ von X mit Koeffizienten in dem Garbendatum $\mathfrak{G}$ definiert. Um Kohomologiegruppen von X selbst erklären zu können, konstruieren wir nun für jedes $q \geq 0$ einen Homomorphismus $H^q_\phi(\mathfrak{U}; \mathfrak{G}) \to H^q_\phi(\mathfrak{B}; \mathfrak{G})$ ($\mathfrak{B}$ eine Verfeinerung von $\mathfrak{U}$) und gehen dann in geeigneter Weise zum direkten Limes über.

$\mathfrak{G} = \{G_U, r_U^V\}$ sei ein Garbendatum über X und $\mathfrak{B} = \{V_j\}_{j \in J}$ eine Verfeinerung der Überdeckung $\mathfrak{U} = \{U_i\}_{i \in I}$[2]) von X, d.h. es gibt eine Abbildung $\tau : J \to I$, so daß

---

[1]) Das Produkt welker Garben ist wieder welk.
[2]) Gemeint sind immer offene Überdeckungen.

$V_j \subset U_{\tau j}$ für alle $j \in J$ [1]). τ definiert für jedes $q \geqq 0$ einen Homomorphismus

$$\tau^q : C^q(\mathfrak{U}; \mathfrak{G}) \longrightarrow C^q(\mathfrak{V}; \mathfrak{G})$$

wie folgt:

$$(\tau^q f^q)(j_0, \ldots, j_q) = r^{V\,j_0\,\ldots\,j_q}_{U\,\tau j_0\,\ldots\,\tau j_q}\, f^q(\tau j_0, \ldots, \tau j_q)\,(f^q \in C^q(\mathfrak{U}; \mathfrak{G}))\,.$$

τ^q definiert einen Homomorphismus von $C^q_\phi(\mathfrak{U}; \mathfrak{G})$ in $C^q_\phi(\mathfrak{V}; \mathfrak{G})$, den wir wieder mit τ^q bezeichnen wollen.

Hilfssatz 32.1. $\{\tau^q\}$ *ist eine Kokettenabbildung von* $C^*_\phi(\mathfrak{U}; \mathfrak{G})$ *in* $C^*_\phi(\mathfrak{V}; \mathfrak{G})$.

Beweis: Wir haben zu zeigen, daß für jedes $q \geqq 0$ das Diagramm

$$
\begin{array}{ccc}
C^q_\phi(\mathfrak{U}; \mathfrak{G}) & \xrightarrow{\ \delta^q_\mathfrak{U}\ } & C^{q+1}_\phi(\mathfrak{U}; \mathfrak{G}) \\
\Big\downarrow{\tau^q} & & \Big\downarrow{\tau^{q+1}} \\
C^q_\phi(\mathfrak{V}; \mathfrak{G}) & \xrightarrow[\ \delta^q_\mathfrak{V}\ ]{} & C^{q+1}_\phi(\mathfrak{V}; \mathfrak{G})
\end{array}
$$

kommutativ ist. Dies folgt aber aus

$$(\delta^q_\mathfrak{V}\tau^q f^q)(j_0, \ldots, j_{q+1}) = \sum_{k=0}^{q+1}(-1)^k r^{V\,j_0\,\ldots\,\hat{j}_k\,\ldots\,j_{q+1}}_{V\,j_0\,\ldots\,j_{q+1}}\, \tau^q f^q(j_0, \ldots, \hat{j}_k, \ldots, j_{q+1})$$

$$= \sum_{k=0}^{q+1}(-1)^k r^{V\,j_0\,\ldots\,\hat{j}_k\,\ldots\,j_{q+1}}_{V\,j_0\,\ldots\,j_{q+1}}\, r^{V\,j_0\,\ldots\,\hat{j}_k\,\ldots\,j_{q+1}}_{U\,\tau j_0\,\ldots\,\widehat{\tau j_k}\,\ldots\,\tau j_{q+1}}\, f^q(\tau j_0, \ldots, \hat{\tau} j_k, \ldots, \tau j_{q+1})$$

$$= \sum_{k=0}^{q+1}(-1)^k r^{V\,j_0\,\ldots\,j_{q+1}}_{U\,\tau j_0\,\ldots\,\tau j_{q+1}}\, r^{U\,\tau j_0\,\ldots\,\tau j_{q+1}}_{U\,\tau j_0\,\ldots\,\widehat{\tau j_k}\,\ldots\,\tau j_{q+1}}\, f^q(\tau j_0, \ldots, \hat{\tau} j_k, \ldots, \tau j_{q+1})$$

$$= r^{V\,j_0\,\ldots\,j_{q+1}}_{U\,\tau j_0\,\ldots\,\tau j_{q+1}}(\delta^q_\mathfrak{U} f^q)(\tau j_0, \ldots, \tau j_{q+1}) = (\tau^{q+1}\delta^q_\mathfrak{U} f^q)(j_0, \ldots, j_{q+1})\,.$$

Nach Hilfssatz 32.1 induziert τ^q einen Homomorphismus

$$t^{q\mathfrak{V}}_\mathfrak{U} : H^q_\phi(\mathfrak{U}; \mathfrak{G}) \longrightarrow H^q_\phi(\mathfrak{V}; \mathfrak{G})\,.$$

Als nächstes zeigen wir, daß $t^{q\mathfrak{V}}_\mathfrak{U}$ von der Auswahl der Abbildung $\tau : J \to I$ unabhängig ist, d. h. $t^{q\mathfrak{V}}_\mathfrak{U}$ hängt nur von $\mathfrak{U}$ und $\mathfrak{V}$ ab. Der Beweis dieser Behauptung folgt aus Satz 16.6 in Verbindung mit

Hilfssatz 32.2. $\tau, \tau' : J \to I$ *seien zwei Abbildungen, so daß* $V_j \subset U_{\tau j} \cap U_{\tau' j}$ *für alle* $j \in J$. *Dann sind die Kokettenabbildungen* $\{\tau^q\}$ *und* $\{\tau'^q\}$ *von* $C^*_\phi(\mathfrak{U}; \mathfrak{G})$ *in* $C^*_\phi(\mathfrak{V}; \mathfrak{G})$ *kokettenhomotop.*

Beweis: Für jedes $q \in Z$ konstruieren wir einen Homomorphismus

$$s^q : C^q_\phi(\mathfrak{U}; \mathfrak{G}) \longrightarrow C^{q-1}_\phi(\mathfrak{V}; \mathfrak{G})\,,$$

so daß

$$\delta^{q-1}_\mathfrak{V} s^q + s^{q+1}\delta^q_\mathfrak{U} = \tau'^q - \tau^q\,. \tag{32.1}$$

---

[1]) Statt $\tau(j)$ schreiben wir kurz τj.

Für $q \leqq 0$ setzen wir $s^q = 0$ und definieren s^q für $q > 0$ durch

$$(s^q f^q)(j_0, \ldots, j_{q-1}) = \sum_{k=0}^{q-1} (-1)^k r^{V j_0 \ldots \ldots j_{q-1}}_{U \tau j_0 \ldots \tau j_k \tau' j_k \ldots \tau' j_{q-1}}\, f^q(\tau j_0, \ldots, \tau j_k, \tau' j_k, \ldots, \tau' j_{q-1}).$$

Für $q < 0$ ist (32.1) trivialerweise erfüllt, so daß wir uns auf den Fall $q \geqq 0$ beschränken können.

1) $q = 0$:

$$(s^1 \delta_{\mathfrak{u}}^0 f^0)(j) = r^{V j}_{U_{\tau j} \cap U_{\tau' j}} \delta_{\mathfrak{u}}^0 f^0(\tau j, \tau' j) = r^{V j}_{U_{\tau j} \cap U_{\tau' j}} (r^{U_{\tau j} \cap U_{\tau' j}}_{U_{\tau' j}} f^0(\tau' j) - r^{U_{\tau j} \cap U_{\tau' j}}_{U_{\tau j}} f^0(\tau j))$$

$$= r^{V j}_{U_{\tau' j}} f^0(\tau' j) - r^{V j}_{U_{\tau j}} f^0(\tau j) = (\tau'^0 f^0)(j) - (\tau^0 f^0)(j).$$

2) $q > 0$: Zunächst berechnen wir die Terme $\delta_{\mathfrak{B}}^{q-1} s^q$ und $s^{q+1} \delta_{\mathfrak{u}}^q$:

$$(\delta_{\mathfrak{B}}^{q-1} s^q f^q)(j_0, \ldots, j_q) = \sum_{k=0}^{q} (-1)^k r^{V j_0 \ldots \ldots j_q}_{V j_0 \ldots \hat{j}_k \ldots j_q}\, s^q f^q(j_0, \ldots, \hat{j}_k, \ldots, j_q)$$

$$= \sum_{k=0}^{q} (-1)^k r^{V j_0 \ldots \ldots j_q}_{V j_0 \ldots \hat{j}_k \ldots j_q} \cdot$$

$$\cdot \left(\sum_{\substack{l=0 \\ l<k}}^{q} (-1)^l r^{V j_0 \ldots \ldots \hat{j}_k \ldots \ldots j_q}_{U \tau j_0 \ldots \tau j_l \tau' j_l \ldots \hat{\tau'} j_k \ldots \tau' j_q}\, f^q(\tau j_0, \ldots, \tau j_l, \tau' j_l, \ldots, \hat{\tau'} j_k, \ldots, \tau' j_q) + \right.$$

$$\left. + \sum_{\substack{l=0 \\ l>k}}^{q} (-1)^{l-1} r^{V j_0 \ldots \hat{j}_k \ldots \ldots j_q}_{U \tau j_0 \ldots \hat{\tau} j_k \ldots \tau j_l \tau' j_l \ldots \tau' j_q}\, f^q(\tau j_0, \ldots, \hat{\tau} j_k, \ldots, \tau j_l, \tau' j_l, \ldots, \tau' j_q) \right)$$

$$= \sum_{\substack{k,l=0 \\ l<k}}^{q} (-1)^{k+l} r^{V j_0 \ldots \ldots \ldots j_q}_{U \tau j_0 \ldots \tau j_l \tau' j_l \ldots \hat{\tau'} j_k \ldots \tau' j_q}\, f^q(\tau j_0, \ldots, \tau j_l, \tau' j_l, \ldots, \hat{\tau'} j_k, \ldots, \tau' j_q) -$$

$$- \sum_{\substack{k,l=0 \\ l>k}}^{q} (-1)^{k+l} r^{V j_0 \ldots \ldots \ldots j_q}_{U \tau j_0 \ldots \hat{\tau} j_k \ldots \tau j_l \tau' j_l \ldots \tau' j_q}\, f^q(\tau j_0, \ldots, \hat{\tau} j_k, \ldots, \tau j_l, \tau' j_l, \ldots, \tau' j_q).$$

Andererseits gilt:

$$(s^{q+1} \delta_{\mathfrak{u}}^q f^q)(j_0, \ldots, j_q)$$

$$= \sum_{l=0}^{q} (-1)^l r^{V j_0 \ldots \ldots j_q}_{U \tau j_0 \ldots \tau j_l \tau' j_l \ldots \tau' j_q}\, \delta_{\mathfrak{u}}^q f^q(\tau j_0, \ldots, \tau j_l, \tau' j_l, \ldots, \tau' j_q)$$

$$= \sum_{l=0}^{q} (-1)^l r^{V j_0 \ldots \ldots j_q}_{U \tau j_0 \ldots \tau j_l \tau' j_l \ldots \tau' j_q} \cdot$$

$$\cdot \left(\sum_{\substack{k=0 \\ k \leqq l}}^{q} (-1)^k r^{U \tau j_0 \ldots \ldots \tau j_l \tau' j_l \ldots \tau' j_q}_{U \tau j_0 \ldots \hat{\tau} j_k \ldots \tau j_l \tau' j_l \ldots \tau' j_q}\, f^q(\tau j_0, \ldots, \hat{\tau} j_k, \ldots, \tau j_l, \tau' j_l, \ldots, \tau' j_q) + \right.$$

$$\left. + \sum_{\substack{k=0 \\ k \geqq l}}^{q} (-1)^{k-1} r^{U \tau j_0 \ldots \tau j_l \tau' j_l \ldots \ldots \tau' j_q}_{U \tau j_0 \ldots \tau j_l \tau' j_l \ldots \hat{\tau'} j_k \ldots \tau' j_q}\, f^q(\tau j_0, \ldots, \tau j_l, \tau' j_l, \ldots, \hat{\tau'} j_k, \ldots, \tau' j_q) \right)$$

$$= \sum_{\substack{k,l=0 \\ k \leq l}}^{q} (-1)^{k+l} r_{U\tau j_0 \ldots \hat{\tau} jk \ldots \tau jl \tau' jl \ldots \tau' j_q}^{V j_0 \qquad\qquad\quad jq} f^q(\tau j_0, \ldots, \hat{\tau} j_k, \ldots, \tau j_l, \tau' j_l, \ldots, \tau' j_q) -$$

$$- \sum_{\substack{k,l=0 \\ k \geq l}}^{q} (-1)^{k+l} r_{U\tau j_0 \ldots \tau jl \tau' jl \ldots \hat{\tau}' jk \ldots \tau' j_q}^{V j_0 \qquad\qquad\qquad jq} f^q(\tau j_0, \ldots, \tau j_l, \tau' j_l, \ldots, \hat{\tau}' j_k, \ldots, \tau' j_q)$$

Durch Addition der beiden Terme erhält man dann

$$(\delta_{\mathfrak{B}}^{q-1} s^q + s^{q+1} \delta_{\mathfrak{U}}^{q}) f^q(j_0, \ldots, j_q)$$

$$= \sum_{k=0}^{q} r_{U\tau j_0 \ldots \tau jk-1 \tau' jk \ldots \tau' j_q}^{V j_0 \qquad\qquad jq} f^q(\tau j_0, \ldots, \tau j_{k-1}, \tau' j_k, \ldots, \tau' j_q) -$$

$$- \sum_{k=0}^{q} r_{U\tau j_0 \ldots \tau jk \tau' jk+1 \ldots \tau' j_q}^{V j_0 \qquad\qquad jq} f^q(\tau j_0, \ldots, \tau j_k, \tau' j_{k+1}, \ldots, \tau' j_q)$$

$$= r_{U\tau' j_0 \ldots \tau' j_q}^{V j_0 \quad\ jq} f^q(\tau' j_0, \ldots, \tau' j_q) - r_{U\tau j_0 \ldots \tau j_q}^{V j_0 \quad\ jq} f^q(\tau j_0, \ldots, \tau j_q)$$

$$= (\tau'^q f^q)(j_0, \ldots, j_q) - (\tau^q f^q)(j_0, \ldots, j_q).$$

Damit ist der Hilfssatz vollständig bewiesen.

Satz 32.3. *Die Homomorphismen $t_{\mathfrak{U}}^{q\mathfrak{B}}$ besitzen die folgenden Eigenschaften:*
1) $t_{\mathfrak{U}}^{q\mathfrak{U}} = \mathrm{id}$.
2) *Ist $\mathfrak{B} = \{V_j\}_{j \in J}$ eine Verfeinerung der Überdeckung $\mathfrak{U} = \{U_i\}_{i \in I}$ und $\mathfrak{W} = \{W_k\}_{k \in K}$ eine Verfeinerung der Überdeckung $\mathfrak{B}$, so gilt*

$$t_{\mathfrak{U}}^{q\mathfrak{W}} = t_{\mathfrak{B}}^{q\mathfrak{W}} t_{\mathfrak{U}}^{q\mathfrak{B}}.$$

Beweis: 1) Für $\tau: I \to I$ wählen wir die identische Abbildung. Wegen

$$(\tau^q f^q)(i_0, \ldots, i_q) = r_{U\tau i_0 \ldots \tau i_q}^{U i_0 \quad\ i_q} f^q(\tau i_0, \ldots, \tau i_q) = f^q(i_0, \ldots, i_q)$$

gilt dann $t_{\mathfrak{U}}^{q\mathfrak{U}} = \mathrm{id}$.

2) $\tau: J \to I$ und $\sigma: K \to J$ seien Abbildungen, so daß $V_j \subset U_{\tau j}$ und $W_k \subset V_{\sigma k}$ für alle $j \in J$ und $k \in K$. Für die zusammengesetzte Abbildung $\tau\sigma: K \to I$ gilt dann $W_k \subset V_{\sigma k} \subset U_{\tau\sigma k}$, also können wir $\tau\sigma$ zur Berechnung von $t_{\mathfrak{U}}^{q\mathfrak{W}}$ benutzen. Es ist

$$\sigma^q \tau^q f^q(k_0, \ldots, k_q) = r_{V\sigma k_0 \ldots \sigma k_q}^{W k_0 \quad\ kq} \tau^q f^q(\sigma k_0, \ldots, \sigma k_q)$$

$$= r_{V\sigma k_0 \ldots \sigma k_q}^{W k_0 \quad\ kq} r_{U\tau\sigma k_0 \ldots \tau\sigma k_q}^{V\sigma k_0 \quad\ \sigma kq} f^q(\tau\sigma k_0, \ldots, \tau\sigma k_q)$$

$$= r_{U\tau\sigma k_0 \ldots \tau\sigma k_q}^{W k_0 \quad\ kq} f^q(\tau\sigma k_0, \ldots, \tau\sigma k_q) = (\tau\sigma)^q f^q(k_0, \ldots, k_q).$$

Hieraus folgt zusammen mit Satz 16.4 die Behauptung.

Die Überdeckungen $\mathfrak{U}$ und $\mathfrak{B}$ von X heißen **gleichfein**, wenn $\mathfrak{U}$ feiner als $\mathfrak{B}$ und $\mathfrak{B}$ feiner als $\mathfrak{U}$ ist. Aus Satz 32.3 entnimmt man sofort, daß gleichfeine Überdeckungen isomorphe Kohomologiegruppen besitzen.

$A(X)$ bezeichne im folgenden die Menge der offenen Überdeckungen von X der Form $\mathfrak{U} = \{U_x\}_{x \in X}$ mit $x \in U_x$ für alle $x \in X$. Wir setzen $\mathfrak{U} \leq \mathfrak{B}(\mathfrak{U}, \mathfrak{B} \in A(X))$ genau dann, wenn $V_x \subset U_x$ für alle $x \in X$. $A(X)$ ist vermöge der Beziehung $\leqq$ gerichtet. Gilt $\mathfrak{U} \leqq \mathfrak{V}$, so hat man für jedes $q \geqq 0$ den Homomorphismus

$$t_{\mathfrak{U}}^{q\mathfrak{V}} : H_\phi^q(\mathfrak{U}; \mathfrak{G}) \longrightarrow H_\phi^q(\mathfrak{V}; \mathfrak{G}).$$

$\{H_\phi^q(\mathfrak{U}; \mathfrak{G}), t_{\mathfrak{U}}^{q\mathfrak{V}}\}_{\mathfrak{U} \in A(X)}$ ist nach Satz 32.3 ein direktes System abelscher Gruppen.

Definition 32.4. $\check{H}_\phi^q(X; \mathfrak{G}) = \lim_{\mathfrak{U} \in A(X)} H_\phi^q(\mathfrak{U}; \mathfrak{G})$ *heißt* q-te Čechsche Kohomologiegruppe *von* X *mit Koeffizienten in dem Garbendatum* $\mathfrak{G}$ *und Trägern in* ϕ. *Ist* $\mathfrak{G}$ *das kanonische Garbendatum der Garbe* $\mathscr{G}$, *so schreiben wir für* $\check{H}_\phi^q(X; \mathfrak{G})$ *auch* $\check{H}_\phi^q(X; \mathscr{G})$ *und nennen* $\check{H}_\phi^q(X; \mathscr{G})$ q-te Čechsche Kohomologiegruppe von X mit Koeffizienten in der Garbe $\mathscr{G}$ und Trägern in ϕ.

Um noch eine andere Darstellung von $\check{H}_\phi^q(X; \mathfrak{G})$ angeben zu können, bezeichnen wir mit $\check{C}_\phi^*(X; \mathfrak{G})$ den direkten Limes $\lim_{\mathfrak{U} \in A(X)} C_\phi^*(\mathfrak{U}; \mathfrak{G})^{1)}$. Unter Berücksichtigung von Kapitel III, Aufgabe 2 gilt dann

$$\check{H}_\phi^q(X; \mathfrak{G}) = \lim_{\mathfrak{U} \in A(X)} H^q(C_\phi^*(\mathfrak{U}; \mathfrak{G})) \cong H^q \left(\lim_{\mathfrak{U} \in A(X)} C_\phi^*(\mathfrak{U}; \mathfrak{G}) \right) = H^q(\check{C}_\phi^*(X; \mathfrak{G})). \quad (32.2)$$

Ist $\mathfrak{U}$ eine beliebige offene Überdeckung von X, so konstruiert man auf folgende Weise einen kanonischen Homomorphismus $H_\phi^q(\mathfrak{U}; \mathfrak{G}) \to \check{H}_\phi^q(X; \mathfrak{G})$: Zu $\mathfrak{U}$ gibt es offenbar eine Verfeinerung $\mathfrak{V} \in A(X)$; die zusammengesetzte Abbildung

$$H_\phi^q(\mathfrak{U}; \mathfrak{G}) \xrightarrow{t_{\mathfrak{U}}^{q\mathfrak{V}}} H_\phi^q(\mathfrak{V}; \mathfrak{G}) \xrightarrow{t_{\mathfrak{V}}^q} \check{H}_\phi^q(X; \mathfrak{G}) \quad (32.3)$$

ist dann der gewünschte Homomorphismus, wobei $t_{\mathfrak{V}}^q$ die kanonische Abbildung von $H_\phi^q(\mathfrak{V}; \mathfrak{G})$ in $\check{H}_\phi^q(X; \mathfrak{G})$ bezeichne. (32.3) ist von der Wahl von $\mathfrak{V}$ unabhängig: Ist $\mathfrak{V}' \in A(X)$ eine andere Verfeinerung von $\mathfrak{U}$, so gibt es ein $\mathfrak{W} \in A(X)$, welches $\mathfrak{V}$ und $\mathfrak{V}'$ verfeinert. Die Behauptung ergibt sich dann aus dem kommutativen Diagramm

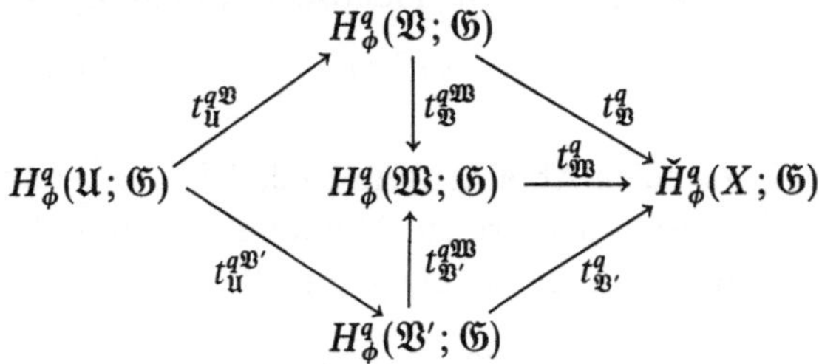

Hilfssatz 32.5. *Ist* $h: \mathfrak{G} \to \mathfrak{G}'$ *ein Garbendatenhomomorphismus und* $\mathfrak{V}$ *eine Verfeinerung von* $\mathfrak{U}$, *so ist das Diagramm*

$$
\begin{array}{ccc}
H_\phi^q(\mathfrak{U}; \mathfrak{G}) & \xrightarrow{h_{\mathfrak{U}}^{*q}} & H_\phi^q(\mathfrak{U}; \mathfrak{G}') \\
{\scriptstyle t_{\mathfrak{U}}^{q\mathfrak{V}}} \downarrow & & \downarrow {\scriptstyle t_{\mathfrak{U}}'^{q\mathfrak{V}}} \\
H_\phi^q(\mathfrak{V}; \mathfrak{G}) & \xrightarrow[h_{\mathfrak{V}}^{*q}]{} & H_\phi^q(\mathfrak{V}; \mathfrak{G}')
\end{array}
$$

für jedes $q \geqq 0$ *kommutativ.*

$^{1)}$ Ist $\mathfrak{U} \leqq \mathfrak{V}$, so gibt es einen kanonischen Homomorphismus $C_\phi^q(\mathfrak{U}; \mathfrak{G}) \to C_\phi^q(\mathfrak{V}; \mathfrak{G})$, der durch die identische Abbildung der Indexmenge X auf sich induziert wird.

Beweis: Wir betrachten das Diagramm

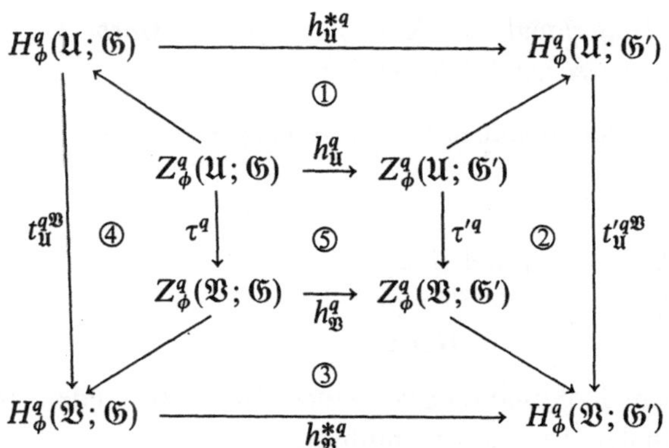

wobei $Z_\phi^q(\mathfrak{U};\mathfrak{G})$ den Kern von $\delta_\mathfrak{U}^q : C_\phi^q(\mathfrak{U};\mathfrak{G}) \to C_\phi^{q+1}(\mathfrak{U};\mathfrak{G})$ bezeichne, usw. Die Zellen ① bis ④ sind nach Konstruktion von $h_\mathfrak{U}^{*q}$, $t_\mathfrak{U}^{q\mathfrak{V}}$, $h_\mathfrak{V}^{*q}$ und $t_\mathfrak{U}^{q\mathfrak{V}}$ kommutativ. Es verbleibt daher nur noch der Nachweis der Kommutativität von Zelle ⑤ , woraus dann die Kommutativität der äußeren Zelle folgt. Wir haben für jedes $f^q \in Z_\phi^q(\mathfrak{U};\mathfrak{G})$

$$(\tau'^q h_\mathfrak{U}^q f^q)(j_0,\ldots,j_q) = r_{U_{\tau j0}\cdots\tau jq}^{'V_{j0}\cdots jq} h_\mathfrak{U}^q f^q(\tau j_0,\ldots,\tau j_q) = r_{U_{\tau j0}\cdots\tau jq}^{'V_{j0}\cdots jq} h_{U_{\tau j0}\cdots\tau jq} f^q(\tau j_0,\ldots,\tau j_q)$$

$$= h_{V_{j0}\ldots jq} r_{U_{\tau j0}\cdots\tau jq}^{V_{j0}\cdots jq} f^q(\tau j_0,\ldots,\tau j_q) = h_{V_{j0}\ldots jq}\tau^q f^q(j_0,\ldots,j_q) = (h_\mathfrak{V}^q \tau^q f^q)(j_0,\ldots,j_q).$$

Für jeden Garbendatenhomomorphismus $h : \mathfrak{G} \to \mathfrak{G}'$ ist $\{h_\mathfrak{U}^{*q}\}_{\mathfrak{U}\in A(X)}$ nach Hilfssatz 32.5 ein direktes System von Homomorphismen von $\{H_\phi^q(\mathfrak{U};\mathfrak{G}), t_\mathfrak{U}^{q\mathfrak{V}}\}_{\mathfrak{U}\in A(X)}$ in $\{H_\phi^q(\mathfrak{U};\mathfrak{G}'), t_\mathfrak{U}^{'q\mathfrak{V}}\}_{\mathfrak{U}\in A(X)}$. $\{h_\mathfrak{U}^{*q}\}_{\mathfrak{U}\in A(X)}$ induziert daher nach § 1 einen Limeshomomorphismus

$$h^{*q} : \check{H}_\phi^q(X;\mathfrak{G}) \longrightarrow \check{H}_\phi^q(X;\mathfrak{G}').$$

Ist $h : \mathscr{G} \to \mathscr{G}'$ ein Garbenhomomorphismus, so liefert h einen Homomorphismus zwischen den zugehörigen kanonischen Garbendaten. Der hierzu gehörende Homomorphismus $\check{H}_\phi^q(X;\mathscr{G}) \to \check{H}_\phi^q(X;\mathscr{G}')$ werde ebenfalls mit h^{*q} bezeichnet. Aus Satz 31.4 ergibt sich sofort

Satz 32.6. $h : \mathfrak{G} \to \mathfrak{G}'$ *und* $h' : \mathfrak{G}' \to \mathfrak{G}''$ *seien Garbendatenhomomorphismen. Dann gilt:*
1) $(h' h)^{*q} = h'^{*q} h^{*q}$ *für alle* $q \geq 0$.
2) *Ist* $\mathfrak{G} = \mathfrak{G}'$ *und* h *der identische Homomorphismus, so gilt* $h^{*q} = \mathrm{id}_{\check{H}_\phi^q(X;\mathfrak{G})}$ *für alle* $q \geq 0$.

Man beweist leicht, daß das Diagramm

$$\begin{array}{ccc} \check{H}_\phi^q(X;\mathfrak{G}) & \xrightarrow[\cong]{} & H^q(\check{C}_\phi^*(X;\mathfrak{G})) \\ {\scriptstyle h^{*q}}\downarrow & & \downarrow \\ \check{H}_\phi^q(X;\mathfrak{G}') & \xrightarrow[\cong]{} & H^q(\check{C}_\phi^*(X;\mathfrak{G}')) \end{array} \qquad (32.4)$$

für jeden Garbendatenhomomorphismus $h : \mathfrak{G} \to \mathfrak{G}'$ kommutativ ist.

Aus den Sätzen 31.8 bis 31.10 ergibt sich

Satz 32.7. *Ist ϕ eine Trägerfamilie auf X, so gibt es für jede Garbe $\mathscr{G}$ über X einen natürlichen Isomorphismus zwischen $\check{H}^0_\phi(X;\mathscr{G})$ und $\Gamma_\phi(\mathscr{G})$.*

Satz 32.8. *ϕ sei eine Trägerfamilie auf X und $\mathscr{G}$ eine Garbe über X. Ist eine der beiden Bedingungen*

a) $\mathscr{G}$ ist welk;

b) ϕ ist parakompaktifizierend und $\mathscr{G}$ ϕ-fein;

erfüllt, so gilt für alle $q \geqq 1$

$$\check{H}^q_\phi(X;\mathscr{G}) = 0\,.$$

Bevor wir die Čechsche Kohomologie von Unterräumen behandeln, müssen wir noch den Begriff der kofinalen Teilmenge einführen.

Definition 32.9. *Die Teilmenge M' der gerichteten Menge M heißt kofinal in M, wenn zu jedem $\alpha \in M$ ein $\beta \in M'$ existiert mit $\alpha \leq \beta$.*

Ist M' kofinal in M, so ist M' bzgl. der durch M induzierten Relation $\leq$ eine gerichtete Menge. $\{G_\alpha, r^\beta_\alpha\}$ sei nun ein direktes System abelscher Gruppen über der gerichteten Menge M und M' eine kofinale Teilmenge von M. Dann ist $\{G_\alpha, r^\beta_\alpha\}$ ($\alpha, \beta \in M'$) ein direktes System abelscher Gruppen über M', dessen direkter Limes mit G' bezeichnet werde. Weiter sei G der direkte Limes von $\{G_\alpha, r^\beta_\alpha\}$ ($\alpha, \beta \in M$). Für jedes $\alpha \in M'$ hat man den kanonischen Homomorphismus $r_\alpha : G_\alpha \to G$. Nach Satz 1.6 gibt es dann einen Homomorphismus $i : G' \to G$, so daß das Diagramm

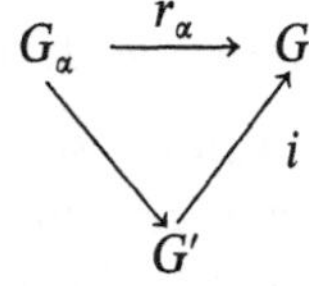

für alle $\alpha \in M'$ kommutativ ist. Wie man sofort einsieht, gilt

Hilfssatz 32.10. $i : G' \to G$ *ist ein Isomorphismus.*

Wir beweisen nun den

Satz 32.11. *B sei eine abgeschlossene Teilmenge des topologischen Raumes X und $\mathscr{G}$ eine Garbe abelscher Gruppen über X. Dann gilt für jedes $q \geq 0$*

$$\check{H}^q(X;\mathscr{G}_B) \cong \check{H}^q(B;\mathscr{G}|B)^1)\,.$$

Beweis: Für jede offene Teilmenge U von X gilt wegen der Abgeschlossenheit von B

$$\Gamma(U,\mathscr{G}_B) \cong \Gamma(U \cap B,\mathscr{G})\,.$$

$^1)$ Hierbei handelt es sich um Kohomologiegruppen mit Trägern in der Familie aller abgeschlossenen Teilmengen von X bzw. B.

Die offenen Überdeckungen $\mathfrak{U} = \{U_x\}_{x \in X}$ von X mit $U_x \subset X - B$ für alle $x \in X - B$ bilden offensichtlich eine kofinale Teilmenge $A'(X)$ in $A(X)$. Für jedes $\mathfrak{U} \in A'(X)$ gilt dann

$$C^q(\mathfrak{U}; \mathscr{G}_B) = \prod_{(x_0, \ldots, x_q)} \Gamma(U_{x_0 \ldots x_q}, \mathscr{G}_B) \cong \prod_{(x_0, \ldots, x_q)} \Gamma(U_{x_0 \ldots x_q} \cap B, \mathscr{G})$$

$$\cong \prod_{(x_0, \ldots x_q) \in B^{q+1}} \Gamma(U_{x_0 \ldots x_q} \cap B, \mathscr{G}|B) = C^q(\mathfrak{U} \cap B; \mathscr{G}|B),$$

wobei $\mathfrak{U} \cap B$ die Überdeckung $\{U_x \cap B\}_{x \in B}$ von B bezeichne. Durch Übergang zum direkten Limes folgt somit unter Berücksichtigung von Hilfssatz 32.10

$$\check{C}^q(X; \mathscr{G}_B) \cong \check{C}^q(B; \mathscr{G}|B),$$

d. h. die Komplexe $\check{C}^*(X; \mathscr{G}_B)$ und $\check{C}^*(B; \mathscr{G}|B)$ sind zueinander isomorph. Hieraus ergibt sich schließlich die Behauptung.

§ 33 Die exakte Kohomologiesequenz

In diesem Paragraphen wollen wir unter geeigneten Voraussetzungen über die Trägerfamilie ϕ eine exakte Kohomologiesequenz für die Čechschen Kohomologiegruppen mit Koeffizienten in Garben herleiten. Hieraus ergibt sich dann zusammen mit früher bewiesenen Resultaten, daß die Čechschen Kohomologiegruppen in geeigneten Fällen eine Kohomologietheorie im Sinne von Definition 19.1 bilden.

$$0 \longrightarrow \mathfrak{G}' \xrightarrow{h'} \mathfrak{G} \xrightarrow{h} \mathfrak{G}'' \longrightarrow 0$$

sei eine exakte Sequenz von Garbendaten über X (vgl. Definition 5.7). Dann ist auch die Folge

$$0 \longrightarrow C^q(\mathfrak{U}; \mathfrak{G}') \xrightarrow{h_{\mathfrak{U}}'^q} C^q(\mathfrak{U}; \mathfrak{G}) \xrightarrow{h_{\mathfrak{U}}^q} C^q(\mathfrak{U}; \mathfrak{G}'') \longrightarrow 0 \tag{33.1}$$

für jedes $q \in \mathbf{Z}$ und jede offene Überdeckung $\mathfrak{U}$ von X exakt. Weiter gilt

Hilfssatz 33.1. *ϕ sei eine beliebige Trägerfamilie auf X und $0 \to \mathfrak{G}' \xrightarrow{h'} \mathfrak{G} \xrightarrow{h} \mathfrak{G}'' \to 0$ eine exakte Folge von Garbendaten über X. Dann ist auch die Sequenz*

$$0 \longrightarrow \check{C}_\phi^q(X; \mathfrak{G}') \xrightarrow{h'^q} \check{C}_\phi^q(X; \mathfrak{G}) \xrightarrow{h^q} \check{C}_\phi^q(X; \mathfrak{G}'')$$

für jedes $q \in \mathbf{Z}$ exakt.

Beweis: Wir gehen von der Sequenz

$$0 \longrightarrow C_\phi^q(\mathfrak{U}; \mathfrak{G}') \xrightarrow{h_{\mathfrak{U}}'^q} C_\phi^q(\mathfrak{U}; \mathfrak{G}) \xrightarrow{h_{\mathfrak{U}}^q} C_\phi^q(\mathfrak{U}; \mathfrak{G}'') \tag{33.2}$$

aus, die offensichtlich an der Stelle $C_\phi^q(\mathfrak{U}; \mathfrak{G}')$ exakt ist. (33.2) ist aber auch an der Stelle $C_\phi^q(\mathfrak{U}; \mathfrak{G})$ exakt. Um dies zu zeigen, brauchen wir nur nachzuweisen, daß Kern $h_{\mathfrak{U}}^q \subset$ Bild $h_{\mathfrak{U}}'^q$. Ist $f^q \in$ Kern $h_{\mathfrak{U}}^q$, so gibt es ein $A \in \phi$ mit

$$r^{U_{i_0}\ldots i_q}_{U_{i_0}\ldots i_q} \cap (X-A) f^q(i_0, \ldots, i_q) = 0$$

für alle $(q+1)$-Tupel $(i_0, \ldots, i_q)$ von Indizes aus I und wegen der Exaktheit der Folge (33.1) ein $f'^q \in C^q(\mathfrak{U}; \mathfrak{G}')$, so daß $h'^q_{\mathfrak{U}} f'^q = f^q$, d. h.

$$h'_{U_{i_0}\ldots i_q}(f'^q(i_0, \ldots, i_q)) = f^q(i_0, \ldots, i_q)\,.$$

Weiter ist

$$h'_{U_{i_0}\ldots i_q} \cap (X-A) r'^{U_{i_0}\ldots i_q}_{U_{i_0}\ldots i_q} \cap (X-A) f'^q(i_0, \ldots, i_q) = r^{U_{i_0}\ldots i_q}_{U_{i_0}\ldots i_q} \cap (X-A) h'_{U_{i_0}\ldots i_q}(f'^q(i_0, \ldots, i_q))$$

$$= r^{U_{i_0}\ldots i_q}_{U_{i_0}\ldots i_q} \cap (X-A) f^q(i_0, \ldots, i_q) = 0\,.$$

Da $h' : \mathfrak{G}' \to \mathfrak{G}$ ein Monomorphismus ist, folgt aus der letzten Gleichung

$$r'^{U_{i_0}\ldots i_q}_{U_{i_0}\ldots i_q} \cap (X-A) f'^q(i_0, \ldots, i_q) = 0$$

für alle $(q+1)$-Tupel $(i_0, \ldots, i_q)$, d. h. $f'^q \in C^q_\phi(\mathfrak{U}; \mathfrak{G}')$. Durch Übergang zum direkten Limes ergibt sich dann die Behauptung.

Hilfssatz 33.2. *ϕ sei eine Trägerfamilie auf X mit der Eigenschaft, daß jedes $A \in \phi$ eine Umgebung aus ϕ besitzt und $h : \mathfrak{G} \to \mathfrak{G}''$ ein surjektiver Garbendatenhomomorphismus. Dann ist auch*

$$h^q : \check{C}^q_\phi(X; \mathfrak{G}) \longrightarrow \check{C}^q_\phi(X; \mathfrak{G}'')$$

für jedes $q \in \mathbf{Z}$ ein Epimorphismus.

Beweis: $\varphi''^q \in \check{C}^q_\phi(X; \mathfrak{G}'')$ werde durch die Kokette $f''^q \in C^q_\phi(\mathfrak{U}; \mathfrak{G}'')$ repräsentiert, wobei $\mathfrak{U} = \{U_x\}_{x \in X}$. Dann existiert ein $A \in \phi$, so daß

$$r''^{U_{x_0}\ldots x_q}_{U_{x_0}\ldots x_q} \cap (X-A) f''^q(x_0, \ldots, x_q) = 0$$

für alle $(q+1)$-Tupel $(x_0, \ldots, x_q)$. $B \in \phi$ sei eine Umgebung von A. Jedes $x \in X-A$ besitzt eine offene Umgebung $U(x)$ mit $U(x) \subset (X-A) \cap U_x$. $\mathfrak{B} = \{V_x\}_{x \in X}$ sei dann die offene Überdeckung von X mit

$$V_x = \begin{cases} U_x \cap \mathring{B} & x \in A \\ U(x) & x \in X-A\,. \end{cases}$$

Offenbar ist $\mathfrak{B} \geqq \mathfrak{U}$. Weiter bezeichne $\hat{f}''^q$ das Bild von f''^q bei dem kanonischen Homomorphismus $C^q_\phi(\mathfrak{U}; \mathfrak{G}'') \to C^q_\phi(\mathfrak{B}; \mathfrak{G}'')$. Ist $x \in X-A$, so hat man für alle $(q+1)$-Tupel $(x_0, \ldots, x_q)$

$$r''^{V_{x_0}\ldots x_q}_{V_{x_0}\ldots x_q} \cap V_x \hat{f}''^q(x_0, \ldots, x_q) = 0\,.$$

Daher gilt, falls irgendein $x_i \in X-A$ $(0 \leqq i \leqq q)$:

$$\hat{f}''^q(x_0, \ldots, x_q) = r''^{V_{x_0}\ldots x_q}_{V_{x_0}\ldots x_q} \cap V_{x_i} \hat{f}''^q(x_0, \ldots, x_q) = 0\,. \tag{33.3}$$

Zu $\hat{f}''^q \in C^q_\phi(\mathfrak{B}; \mathfrak{G}'')$ existiert nun ein $\hat{f}^q \in C^q(\mathfrak{B}; \mathfrak{G})$ mit $h^q_{\mathfrak{B}} \hat{f}^q = \hat{f}''^q$. $f^q \in C^q(\mathfrak{B}; \mathfrak{G})$ definieren wir durch

$$f^q(x_0, \ldots, x_q) = \begin{cases} \hat{f}^q(x_0, \ldots, x_q) & \text{falls alle } x_i \in A \\ 0 & \text{sonst}\,. \end{cases}$$

Wegen (33.3) gilt dann $h_{\mathfrak{B}}^q f^q = \hat{f}^{\prime\prime q}$. Da $V_x \subset B$ für alle $x \in A$, hat man für alle $(q + 1)$-Tupel $(x_0, \ldots, x_q)$

$$r_{V_{x0 \ldots xq}}^{V_{x0 \ldots xq} \cap (X-B)} f^q(x_0, \ldots, x_q) = 0,$$

d. h. $f^q \in C_\phi^q(\mathfrak{B}; \mathfrak{G})$. Die Klasse $\varphi^q \in \check{C}_\phi^q(X; \mathfrak{G})$ von f^q wird dann durch h^q auf $\varphi^{\prime\prime q}$ abgebildet, h^q ist also in der Tat surjektiv.

Erfüllt die Trägerfamilie ϕ die Voraussetzung von Hilfssatz 33.2 und ist $0 \to \mathfrak{G}'$ $\overset{h'}{\to} \mathfrak{G} \overset{h}{\to} \mathfrak{G}'' \to 0$ eine exakte Folge von Garbendaten, so ist die zugehörige Sequenz

$$0 \longrightarrow \check{C}_\phi^*(X; \mathfrak{G}') \longrightarrow \check{C}_\phi^*(X; \mathfrak{G}) \longrightarrow \check{C}_\phi^*(X; \mathfrak{G}'') \longrightarrow 0 \tag{33.4}$$

von Kokettenkomplexen nach den Hilfssätzen 33.1 und 33.2 exakt. Zu (33.4) gehört dann die **exakte Kohomologiesequenz**

$$\cdots \longrightarrow \check{H}_\phi^q(X; \mathfrak{G}') \overset{h'^{*q}}{\longrightarrow} \check{H}_\phi^q(X; \mathfrak{G}) \overset{h^{*q}}{\longrightarrow} \check{H}_\phi^q(X; \mathfrak{G}'') \overset{\delta^{*q}}{\longrightarrow} \check{H}_\phi^{q+1}(X; \mathfrak{G}') \longrightarrow \cdots \tag{33.5}$$

für Garbendaten.

Ist
$$0 \longrightarrow \mathscr{G}' \overset{h'}{\longrightarrow} \mathscr{G} \overset{h}{\longrightarrow} \mathscr{G}'' \longrightarrow 0$$

eine exakte Folge von Garben über X, so ist nach § 3 die zugehörige Sequenz der kanonischen Garbendaten im allgemeinen nicht mehr exakt. Daher ist es nicht ohne weiteres möglich, eine exakte Kohomologiesequenz für Garben herzuleiten. Um diese Schwierigkeit zu umgehen, muß man voraussetzen, daß die Trägerfamilie ϕ parakompaktifizierend ist. Bevor wir unter dieser einschränkenden Voraussetzung eine exakte Kohomologiesequenz für Garben konstruieren, sind noch einige Vorbereitungen nötig.

Hilfssatz 33.3. *ϕ sei eine parakompaktifizierende Trägerfamilie auf X. Jedes $\varphi^q \in \check{H}_\phi^q(X; \mathfrak{G})\,(q \geq 0)$ kann durch ein $g^q \in Z_\phi^q(\mathfrak{B}; \mathfrak{G})$ repräsentiert werden, wobei $\mathfrak{B}$ lokalendlich ist und eine Schrumpfung besitzt.*

Beweis: $\varphi^q \in \check{H}_\phi^q(X; \mathfrak{G})$ werde durch den Kozyklus $f^q \in Z_\phi^q(\mathfrak{U}; \mathfrak{G})$ repräsentiert, wobei $\mathfrak{U} = \{U_x\}_{x \in X}$. Dann existiert ein $A \in \phi$, so daß

$$r_{U_{x0 \ldots xq}}^{U_{x0 \ldots xq} \cap (X-A)} f^q(x_0, \ldots, x_q) = 0$$

für alle $(q + 1)$-Tupel $(x_0, \ldots, x_q)$. $B \in \phi$ sei eine Umgebung von A. Jedes $x \in X - A$ besitzt eine offene Umgebung $U(x) \subset (X-A) \cap U_x$. $\mathfrak{B} = \{V_x\}_{x \in X}$ bezeichne die offene Überdeckung von X mit

$$V_x = \begin{cases} U_x \cap \mathring{B} & x \in A \\ U(x) & x \in X - A. \end{cases}$$

Weiter sei $\hat{f}^q$ das Bild von f^q bei dem kanonischen Homomorphismus $Z_\phi^q(\mathfrak{U}; \mathfrak{G}) \to Z_\phi^q(\mathfrak{B}; \mathfrak{G})$; wie beim Beweis von Hilfssatz 33.2 zeigt man dann, daß

$$\hat{f}^q(x_0, \ldots, x_q) = 0, \tag{33.6}$$

falls mindestens ein x_i zu $X - A$ gehört. Nun sei I die Indexmenge $I = A \cup *$[1]) und $\tau : X \to I$ die Abbildung

$$\tau(x) = \begin{cases} x & x \in A \\ * & x \in X - A \end{cases}.$$

$\mathfrak{B}' = \{V_i'\}_{i \in I}$ bezeichne die offene Überdeckung von X mit

$$V_i' = \begin{cases} V_x & i = x \in A \\ X - A & i = * \end{cases}.$$

$\mathfrak{B}$ ist offensichtlich eine Verfeinerung von $\mathfrak{B}'$. $\tilde{f}^q \in Z_\phi^q(\mathfrak{B}'; \mathfrak{G})$ definieren wir durch

$$\tilde{f}^q(i_0, \ldots, i_q) = \begin{cases} \hat{f}^q(i_0, \ldots, i_q) & \text{falls alle } i_\nu \in A \\ 0 & \text{sonst} \end{cases};$$

wegen (33.6) gilt dann $\tau^q \tilde{f}^q = \hat{f}^q$. Da B nach Voraussetzung parakompakt ist, besitzt die offene Überdeckung $\{B \cap V_i'\}_{i \in I}$ von B eine lokalendliche offene Verfeinerung $\{M_j\}_{j \in J}$. $\varkappa : J \to I$ sei eine Abbildung, so daß $M_j \subset B \cap V_{\varkappa(j)}'$ für alle $j \in J$. Bezeichnet J_1 die Indexmenge $J_1 = \{j \in J : \varkappa(j) \neq *\}$, so ist M_j für jedes $j \in J_1$ in X offen und $A \subset \bigcup_{j \in J_1} M_j$. Schließlich sei K die Indexmenge $K = J_1 \cup *$, $\mathfrak{W} = \{W_k\}_{k \in K}$ die offene Überdeckung von X mit

$$W_k = \begin{cases} M_j & k = j \in J_1 \\ X - A & k = * \end{cases}$$

und $\sigma : K \to I$ die Abbildung

$$\sigma(k) = \begin{cases} \varkappa(k) & k \in J_1 \\ * & k = *. \end{cases}$$

Offenbar ist $\mathfrak{W}$ eine lokalendliche Verfeinerung von $\mathfrak{B}'$, die, wie man leicht beweist, eine Schrumpfung besitzt. $\varphi^q \in \check{H}_\phi^q(X; \mathfrak{G})$ wird dann durch $g^q = \sigma^q(\tilde{f}^q)$ repräsentiert.

Definition 33.4. *Ein Garbendatum heißt* flach, *wenn die zugehörige Garbe die Nullgarbe ist.*

Beispiele von flachen Garbendaten werden wir später noch kennenlernen.

Hilfssatz 33.5. *X sei ein topologischer Raum, $\mathfrak{U} = \{U_i\}_{i \in I}$ eine lokalendliche offene Überdeckung von X, die eine Schrumpfung besitzt, $\mathfrak{G} = \{G_U, r_U^V\}$ ein flaches Garbendatum über X und $f^q \in C^q(\mathfrak{U}; \mathfrak{G})\,(q \geq 0)$. Dann existiert eine Verfeinerung $\mathfrak{W} = \{W_x\}_{x \in X}$ von $\mathfrak{U}$ und eine Abbildung $\tau : X \to I$ mit $W_x \subset U_{\tau(x)}$ für alle $x \in X$, so daß $\tau^q(f^q) = 0$.*

Beweis: 1) Wir konstruieren zunächst die offene Überdeckung $\mathfrak{W} = \{W_x\}_{x \in X}$: Bezeichnet I_x die (endliche) Menge $I_x = \{i \in I : U_i \ni x\}$, so ist

$$W_x^{(1)} = \bigcap_{i \in I_x} U_i$$

---

eine offene Umgebung von x. Für jedes $(i_0, \ldots, i_q) \in I_x^{q+1}$ existiert nach Voraussetzung über $\mathfrak{G}$ eine in $U_{i_0 \ldots i_q}$ enthaltene offene Umgebung $V_x^{(i_0, \ldots, i_q)}$ von x, so daß $r_{U_{i_0 \ldots i_q}}^{V_x^{(i_0 \ldots i_q)}} f^q(i_0, \ldots, i_q) = 0$. $W_x^{(2)}$ sei dann die offene Umgebung

$$W_x^{(2)} = \bigcap_{(i_0, \ldots, i_q) \in I_x^{q+1}} V_x^{(i_0, \ldots, i_q)}$$

von x. $\mathfrak{U} = \{U_i\}_{i \in I}$ besitzt nach Voraussetzung eine Schrumpfung $\mathfrak{V} = \{V_i\}_{i \in I}$. Wegen der Lokalendlichkeit der abgeschlossenen Überdeckung $\{\bar{V}_i\}_{i \in I}$ von X ist $\bigcup_{i \in I - I_x} \bar{V}_i$ in X abgeschlossen. Da x nicht zu $\bigcup_{i \in I - I_x} U_i \supset \bigcup_{i \in I - I_x} \bar{V}_i$ gehört, ist

$$W_x^{(3)} = \mathbb{C} \bigcup_{i \in I - I_x} \bar{V}_i$$

eine offene Umgebung von x. Bezeichnet $\tilde{I}_x$ die endliche Menge $\tilde{I}_x = \{i \in I : V_i \ni x\}$, so ist

$$W_x^{(4)} = \bigcap_{i \in \tilde{I}_x} V_i$$

eine offene Umgebung von x. Schließlich setzen wir

$$W_x = \bigcap_{k=1}^{4} W_x^{(k)}.$$

$\tau : X \to I$ sei eine Abbildung mit $x \in V_{\tau(x)}$ für alle $x \in X$.

2) $W_x^{(3)}$ besitzt die folgende Eigenschaft: Ist $W_x^{(3)} \cap V_{i_0} \neq \emptyset$, so gilt $i_0 \in I_x$. Wegen $\left(\bigcap_{i \in I - I_x} \mathbb{C} \bar{V}_i \right) \cap V_{i_0} = \left(\mathbb{C} \bigcup_{i \in I - I_x} \bar{V}_i \right) \cap V_{i_0} \neq \emptyset$ ist nämlich der Durchschnitt $(\mathbb{C} \bar{V}_i) \cap V_{i_0}$ für jedes $i \in I - I_x$ nicht-leer, woraus die Behauptung folgt.

3) W_x besitzt die folgenden Eigenschaften:

a) Ist $x \in U_i$, so gilt $W_x \subset U_i$.

b) $W_x \subset V_{\tau(x)}$.

c) Aus $W_x \cap V_i \neq \emptyset$ folgt $W_x \subset U_i$.

d) Ist $W \subset X$ offen und $W \subset W_x \subset U_{i_0 \ldots i_q}$, so gilt

$$r_{U_{i_0 \ldots i_q}}^{W} f^q(i_0, \ldots, i_q) = 0.$$

W_x erfüllt a): Wegen $x \in U_i$ hat man $i \in I_x$ und daher

$$W_x \subset W_x^{(1)} = \bigcap_{j \in I_x} U_j \subset U_i.$$

W_x erfüllt b): Nach Definition von τ ist $x \in V_{\tau(x)}$, d. h. $\tau(x) \in \tilde{I}_x$. Deshalb gilt

$$W_x \subset W_x^{(4)} = \bigcap_{i \in \tilde{I}_x} V_i \subset V_{\tau(x)}.$$

Dies bedeutet, daß $\mathfrak{W}$ eine Verfeinerung von $\mathfrak{V}$ und damit von $\mathfrak{U}$ ist. W_x erfüllt c): Schneidet W_x die Menge V_i, so gilt auch $W_x^{(3)} \cap V_i \neq \emptyset$, also hat man nach 2) $i \in I_x$, d. h. $x \in U_i$. Hieraus folgt dann nach a) $W_x \subset U_i$. W_x erfüllt d): Aus $x \in W_x \subset U_{i_0 \ldots i_q}$

folgt $(i_0, \ldots, i_q) \in I_x^{q+1}$, also gibt es eine in $U_{i_0 \ldots i_q}$ enthaltene offene Umgebung $V_x^{(i_0, \ldots, i_q)}$ von x mit $W_x \subset V_x^{(i_0, \ldots, i_q)}$, so daß

$$r_{U_{i_0 \ldots i_q}}^{V_x^{(i_0, \ldots, i_q)}} f^q(i_0, \ldots, i_q) = 0 \,.$$

Daher gilt

$$r_{U_{i_0 \ldots i_q}}^{W} f^q(i_0, \ldots, i_q) = r_{V_x^{(i_0, \ldots, i_q)}}^{W(i_0, \ldots, i_q)} r_{U_{i_0 \ldots i_q}}^{V_x^{(i_0, \ldots, i_q)}} f^q(i_0, \ldots, i_q) = 0 \,.$$

4) Wir zeigen zum Schluß, daß $\tau^q(f^q) = 0$. Nach Definition von $\tau^q : C^q(\mathfrak{U}; \mathfrak{G}) \to C^q(\mathfrak{W}, \mathfrak{G})$ gilt

$$(\tau^q f^q)(x_0, \ldots, x_q) = r_{U_{\tau(x_0) \ldots \tau(x_q)}}^{W_{x_0 \ldots x_q}} f^q(\tau(x_0), \ldots, \tau(x_q)) \,.$$

Für $W_{x_0 \ldots x_q} = \emptyset$ ist die Behauptung trivial. Daher setzen wir voraus, daß $W_{x_0 \ldots x_q} \neq \emptyset$. Für jedes λ zwischen 0 und q ist dann $W_{x_0} \cap W_{x_\lambda} \neq \emptyset$ und nach b) $W_{x_0} \cap V_{\tau(x_\lambda)} \neq \emptyset$. Nach c) gilt somit $W_{x_0} \subset U_{\tau(x_\lambda)}$ und weiter $W_{x_0 \ldots x_q} \subset W_{x_0} \subset U_{\tau(x_0) \ldots \tau(x_q)}$. Hieraus ergibt sich nach d), angewandt auf $W = W_{x_0 \ldots x_q}$

$$r_{U_{\tau(x_0) \ldots \tau(x_q)}}^{W_{x_0 \ldots x_q}} f^q(\tau(x_0), \ldots, \tau(x_q)) = 0 \,.$$

Damit ist der Hilfssatz vollständig bewiesen.

Aus den beiden letzten Hilfssätzen ergibt sich unmittelbar

Satz 33.6. *X sei ein topologischer Raum, ϕ eine parakompaktifizierende Trägerfamilie auf X und $\mathfrak{G}$ ein flaches Garbendatum über X. Dann gilt für jedes $q \geqq 0$*

$$\check{H}_\phi^q(X; \mathfrak{G}) = 0 \,.$$

$\mathfrak{G} = \{G_U, r_U^V\}$ sei ein Garbendatum über X, $\mathscr{G}$ die zugehörige Garbe und $\mathfrak{G}' = \{\Gamma(U, \mathscr{G}), r_U^V\}$ das kanonische Garbendatum von $\mathscr{G}$. Die Homomorphismen $r_U : G_U \to \Gamma(U, \mathscr{G})$ bilden nach Beispiel 5.2 einen Garbendatenhomomorphismus $r : \mathfrak{G} \to \mathfrak{G}'$, der nach Beispiel 5.4 die Identität von $\mathscr{G}$ auf sich induziert. r definiert dann für jedes $q \geqq 0$ einen Homomorphismus

$$r^{*q} : \check{H}_\phi^q(X; \mathfrak{G}) \longrightarrow \check{H}_\phi^q(X; \mathscr{G}) \,.$$

Wir behaupten nun

Satz 33.7. *Ist ϕ eine parakompaktifizierende Trägerfamilie auf X, so ist*

$$r^{*q} : \check{H}_\phi^q(X; \mathfrak{G}) \longrightarrow \check{H}_\phi^q(X; \mathscr{G})$$

für jedes $q \geqq 0$ bijektiv.

Beweis: Wir betrachten zunächst die exakte Sequenz

$$0 \longrightarrow \operatorname{Kern} r \longrightarrow \mathfrak{G} \overset{r}{\longrightarrow} \mathfrak{G}' \longrightarrow \mathfrak{G}'/\operatorname{Bild} r \longrightarrow 0 \qquad (33.7)$$

von Garbendaten. Bezeichnet $\mathcal{G}_1$ die zu Kern r und $\mathcal{G}_2$ die zu $\mathfrak{G}'/\text{Bild}\,r$ gehörende Garbe, so erhält man aus (33.7) die exakte Folge

$$0 \longrightarrow \mathcal{G}_1 \longrightarrow \mathcal{G} \overset{\text{id}}{\longrightarrow} \mathcal{G} \longrightarrow \mathcal{G}_2 \longrightarrow 0$$

von Garben, d. h. die Garbendaten Kern r und $\mathfrak{G}'/\text{Bild}\,r$ sind flach. Zu der exakten Sequenz

$$0 \longrightarrow \text{Kern}\,r \longrightarrow \mathfrak{G} \overset{r}{\longrightarrow} \text{Bild}\,r \longrightarrow 0$$

gehört die exakte Kohomologiesequenz (33.5)

$$\cdots \longrightarrow \check{H}^q_\phi(X;\text{Kern}\,r) \longrightarrow \check{H}^q_\phi(X;\mathfrak{G}) \longrightarrow \check{H}^q_\phi(X;\text{Bild}\,r)$$
$$\longrightarrow \check{H}^{q+1}_\phi(X;\text{Kern}\,r) \longrightarrow \cdots.$$

Da Kern r flach ist und somit die Kohomologiegruppen $\check{H}^q_\phi(X;\text{Kern}\,r)$ nach Satz 33.6 für alle $q \geq 0$ verschwinden, ist der natürliche Homomorphismus

$$\check{H}^q_\phi(X;\mathfrak{G}) \longrightarrow \check{H}^q_\phi(X;\text{Bild}\,r)$$

bijektiv. Weiter betrachten wir die exakte Sequenz

$$0 \longrightarrow \text{Bild}\,r \longrightarrow \mathfrak{G}' \longrightarrow \mathfrak{G}'/\text{Bild}\,r \longrightarrow 0$$

von Garbendaten, zu der die exakte Kohomologiesequenz

$$\cdots \longrightarrow \check{H}^{q-1}_\phi(X;\mathfrak{G}'/\text{Bild}\,r) \longrightarrow \check{H}^q_\phi(X;\text{Bild}\,r) \longrightarrow \check{H}^q_\phi(X;\mathcal{G})$$
$$\longrightarrow \check{H}^q_\phi(X;\mathfrak{G}'/\text{Bild}\,r) \longrightarrow \cdots$$

gehört. Wegen der Flachheit von $\mathfrak{G}'/\text{Bild}\,r$ ist dann der durch die Inklusion Bild $r \to \mathfrak{G}'$ induzierte Homomorphismus

$$\check{H}^q_\phi(X;\text{Bild}\,r) \longrightarrow \check{H}^q_\phi(X;\mathcal{G})$$

bijektiv. r^{*q} ist nun der zusammengesetzte Homomorphismus

$$\check{H}^q_\phi(X;\mathfrak{G}) \longrightarrow \check{H}^q_\phi(X;\text{Bild}\,r) \longrightarrow \check{H}^q_\phi(X;\mathcal{G}),$$

woraus die Behauptung folgt.

Satz 33.7 besagt, daß für eine parakompaktifizierende Trägerfamilie ϕ die Kohomologiegruppen $\check{H}^q_\phi(X;\mathfrak{G})$ mit Koeffizienten in dem Garbendatum $\mathfrak{G}$ nur von der zu $\mathfrak{G}$ gehörenden Garbe $\mathcal{G}$ abhängen.

Nach diesen Vorbereitungen kommen wir nun zur Konstruktion einer exakten Kohomologiesequenz für Garben.

$$0 \longrightarrow \mathcal{G}' \overset{h'}{\longrightarrow} \mathcal{G} \overset{h}{\longrightarrow} \mathcal{G}'' \longrightarrow 0$$

sei eine exakte Sequenz von Garben über X und ϕ eine parakompaktifizierende Trägerfamilie auf X. $\mathfrak{G}'$ und $\mathfrak{G}$ seien die kanonischen Garbendaten von $\mathcal{G}'$ und $\mathcal{G}$. h' und h induzieren für jede offene Teilmenge U von X Homomorphismen

$$h'_U : \Gamma(U,\mathcal{G}') \longrightarrow \Gamma(U,\mathcal{G}), \quad h_U : \Gamma(U,\mathcal{G}) \longrightarrow \Gamma(U,\mathcal{G}'').$$

h_U läßt sich wie folgt faktorisieren:

$$h_U : \Gamma(U, \mathscr{G}) \xrightarrow{g_U} \text{Bild } h_U \xrightarrow{i_U} \Gamma(U, \mathscr{G}'').$$

Damit erhält man dann die exakte Sequenz

$$0 \longrightarrow \mathfrak{G}' \xrightarrow{\{h'_U\}} \mathfrak{G} \xrightarrow{\{g_U\}} \text{Bild } \{h_U\} \longrightarrow 0$$

von Garbendaten über X, zu der die exakte Kohomologiesequenz

$$\cdots \longrightarrow \check{H}^q_\phi(X; \mathscr{G}') \xrightarrow{h'^{*q}} \check{H}^q_\phi(X; \mathscr{G}) \xrightarrow{g^{*q}} \check{H}^q_\phi(X; \text{Bild } \{h_U\})$$

$$\xrightarrow{\tilde{\delta}^{*q}} \check{H}^{q+1}_\phi(X; \mathscr{G}') \longrightarrow \cdots$$

gehört. Bild $\{h_U\}$ induziert die Garbe $\mathscr{G}''$ und

$$i^{*q} : \check{H}^q_\phi(X; \text{Bild } \{h_U\}) \longrightarrow \check{H}^q_\phi(X; \mathscr{G}'')$$

ist nach Satz 33.7 bijektiv. Wir setzen $\delta^{*q} = \tilde{\delta}^{*q}(i^{*q})^{-1}$ und erhalten das kommutative Diagramm

$$\cdots \longrightarrow \check{H}^q_\phi(X; \mathscr{G}') \xrightarrow{h'^{*q}} \check{H}^q_\phi(X; \mathscr{G}) \xrightarrow{h^{*q}} \check{H}^q_\phi(X; \mathscr{G}'') \xrightarrow{\delta^{*q}} \check{H}^{q+1}_\phi(X; \mathscr{G}') \longrightarrow \cdots$$

mit g^{*q}, i^{*q}, $\tilde{\delta}^{*q}$ und $\check{H}^q_\phi(X; \text{Bild } \{h_U\})$

Hieraus ergibt sich

Satz 33.8. *Ist ϕ eine parakompaktifizierende Trägerfamilie auf X und*

$$0 \longrightarrow \mathscr{G}' \xrightarrow{h'} \mathscr{G} \xrightarrow{h} \mathscr{G}'' \longrightarrow 0$$

eine exakte Sequenz von Garben über X, so gibt es eine exakte Kohomologiesequenz

$$\cdots \longrightarrow \check{H}^q_\phi(X; \mathscr{G}') \xrightarrow{h'^{*q}} \check{H}^q_\phi(X; \mathscr{G}) \xrightarrow{h^{*q}} \check{H}^q_\phi(X; \mathscr{G}'') \xrightarrow{\delta^{*q}} \check{H}^{q+1}_\phi(X; \mathscr{G}') \longrightarrow \cdots.$$

Nun sei

$$\begin{array}{ccccccccc}
0 & \longrightarrow & \mathscr{G}' & \longrightarrow & \mathscr{G} & \longrightarrow & \mathscr{G}'' & \longrightarrow & 0 \\
& & \downarrow{\scriptstyle \varphi'} & & \downarrow{\scriptstyle \varphi} & & \downarrow{\scriptstyle \varphi''} & & \\
0 & \longrightarrow & \mathscr{H}' & \longrightarrow & \mathscr{H} & \longrightarrow & \mathscr{H}'' & \longrightarrow & 0
\end{array}$$

ein kommutatives Diagramm von Garben mit exakten Zeilen. Dann ist, wie man leicht bestätigt, das Diagramm

$$\begin{array}{ccc}
\check{H}^q_\phi(X; \mathscr{G}'') & \xrightarrow{\delta^{*q}} & \check{H}^{q+1}_\phi(X; \mathscr{G}') \\
\downarrow{\scriptstyle \varphi''^{*q}} & & \downarrow{\scriptstyle \varphi'^{*q+1}} \\
\check{H}^q_\phi(X; \mathscr{H}'') & \xrightarrow[\delta^{*q}]{} & \check{H}^{q+1}_\phi(X; \mathscr{H}')
\end{array} \qquad (33.8)$$

für jedes $q \geqq 0$ kommutativ.

Nach den Sätzen 32.6, 32.7, 32.8 und 33.8 sowie (33.8) erfüllt die Čechsche Kohomologietheorie die Axiome (C 1) bis (C 5) in Definition 19.1, sofern man die Trägerfamilie ϕ als parakompaktifizierend voraussetzt. Aus Satz 19.3 folgt daher

Satz 33.9. *X sei ein topologischer Raum und ϕ eine parakompaktifizierende Trägerfamilie auf X. Dann ist die Čechsche Kohomologietheorie für X und ϕ zu der in § 18 konstruierten Kohomologietheorie für X und ϕ isomorph.*

§ 34 Ein Satz von Leray

In diesem Paragraphen wollen wir zeigen, daß die in § 18 eingeführten Kohomologiegruppen $H^q(X;\mathscr{G})$ in gewissen Fällen zu den Kohomologiegruppen $H^q(\mathfrak{U};\mathscr{G})$ einer geeigneten offenen Überdeckung $\mathfrak{U} = \{U_i\}_{i\in I}$ von X isomorph sind. Ist $\mathscr{G}$ eine Garbe abelscher Gruppen über dem topologischen Raum X, so bezeichne

$$0 \longrightarrow \mathscr{G} \longrightarrow \mathscr{C}^0(X;\mathscr{G}) \longrightarrow \mathscr{C}^1(X;\mathscr{G}) \longrightarrow \cdots \tag{34.1}$$

wieder die kanonische welke Auflösung von $\mathscr{G}$; für $\mathscr{C}^q(X;\mathscr{G})$ schreiben wir in Zukunft kurz $\mathscr{C}^q (q \geq 0)$. Weiter betrachten wir das kommutative Diagramm

$$
\begin{array}{ccccccc}
0 \longrightarrow & \Gamma(X;\mathscr{G}) & \longrightarrow & C^0(\mathfrak{U};\mathscr{G}) & \longrightarrow & C^1(\mathfrak{U};\mathscr{G}) & \longrightarrow \cdots \\
 & \downarrow & & \downarrow & & \downarrow & \\
0 \longrightarrow & \Gamma(X,\mathscr{C}^0) & \longrightarrow & C^0(\mathfrak{U};\mathscr{C}^0) & \xrightarrow{\delta_0^0} & C^1(\mathfrak{U};\mathscr{C}^0) & \xrightarrow{\delta_0^1} \cdots \\
 & \downarrow & & \downarrow{\scriptstyle h_0^0} & & \downarrow{\scriptstyle h_0^1} & \\
0 \longrightarrow & \Gamma(X,\mathscr{C}^1) & \longrightarrow & C^0(\mathfrak{U};\mathscr{C}^1) & \xrightarrow{\delta_1^0} & C^1(\mathfrak{U};\mathscr{C}^1) & \xrightarrow{\delta_1^1} \cdots \\
 & \downarrow & & \downarrow{\scriptstyle h_1^0} & & \downarrow{\scriptstyle h_1^1} & \\
 & \vdots & & \vdots & & \vdots &
\end{array}
\tag{34.2}
$$

mit den Korandhomomorphismen δ_p^q; die vertikalen Abbildungen werden durch (34.1) induziert. Alle Zeilen, bis auf die erste, sind exakt, da $H^q(\mathfrak{U};\mathscr{C}^p) = 0$ für alle $q \geq 1$ und Kern $\delta_p^0 \cong \Gamma(X;\mathscr{C}^p)$. Außerdem gilt Kern $h_0^q \cong C^q(\mathfrak{U};\mathscr{G})$.
Wir sind nun in der Lage, einen Homomorphismus

$$\lambda^q : H^q(\mathfrak{U};\mathscr{G}) \longrightarrow H^q(X;\mathscr{G}) \qquad (q \geq 0)$$

zu konstruieren. Dazu benutzen wir das kommutative Diagramm

$$
\begin{array}{ccccc}
 & C^q(\mathfrak{U};\mathscr{G}) & \longrightarrow & C^{q+1}(\mathfrak{U};\mathscr{G}) & \\
 & \downarrow{\scriptstyle \cap} & & \downarrow{\scriptstyle \cap} & \\
C^{q-1}(\mathfrak{U};\mathscr{C}^0) \xrightarrow{\delta_0^{q-1}} & C^q(\mathfrak{U};\mathscr{C}^0) & \xrightarrow{\delta_0^q} & C^{q+1}(\mathfrak{U};\mathscr{C}^0) & \\
\downarrow{\scriptstyle h_0^{q-1}} & \downarrow{\scriptstyle h_0^q} & & & \\
C^{q-1}(\mathfrak{U};\mathscr{C}^1) \xrightarrow{\delta_1^{q-1}} & C^q(\mathfrak{U};\mathscr{C}^1) & & & \\
\downarrow{\scriptstyle h_1^{q-1}} & & & & \\
\end{array}
$$

und gehen aus von der Kohomologieklasse $[f] \in H^q(\mathfrak{U}; \mathscr{G})$, d. h. $f \in C^q(\mathfrak{U}; \mathscr{G})$ und $\delta_0^q(f) = 0$. Wegen Kern $\delta_0^q = $ Bild δ_0^{q-1} existiert ein $f_1 \in C^{q-1}(\mathfrak{U}; \mathscr{C}^0)$, so daß $\delta_0^{q-1}(f_1) = f$. Setzen wir $f_1' = h_0^{q-1}(f_1)$, so gilt $h_1^{q-1}(f_1') = h_1^{q-1} h_0^{q-1}(f_1) = 0$ und

$$\delta_1^{q-1}(f_1') = \delta_1^{q-1} h_0^{q-1}(f_1) = h_0^q \delta_0^{q-1}(f_1) = h_0^q(f) = 0.$$

Durch Fortsetzung dieses Verfahrens erhält man schließlich ein Element $f_q' \in C^0(\mathfrak{U}; \mathscr{C}^q)$ mit $\delta_q^0(f_q') = 0$ und $h_q^0(f_q') = 0$, d. h. f_q' gehört sogar zu $\Gamma(X; \mathscr{C}^q)$ und ist ein Kozyklus. Wir setzen nun
$$\lambda^q[f] = [f_q'].$$

Man zeigt leicht, daß λ^q wohldefiniert und ein Homomorphismus ist. λ^0 ist stets bijektiv.

Satz 34.1. $\qquad\qquad \lambda^1 : H^1(\mathfrak{U}; \mathscr{G}) \longrightarrow H^1(X; \mathscr{G})$

ist stets injektiv.

Beweis: Nach Definition von λ^1 hat man
$$\lambda^1[f] = [f_1'],$$

wobei $f = \delta_0^0(f_1)$ und $f_1' = h_0^0(f_1)$. Ist $\lambda^1[f] = 0$, d. h. $[f_1'] = 0$, so gibt es ein $\tilde{f}_1 \in \Gamma(X, \mathscr{C}^0)$ mit $h_0^0(\tilde{f}_1) = f_1'$. Dann gilt $h_0^0(f_1 - \tilde{f}_1) = f_1' - f_1' = 0$, also gehört $f_1 - \tilde{f}_1$ zu $C^0(\mathfrak{U}; \mathscr{G})$. Weiter ist $\delta_0^0(f_1 - \tilde{f}_1) = \delta_0^0(f_1) = f$, also hat man $[f] = 0$.

Hilfssatz 34.2. *Sind in dem Diagramm (34.2) die vertikalen Sequenzen*

$$C^p(\mathfrak{U}; \mathscr{C}^{q-p-1})$$
$$\downarrow h_{q-p-1}^p$$
$$C^p(\mathfrak{U}; \mathscr{C}^{q-p})$$
$$\downarrow h_{q-p}^p$$
$$C^p(\mathfrak{U}; \mathscr{C}^{q-p+1})$$

für $p = 0, 1, \ldots, q-1$ *exakt, so ist* $\lambda^q : H^q(\mathfrak{U}; \mathscr{G}) \to H^q(X; \mathscr{G})$ *ein Isomorphismus* $(q \geq 1)$.

Beweis: Wir konstruieren zunächst einen Homomorphismus
$$\varphi^q : H^q(X; \mathscr{G}) \longrightarrow H^q(\mathfrak{U}; \mathscr{G}).$$

Dazu betrachten wir das kommutative Diagramm

Wir gehen aus von der Kohomologieklasse $[f'_q] \in H^q(X; \mathscr{G})$, d. h. $f'_q \in \Gamma(X, \mathscr{C}^q)$ und $h^0_q(f'_q) = 0$. Da nach Voraussetzung Kern $h^0_q = \mathrm{Bild}\, h^0_{q-1}$, existiert ein $f_q \in C^0(\mathfrak{U}; \mathscr{C}^{q-1})$, so daß $h^0_{q-1}(f_q) = f'_q$. Setzen wir $f'_{q-1} = \delta^0_{q-1}(f_q)$, so gilt $\delta^1_{q-1}(f'_{q-1}) = 0$ und

$$h^1_{q-1}(f'_{q-1}) = h^1_{q-1}\delta^0_{q-1}(f_q) = \delta^0_q h^0_{q-1}(f_q) = \delta^0_q(f'_q) = 0\,.$$

Durch Fortsetzung dieses Prozesses erhält man schließlich ein Element $f \in C^q(\mathfrak{U}; \mathscr{C}^0)$ mit $h^q_0(f) = 0$ und $\delta^q_0(f) = 0$, d. h. f gehört sogar zu $C^q(\mathfrak{U}; \mathscr{G})$ und ist ein Kozyklus. Die Zuordnung $[f'_q] \to [f]$ liefert dann einen Homomorphismus $\varphi^q : H^q(X; \mathscr{G}) \to H^q(\mathfrak{U}; \mathscr{G})$. Die Behauptung folgt schließlich aus $\lambda^q \varphi^q = \mathrm{id}$, $\varphi^q \lambda^q = \mathrm{id}$.

Hilfssatz 34.3. *Gilt* $H^n(U_{i_0\dots i_p}, \mathscr{G}) = 0$ $(n \geq 1)$ *für alle* $(p + 1)$-*Tupel* $(i_0, \dots, i_p)$ *von Indizes aus* I, *so ist die Sequenz*

$$C^p(\mathfrak{U}; \mathscr{C}^{n-1}) \xrightarrow{\ h^p_{n-1}\ } C^p(\mathfrak{U}; \mathscr{C}^n) \xrightarrow{\ h^p_n\ } C^p(\mathfrak{U}; \mathscr{C}^{n+1})$$

exakt.

Beweis: Nach Voraussetzung ist die Sequenz

$$\Gamma(U_{i_0\dots i_p}, \mathscr{C}^{n-1}) \xrightarrow{\ d^{n-1}_{i_0\dots i_p}\ } \Gamma(U_{i_0\dots i_p}, \mathscr{C}^n) \xrightarrow{\ d^n_{i_0\dots i_p}\ } \Gamma(U_{i_0\dots i_p}, \mathscr{C}^{n+1})$$

für alle $(p + 1)$-Tupel $(i_0, \dots, i_p)$ exakt. Weiter gilt

$$C^p(\mathfrak{U}; \mathscr{C}^n) = \prod_{(i_0, \dots, i_p)} \Gamma(U_{i_0\dots i_p}, \mathscr{C}^n)\,,$$

und $h^p_n : C^p(\mathfrak{U}; \mathscr{C}^n) \to C^p(\mathfrak{U}; \mathscr{C}^{n+1})$ ist gegeben durch

$$h^p_n = \prod_{(i_0, \dots, i_p)} d^n_{i_0\dots i_p}\,.$$

Daher hat man

$$\mathrm{Kern}\, h^p_n = \prod_{(i_0, \dots, i_p)} \mathrm{Kern}\, d^n_{i_0\dots i_p} = \prod_{(i_0, \dots, i_p)} \mathrm{Bild}\, d^{n-1}_{i_0\dots i_p} = \mathrm{Bild}\, h^p_{n-1}\,.$$

Aus den beiden letzten Hilfssätzen ergibt sich nun

Satz 34.4 (Leray). *$\mathscr{G}$ sei eine Garbe abelscher Gruppen über dem topologischen Raum X und $\mathfrak{U} = \{U_i\}_{i \in I}$ eine offene Überdeckung von X. Gilt*

$$H^n(U_{i_0\dots i_p}; \mathscr{G}) = 0$$

für alle $n \geq 1$ und alle $(p + 1)$-Tupel $(i_0, \dots, i_p)$, $p = 0, 1, 2, \dots$, so sind alle Homomorphismen

$$\lambda^q : H^q(\mathfrak{U}; \mathscr{G}) \longrightarrow H^q(X; \mathscr{G})$$

bijektiv.

§ 35 Komplexe Mannigfaltigkeiten

Die Kohomologiegruppen komplexer Mannigfaltigkeiten mit Koeffizienten in einer kohärenten analytischen Garbe besitzen verschiedene bemerkenswerte Eigenschaften, die für die Anwendungen von besonderer Bedeutung sind. Da es sich zum Teil um tiefliegende Resultate handelt, verzichten wir auf einige Beweise und verweisen den Leser auf [25]. An einigen Stellen dieses Paragraphen setzen wir die Theorie der topologischen Vektorräume als bekannt voraus (vgl. etwa [38]). Da jede komplexe Mannigfaltigkeit X parakompakt ist, stimmen die Kohomologiegruppen $H^q(X;\mathscr{G})$ und $\check{H}^q(X;\mathscr{G})$ nach Satz 33.9 bis auf Isomorphie miteinander überein; daher ist es gleichgültig, welche Kohomologiegruppen wir unseren Überlegungen zugrunde legen.

Definition 35.1. *Eine komplexe Mannigfaltigkeit* X *heißt holomorph-vollständig, wenn gilt:*

1) *Für* $x \neq y \in X$ *gibt es ein* $f \in O_X$ *mit* $f(x) \neq f(y)$.

2) X *ist holomorph-konvex, d. h. für jede kompakte Teilmenge* K *von* X *ist*

$$\hat{K} = \{x \in X : |f(x)| \leq \sup_{y \in K} |f(y)| \quad \text{für alle} \quad f \in O_X\}$$

kompakt.

Beispielsweise sind die offenen Vollkugeln des C^n holomorph-vollständig. Für holomorph-vollständige Mannigfaltigkeiten gelten nun die beiden Fundamentaltheoreme:

Satz 35.2 (Theorem A). $\mathscr{G}$ *sei eine kohärente analytische Garbe über der holomorph-vollständigen Mannigfaltigkeit* X. *Dann gilt für jedes* $x \in X$: *Das Bild von* $H^0(X;\mathscr{G})$ *in* $\mathscr{G}_x$ *erzeugt* $\mathscr{G}_x$ *als* $\mathcal{O}_x$*-Modul.*

Satz 35.3 (Theorem B): $\mathscr{G}$ *sei eine kohärente analytische Garbe über der holomorph-vollständigen Mannigfaltigkeit* X. *Dann ist* $H^q(X;\mathscr{G}) = 0$ *für alle* $q \geq 1$.

Auf die Beweise dieser beiden Sätze können wir hier nicht eingehen; wir wollen jedoch an dieser Stelle einige einfache Anwendungen von Theorem B behandeln.

Satz 35.4. $\mathscr{G}$ *sei eine kohärente analytische Garbe über der holomorph-vollständigen Mannigfaltigkeit* X. *Erzeugen die Schnitte* $\sigma_1, \ldots, \sigma_p \in \Gamma(X, \mathscr{G})$ $\mathscr{G}_x$ *als* $\mathcal{O}_x$*-Modul für jedes* $x \in X$, *so erzeugen* $\sigma_1, \ldots, \sigma_p$ $\Gamma(X, \mathscr{G})$ *als* $\Gamma(X, \mathcal{O})$*-Modul.*

Beweis: $$\varphi : \mathcal{O}^p \longrightarrow \mathscr{G}$$

sei der Homomorphismus

$$\varphi(a_x^1, \ldots, a_x^p) = \sum_{i=1}^{p} a_x^i \sigma_i(x) \qquad (a_x^i \in \mathcal{O}_x),$$

der nach Voraussetzung surjektiv ist. Dann ist die Sequenz

$$0 \longrightarrow \operatorname{Kern} \varphi \longrightarrow \mathcal{O}^p \xrightarrow{\varphi} \mathscr{G} \longrightarrow 0 \qquad (35.1)$$

exakt; mit $\mathcal{O}^p$ und $\mathscr{G}$ ist nach Satz 26.13 auch Kern φ kohärent. Zu (35.1) gehört die exakte Kohomologiesequenz

$$0 \longrightarrow \Gamma(X, \mathrm{Kern}\,\varphi) \longrightarrow \Gamma(X, \mathcal{O}^p) \xrightarrow{\bar{\varphi}} \Gamma(X, \mathcal{G}) \longrightarrow H^1(X; \mathrm{Kern}\,\varphi) \longrightarrow \cdots;$$

da nach Theorem B $H^1(X; \mathrm{Kern}\,\varphi) = 0$, ist $\bar{\varphi}$ surjektiv. Jedem $\tau \in \Gamma(X, \mathcal{O}^p)$ entspricht umkehrbar eindeutig ein p-Tupel $(\tau_1, \ldots, \tau_p)$ von Elementen aus $\Gamma(X, \mathcal{O})$. Es gilt dann

$$\bar{\varphi}(\tau_1, \ldots, \tau_p) = \sum_{i=1}^{p} \tau_i \sigma_i,$$

d. h. jedes Element von $\Gamma(X, \mathcal{G})$ ist Linearkombination der σ_i mit holomorphen Koeffizienten.

In Beispiel 6.7 haben wir die Garbe Ω^p der holomorphen Differentialformen vom Grad p über der n-dimensionalen komplexen Mannigfaltigkeit X eingeführt ($p \geqq 0$). Aus der lokalen Darstellung der holomorphen p-Formen ergibt sich, daß Ω^p lokal isomorph zu der direkten Summe von $\binom{n}{p}$ Exemplaren der Garbe $\mathcal{O}$ ist. Daher ist Ω^p eine kohärente analytische Garbe über X. Weiter hat man den Kokettenkomplex

$$0 \longrightarrow \Gamma(\mathscr{A}^{p,0}) \xrightarrow{\bar{\partial}^{p,0}} \Gamma(\mathscr{A}^{p,1}) \xrightarrow{\bar{\partial}^{p,1}} \Gamma(\mathscr{A}^{p,2}) \xrightarrow{\bar{\partial}^{p,2}} \cdots$$

(vgl. Beispiel 6.7).

Satz 35.5. *X sei eine holomorph-vollständige Mannigfaltigkeit. Ist ω eine Differentialform auf X vom Bigrad (p, q) ($q \geqq 1$) mit $\bar{\partial}^{p,q}\omega = 0$, so gibt es eine Differentialform ψ auf X vom Bigrad $(p, q-1)$ mit $\bar{\partial}^{p,q-1}\psi = \omega$.*

Beweis: Nach Theorem B und Aufgabe 23 von Kapitel III gilt

$$H^q(\Gamma(\mathscr{A}^{p,*})) \cong H^q(X; \Omega^p) = 0$$

für alle $q \geqq 1$. Hieraus ergibt sich unmittelbar die Behauptung.

Bevor wir eine andere Anwendung skizzieren, schicken wir noch eine Bemerkung über Garbendaten voraus. Ist $\{A_U, G_U, r_U^V\}$ ($U \in \Omega)^1)$ ein Garbendatum von A_U-Moduln über X, so liefert dieses in bekannter Weise eine $\mathscr{A}$-Garbe $\mathcal{G}$. $\mathcal{G}$ kann aber nach Hilfssatz 32.10 bereits dann konstruiert werden, wenn U eine Basis der Topologie von X durchläuft. Somit kann man die Definition des Garbendatums dahingehend modifizieren, daß man jedem Element U einer Basis Ω' von X einen A_U-Modul G_U und jedem Paar $U, V \in \Omega'$ mit $V \subset U$ einen Homomorphismus $r_U^V : (A_U, G_U) \to (A_V, G_V)$ mit den bekannten Eigenschaften zuordnet.

X sei nun eine beliebige komplexe Mannigfaltigkeit und Ω' die Menge der zusammenhängenden offenen Teilmengen von X. Ω' ist offenbar eine Basis der Topologie von X. Für jedes $U \in \Omega'$ ist O_U, wie man leicht zeigt, ein Integritätsbereich; M_U bezeichne den zu O_U gehörenden Quotientenkörper. Weiter hat man für jedes Paar $U, V \in \Omega'$ mit $V \subset U$ einen Homomorphismus $r_U^V : (O_U, M_U) \to (O_V, M_V)$. $\{O_U, M_U, r_U^V\}_{U \in \Omega'}$

---

[1]) Ω sei wieder die Menge der offenen Teilmengen von X.

ist dann ein Garbendatum, dessen zugehörige Garbe mit $\mathcal{M}$ bezeichnet werde. Man sieht leicht, daß $\mathcal{M}_x$ der Quotientenkörper des Integritätsbereichs $\mathcal{O}_x$ ist. Jedes Element von $\Gamma(U, \mathcal{M})$ (U offen in X) heißt **meromorphe Funktion auf** U.

Nach diesen Vorbereitungen sind wir nun in der Lage, das **1. Cousinsche Problem** zu formulieren. X sei eine komplexe Mannigfaltigkeit, $\mathfrak{U} = \{U_i\}_{i \in I}$ eine offene Überdeckung von X und $m_i \in \Gamma(U_i, \mathcal{M})$, so daß $m_i | U_i \cap U_j - m_j | U_i \cap U_j \in \Gamma(U_i \cap U_j, \mathcal{O})$ für alle Paare i, j von Indizes aus I. Gesucht ist eine meromorphe Funktion m auf X, so daß $m | U_i - m_i \in \Gamma(U_i, \mathcal{O})$ für alle $i \in I$. Es gilt nun

Satz 35.6. *Ist X eine holomorph-vollständige Mannigfaltigkeit, so ist das 1. Cousinsche Problem lösbar.*

Beweis: $s_U^V : \Gamma(U, \mathcal{M}) \longrightarrow \Gamma(V, \mathcal{M})$, $\quad \bar{s}_U^V : \Gamma(U, \mathcal{M}/\mathcal{O}) \longrightarrow \Gamma(V, \mathcal{M}/\mathcal{O})$ $\qquad (V \subset U)$

seien die Restriktionshomomorphismen. Zu der exakten Sequenz

$$0 \longrightarrow \mathcal{O} \longrightarrow \mathcal{M} \overset{h}{\longrightarrow} \mathcal{M}/\mathcal{O} \longrightarrow 0$$

gehört die exakte Kohomologiesequenz

$$0 \longrightarrow \Gamma(X, \mathcal{O}) \longrightarrow \Gamma(X, \mathcal{M}) \overset{h_X}{\longrightarrow} \Gamma(X, \mathcal{M}/\mathcal{O}) \longrightarrow H^1(X; \mathcal{O}) \longrightarrow \cdots .$$

Wegen $H^1(X; \mathcal{O}) = 0$ ist h_X surjektiv. Bezeichnet h_U den kanonischen Homomorphismus $h_U : \Gamma(U, \mathcal{M}) \to \Gamma(U, \mathcal{M}/\mathcal{O})$ (U offen in X), so sei $\sigma_i = h_{U_i}(m_i)$. Da nach Voraussetzung $s_{U_i}^{U_i \cap U_j}(m_i) - s_{U_j}^{U_i \cap U_j}(m_j) \in \Gamma(U_i \cap U_j, \mathcal{O})$, hat man

$$\bar{s}_{U_i}^{U_i \cap U_j}(\sigma_i) = \bar{s}_{U_i}^{U_i \cap U_j} h_{U_i}(m_i) = h_{U_i \cap U_j} s_{U_i}^{U_i \cap U_j}(m_i)$$

$$= h_{U_i \cap U_j} s_{U_j}^{U_i \cap U_j}(m_j) = \bar{s}_{U_j}^{U_i \cap U_j} h_{U_j}(m_j) = \bar{s}_{U_j}^{U_i \cap U_j}(\sigma_j).$$

Daher existiert ein $\sigma \in \Gamma(X, \mathcal{M}/\mathcal{O})$ mit $\bar{s}_X^{U_i}(\sigma) = \sigma_i$ für alle $i \in I$. Da h_X surjektiv ist, gibt es weiter ein $m \in \Gamma(X, \mathcal{M})$, so daß $h_X(m) = \sigma$. Wegen

$$h_{U_i} s_X^{U_i}(m) = \bar{s}_X^{U_i} h_X(m) = \bar{s}_X^{U_i}(\sigma) = \sigma_i = h_{U_i}(m_i)$$

gilt $h_{U_i}(s_X^{U_i}(m) - m_i) = 0$, d. h. $s_X^{U_i}(m) - m_i \in \Gamma(U_i, \mathcal{O})$.

Definition 35.7. *$\mathcal{G}$ sei eine Garbe von komplexen Vektorräumen über dem topologischen Raum X. $\mathcal{G}$ heißt Fréchet-Garbe, wenn eine Basis $\mathfrak{B}$ der Topologie von X existiert, so daß gilt:*

1) *$\Gamma(U, \mathcal{G})$ kann für jedes $U \in \mathfrak{B}$ zu einem Fréchet-Raum[1]) gemacht werden.*
2) *Ist $U, V \in \mathfrak{B}$ und $V \subset U$, so ist $r_U^V : \Gamma(U, \mathcal{G}) \to \Gamma(V, \mathcal{G})$ stetig.*

Satz 35.8. *Jede kohärente analytische Garbe $\mathcal{G}$ über einer komplexen Mannigfaltigkeit X ist eine Fréchet-Garbe.*

---

[1]) Ein vollständiger metrisierbarer lokalkonvexer Raum heißt Fréchet-Raum.

Beweis: (U, h) sei eine Karte der n-dimensionalen komplexen Mannigfaltigkeit X, die den Punkt $x \in X$ enthalte, d. h. h ist ein Homöomorphismus der offenen Teilmenge U von X auf eine offene Teilmenge des C^n. Weiter bezeichne $V_x \subset h(U)$ eine offene Vollkugel mit dem Mittelpunkt $h(x)$. Dann ist $W_x = h^{-1}(V_x)$ holomorph-vollständig; ebenso ist der Durchschnitt von endlich vielen $W_{x_i}(x_i \in X)$ holomorph-vollständig, sofern er nichtleer ist. Da $\mathscr{G}$ nach Voraussetzung kohärent ist, gibt es zu jedem $x \in X$ ein W_x und einen Epimorphismus $\varphi : \mathcal{O}^p | W_x \to \mathscr{G} | W_x$. Zu der exakten Sequenz

$$0 \longrightarrow \operatorname{Kern} \varphi \longrightarrow \mathcal{O}^p | W_x \xrightarrow{\varphi} \mathscr{G} | W_x \longrightarrow 0 \tag{35.2}$$

gehört die exakte Kohomologiesequenz

$$0 \longrightarrow \Gamma(W_x, \operatorname{Kern} \varphi) \longrightarrow \Gamma(W_x, \mathcal{O}^p) \xrightarrow{\bar{\varphi}} \Gamma(W_x, \mathscr{G}) \longrightarrow H^1(W_x; \operatorname{Kern} \varphi) \longrightarrow \cdots.$$

Wegen der Kohärenz von $\operatorname{Kern} \varphi$ ist nach Theorem B $H^1(W_x; \operatorname{Kern} \varphi) = 0$, d. h.

$$\Gamma(W_x, \mathscr{G}) \cong \Gamma(W_x, \mathcal{O}^p)/\Gamma(W_x, \operatorname{Kern} \varphi).$$

Durch Einführung der Halbnormen

$$p_K(f) = \sup_{x \in K} |f(x)|$$

$(f \in \Gamma(W_x, \mathcal{O}), K \subset W_x$ kompakt) wird $\Gamma(W_x, \mathcal{O})$ zu einem Fréchet-Raum. $\Gamma(W_x, \mathcal{O}^p)$ $= \Gamma(W_x, \mathcal{O}) \times \cdots \times \Gamma(W_x, \mathcal{O})$ ist, versehen mit der Produkttopologie, ebenfalls ein Fréchet-Raum. Weiter ist $\Gamma(W_x, \operatorname{Kern} \varphi)$, wie man zeigen kann, in $\Gamma(W_x, \mathcal{O}^p)$ abgeschlossen. Daher wird auch $\Gamma(W_x, \mathscr{G})$ zu einem Fréchet-Raum, wenn man auf $\Gamma(W_x, \mathscr{G})$ die Quotiententopologie einführt.

Wir müssen nun zeigen, daß die Topologie von $\Gamma(W_x, \mathscr{G})$ von der Wahl der Folge (35.2) unabhängig ist. $\psi : \mathcal{O}^q | W_x \to \mathscr{G} | W_x$ sei ein anderer Epimorphismus. φ und ψ lassen sich folgendermaßen darstellen (vgl. § 26):

$$\varphi(a_y^1, \ldots, a_y^p) = \sum_{i=1}^{p} a_y^i \sigma_i(y) \qquad (\sigma_i \in \Gamma(W_x, \mathscr{G})),$$

$$\psi(a_y^1, \ldots, a_y^q) = \sum_{j=1}^{q} a_y^j \tau_j(y) \qquad (\tau_j \in \Gamma(W_x, \mathscr{G})).$$

Die durch φ und ψ induzierten Epimorphismen

$$\bar{\varphi} : \Gamma(W_x, \mathcal{O}^p) \longrightarrow \Gamma(W_x, \mathscr{G}), \quad \bar{\psi} : \Gamma(W_x, \mathcal{O}^q) \longrightarrow \Gamma(W_x, \mathscr{G})$$

besitzen dann die Gestalt

$$\bar{\varphi}(f_1, \ldots, f_p) = \sum_{i=1}^{p} f_i \sigma_i, \quad \bar{\psi}(g_1, \ldots, g_q) = \sum_{j=1}^{q} g_j \tau_j \qquad (f_i, g_j \in \Gamma(W_x, \mathcal{O})).$$

Aus der letzten Gleichung folgt für $\sigma_i \in \Gamma(W_x, \mathscr{G})$:

$$\sigma_i = \sum_{j=1}^{q} s_{ij} \tau_j \qquad (s_{ij} \in \Gamma(W_x, \mathcal{O})).$$

Wir erklären nun eine stetige, lineare Abbildung $\alpha: \Gamma(W_x, \mathcal{O}^p) \to \Gamma(W_x, \mathcal{O}^q)$ durch

$$\alpha(f_1, \ldots, f_p) = \left(\sum_{i=1}^{p} s_{i1} f_i, \ldots, \sum_{i=1}^{p} s_{iq} f_i \right) \qquad (f_i \in \Gamma(W_x, \mathcal{O})).$$

Dann gilt

$$\bar{\psi}\alpha(f_1, \ldots, f_p) = \sum_{j=1}^{q} \sum_{i=1}^{p} s_{ij} f_i \tau_j = \sum_{i=1}^{p} f_i \left(\sum_{j=1}^{q} s_{ij} \tau_j \right) = \sum_{i=1}^{p} f_i \sigma_i = \bar{\varphi}(f_1, \ldots, f_p),$$

d. h. das Diagramm

$$\begin{array}{ccc} \Gamma(W_x, \mathcal{O}^p) & \xrightarrow{\ \alpha\ } & \Gamma(W_x, \mathcal{O}^q) \\ \bar{\varphi} \downarrow & & \downarrow \bar{\psi} \\ \Gamma(W_x, \mathscr{G}) & \xrightarrow{\ \mathrm{id}\ } & \Gamma(W_x, \mathscr{G}) \end{array}$$

ist kommutativ. Da $\bar{\varphi}$ nach einem Satz von Banach[1]) offen ist, ist $\mathrm{id}: \Gamma(W_x, \mathscr{G})$ $\to \Gamma(W_x, \mathscr{G})$ stetig und somit ein Homöomorphismus. Durchläuft x die ganze Mannigfaltigkeit X, so bilden die offenen Vollkugeln W_x, auf denen exakte Sequenzen (35.2) existieren, eine Basis $\mathfrak{B}$ der Topologie von X. Damit ist der erste Teil des Satzes bewiesen.

Nun sei $W_x, V_y \in \mathfrak{B}$ und $V_y \subset W_x$. Über W_x hat man die exakte Sequenz (35.2), welche die Topologie von $\Gamma(W_x, \mathscr{G})$ bestimmt. Die Topologie von $\Gamma(V_y, \mathscr{G})$ wird durch die exakte Folge

$$0 \longrightarrow \operatorname{Kern} \varphi|V_y \longrightarrow \mathcal{O}^p|V_y \xrightarrow{\ \varphi\ } \mathscr{G}|V_y \longrightarrow 0$$

definiert. Offenbar ist das Diagramm

$$\begin{array}{ccc} \Gamma(W_x, \mathcal{O}^p) & \xrightarrow{r'^{V_y}_{W_x}} & \Gamma(V_y, \mathcal{O}^p) \\ \bar{\varphi} \downarrow & & \downarrow \bar{\varphi} \\ \Gamma(W_x, \mathscr{G}) & \xrightarrow[r^{V_y}_{W_x}]{} & \Gamma(V_y, \mathscr{G}) \end{array}$$

kommutativ. Wegen der Offenheit von $\bar{\varphi}$ (vgl. oben) und der Stetigkeit von $r'^{V_y}_{W_x}$ ist auch $r^{V_y}_{W_x}$ stetig.

Bevor wir den Begriff der Fréchet-Garbe verschärfen, erinnern wir noch an die Definition von kompakten Abbildungen.

Definition 35.9. *$f: E \to F$ sei eine lineare Abbildung zwischen den lokalkonvexen Vektorräumen E und F. f heißt* kompakt, *wenn in E eine Nullumgebung V existiert, so daß $f(V)$ in F relativ kompakt ist.*

Jede kompakte Abbildung ist stetig.

Definition 35.10. *Eine Fréchet-Garbe $\mathscr{G}$ über einem lokalkompakten hausdorffschen Raum X heißt* Montel-Garbe, *wenn gilt: Ist $U, V \in \mathfrak{B}$, $\bar{V} \subset U$ und V relativ kompakt, so ist $r^V_U: \Gamma(U, \mathscr{G}) \to \Gamma(V, \mathscr{G})$ kompakt.*

---

[1]) Jede stetige lineare Abbildung von einem Fréchet-Raum auf einen Fréchet-Raum ist offen.

Satz 35.11. *Jede kohärente analytische Garbe $\mathscr{G}$ über einer komplexen Mannigfaltigkeit X ist eine Montel-Garbe.*

Beweis: Wir betrachten wieder das kommutative Diagramm

$$
\begin{array}{ccc}
\Gamma(W_x, \mathcal{O}^p) & \xrightarrow{\; r'^{V_y}_{W_x} \;} & \Gamma(V_y, \mathcal{O}^p) \\
\bar{\varphi} \downarrow & & \downarrow \bar{\varphi} \\
\Gamma(W_x, \mathscr{G}) & \xrightarrow[\; r^{V_y}_{W_x} \;]{} & \Gamma(V_y, \mathscr{G});
\end{array}
$$

hierbei sei $\bar{V}_y \subset W_x$ und $\bar{V}_y$ kompakt. Nach einem Satz aus der Funktionentheorie (vgl. etwa [25], Theorem 13, S. 12) gibt es eine Nullumgebung $U \subset \Gamma(W_x, \mathcal{O}^p)$, so daß $r'^{V_y}_{W_x}(U)$ in $\Gamma(V_y, \mathcal{O}^p)$ relativ kompakt ist. Da $\tilde{U} = \bar{\varphi}(U)$ eine Nullumgebung von $\Gamma(W_x, \mathscr{G})$ und $\bar{\varphi} r'^{V_y}_{W_x}(U)$ in $\Gamma(V_y, \mathscr{G})$ relativ kompakt ist, folgt die Behauptung aus

$$
r^{V_y}_{W_x}(\tilde{U}) = r^{V_y}_{W_x} \bar{\varphi}(U) = \bar{\varphi} r'^{V_y}_{W_x}(U).
$$

Im folgenden benötigen wir den

Hilfssatz 35.12 (L. Schwartz). *f und g seien lineare stetige Abbildungen des Fréchet-Raumes E in den Fréchet-Raum F. Ist f surjektiv und g kompakt, so ist $(f + g)(E)$ in F abgeschlossen und $F/(f + g)(E)$ endlich-dimensional.*

Einen Beweis dieses Hilfssatzes findet man z. B. in [5] exp. 16 (1953/54). Für kompakte komplexe Mannigfaltigkeiten gilt nun der

Satz 35.13. *$\mathscr{G}$ sei eine kohärente analytische Garbe über der kompakten komplexen Mannigfaltigkeit X. Dann ist $H^q(X; \mathscr{G})$ für jedes $q \geq 0$ ein endlich-dimensionaler komplexer Vektorraum.*

Beweis: $\mathfrak{U} = \{U_i\}_{i \in I}$ und $\mathfrak{V} = \{V_i\}_{i \in I}$ (I endlich) seien Überdeckungen von X mit kleinen offenen Vollkugeln, so daß $\bar{V}_i \subset U_i$ für alle $i \in I$. Da die Durchschnitte $U_{i_0 \ldots i_q}$ und $V_{i_0 \ldots i_q}$ holomorph-vollständig sind, kann man $\Gamma(U_{i_0 \ldots i_q}, \mathscr{G})$ und $\Gamma(V_{i_0 \ldots i_q}, \mathscr{G})$ wie im Beweis von Satz 35.8 zu Fréchet-Räumen machen. Daher sind $C^q(\mathfrak{U}; \mathscr{G}) = \prod_{(i_0 \ldots i_q)} \Gamma(U_{i_0 \ldots i_q}, \mathscr{G})$ und $C^q(\mathfrak{V}; \mathscr{G}) = \prod_{(i_0 \ldots i_q)} \Gamma(V_{i_0 \ldots i_q}, \mathscr{G})$, versehen mit der Produkttopologie, ebenfalls Fréchet-Räume. Ist $\tau = \mathrm{id}_I$, so besitzt der Homomorphismus $\tau^q : C^q(\mathfrak{U}; \mathscr{G}) \to C^q(\mathfrak{V}; \mathscr{G})$ die Gestalt

$$
\tau^q = \prod_{(i_0 \ldots i_q)} r^{V_{i_0 \ldots i_q}}_{U_{i_0 \ldots i_q}}.
$$

Mit $r^{V_{i_0 \ldots i_q}}_{U_{i_0 \ldots i_q}}$ ist auch τ^q ein kompakter Operator [1]). Wegen der Stetigkeit von

$$
\delta^q_{\mathfrak{U}} : C^q(\mathfrak{U}; \mathscr{G}) \longrightarrow C^{q+1}(\mathfrak{U}; \mathscr{G})
$$

ist $Z^q(\mathfrak{U}; \mathscr{G}) = \mathrm{Kern}\, \delta^q_{\mathfrak{U}}$ in $C^q(\mathfrak{U}; \mathscr{G})$ abgeschlossen und somit ein Fréchet-Raum.

---

[1]) Die Kompaktheit von $r^{V_{i_0 \ldots i_q}}_{U_{i_0 \ldots i_q}}$ zeigt man wie die Kompaktheit von r^V_U im Beweis von Satz 35.11.

Weiter ist

$$\tau^q : Z^q(\mathfrak{U}; \mathcal{G}) \longrightarrow Z^q(\mathfrak{V}; \mathcal{G})$$

kompakt. Da nach Theorem B $H^n(U_{i_0 \ldots i_p}; \mathcal{G}) = 0$, $H^n(V_{i_0 \ldots i_p}; \mathcal{G}) = 0$ für alle $n \geqq 1$ und alle $(p + 1)$-Tupel $(i_0, \ldots, i_p)$ $(p = 0, 1, 2, \ldots)$, ist

$$t^{q\mathfrak{V}}_{\mathfrak{U}} : H^q(\mathfrak{U}; \mathcal{G}) \longrightarrow H^q(\mathfrak{V}; \mathcal{G})$$

nach Satz 34.4 ein Isomorphismus.

$$\varphi^q : Z^q(\mathfrak{U}; \mathcal{G}) \oplus C^{q-1}(\mathfrak{V}; \mathcal{G}) \longrightarrow Z^q(\mathfrak{V}; \mathcal{G})$$

erklären wir durch

$$\varphi^q(z^q, c'^{q-1}) = \tau^q(z^q) + \delta^{q-1}_{\mathfrak{V}}(c'^{q-1}) \,.$$

φ^q ist surjektiv: $z'^q \in Z^q(\mathfrak{V}; \mathcal{G})$ sei vorgegeben, und $[z'^q]$ bezeichne die Kohomologieklasse von z'^q in $H^q(\mathfrak{V}; \mathcal{G})$. Da $t^{q\mathfrak{V}}_{\mathfrak{U}}$ ein Isomorphismus ist, gibt es ein $[z^q] \in H^q(\mathfrak{U}; \mathcal{G})$ $(z^q \in Z^q(\mathfrak{U}; \mathcal{G}))$ mit $[z'^q] = t^{q\mathfrak{V}}_{\mathfrak{U}}[z^q] = [\tau^q(z^q)]$. Daher gilt $z'^q - \tau^q(z^q) = \delta^{q-1}_{\mathfrak{V}}(c'^{q-1})$ für ein geeignetes $c'^{q-1} \in C^{q-1}(\mathfrak{V}; \mathcal{G})$, also ist $\varphi^q(z^q, c'^{q-1}) = z'^q$. Weiter seien

$$\hat{\tau}^q, \hat{\delta}^{q-1}_{\mathfrak{V}} : Z^q(\mathfrak{U}; \mathcal{G}) \oplus C^{q-1}(\mathfrak{V}; \mathcal{G}) \longrightarrow Z^q(\mathfrak{V}; \mathcal{G})$$

die Homomorphismen $\hat{\tau}^q(z^q, c'^{q-1}) = -\tau^q(z^q)$ und $\hat{\delta}^{q-1}_{\mathfrak{V}}(z^q, c'^{q-1}) = \delta^{q-1}_{\mathfrak{V}}(c'^{q-1})$. Offenbar gilt $\varphi^q + \hat{\tau}^q = \hat{\delta}^{q-1}_{\mathfrak{V}}$. Wendet man Hilfssatz 35.12 auf die Abbildungen φ^q und $\hat{\tau}^q$ an, so folgt, daß

$$Z^q(\mathfrak{V}; \mathcal{G})/\text{Bild } \hat{\delta}^{q-1}_{\mathfrak{V}} = Z^q(\mathfrak{V}; \mathcal{G})/\text{Bild } \delta^{q-1}_{\mathfrak{V}} = H^q(\mathfrak{V}; \mathcal{G}) \cong H^q(X; \mathcal{G})$$

endlich-dimensional ist.

§ 36 Komplex-analytische Vektorraumbündel

X bezeichne eine komplexe Mannigfaltigkeit und $\varphi : \mathcal{O}^q \to \mathcal{O}^q$ einen Garbenhomomorphismus $(q \geq 1)$. φ induziert dann einen Homomorphismus $\bar{\varphi} : \Gamma(X, \mathcal{O}^q) \to \Gamma(X, \mathcal{O}^q)$. Weiter sei $\sigma_i \in \Gamma(X, \mathcal{O}^q) (i = 1, \ldots, q)$ der Schnitt

$$\sigma_i(x) = (0, \ldots, 1^i_x, \ldots, 0) \qquad (1^i_x \in \mathcal{O}_x) \,.$$

$\bar{\varphi}(\sigma_i) \in \Gamma(X, \mathcal{O}^q)$ kann durch ein q-Tupel $(\tau_{i1}, \ldots, \tau_{iq})$ von globalen Schnitten in $\mathcal{O}$ beschrieben werden. Damit erhält man für jeden Homomorphismus $\varphi : \mathcal{O}^q \to \mathcal{O}^q$ eine $(q \times q)$-Matrix

$$\begin{pmatrix} \tau_{11} & \cdots & \tau_{1q} \\ \vdots & & \vdots \\ \tau_{q1} & \cdots & \tau_{qq} \end{pmatrix}$$

holomorpher Funktionen auf X. Ist $\varphi : \mathcal{O}^q \to \mathcal{O}^q$ ein Isomorphismus, so ist die zugehörige Matrix (τ_{ij}), wie man leicht zeigt, invertierbar.

Bislang haben wir nur Garben von a b e l s c h e n Gruppen betrachtet. Für die folgenden Überlegungen benötigen wir den Begriff der Garbe von (nicht notwendigerweise abelschen) Gruppen.

Definition 36.1. *Eine Garbe $\mathscr{G}$ von Gruppen über X ist ein Tripel (G, π, X) mit den Eigenschaften:*

1) *G und X sind topologische Räume, und π ist ein lokaler Homöomorphismus von G auf X.*

2) *Für jedes $x \in X$ besitzt $\mathscr{G}_x = \pi^{-1}(x)$ die Struktur einer Gruppe.*

3) *Die durch $(g_1, g_2) \to g_1 g_2^{-1}$ definierte Abbildung $f: G \circ G \to G$ ist stetig.*

Man bestätigt sofort, daß das Einselement $1_x \in \mathscr{G}_x$ stetig von x abhängt.

Beispiel 36.2. X sei eine komplexe Mannigfaltigkeit. Ordnet man jeder offenen Teilmenge U von X die Gruppe der auf U holomorphen invertierbaren $(q \times q)$-Matrizen zu, dann erhält man ein Garbendatum, das eine Garbe $GL_{\mathcal{O}}(q, C)$ von Gruppen definiert.

Kohomologiegruppen eines topologischen Raumes X mit Koeffizienten in einer Garbe $\mathscr{G}$ von nicht-abelschen Gruppen über X können nicht definiert werden. Wir werden jedoch im folgenden eine Kohomologiemenge $\check{H}^1(X; \mathscr{G})$ mit ausgezeichnetem Element konstruieren.

X sei ein beliebiger topologischer Raum, $\mathfrak{U} = \{U_i\}_{i \in I}$ eine offene Überdeckung von X und $\mathscr{G}$ eine Garbe von Gruppen über X.

Definition 36.3. *Eine Funktion f, die jedem Paar $(i, j) \in I^2$ ein Element $f_{ij} \in \Gamma(U_i \cap U_j, \mathscr{G})$ zuordnet, so daß*

$$f_{ij} f_{jk} = f_{ik}$$

auf $U_i \cap U_j \cap U_k$ für alle $i, j, k \in I$, heißt 1-Kozyklus *der Überdeckung $\mathfrak{U}$.*

Die Menge der 1-Kozyklen von $\mathfrak{U}$ bezeichnen wir mit $Z^1(\mathfrak{U}; \mathscr{G})$. Aus Definition 36.3 entnimmt man sofort, daß f_{ii} der Einsschnitt über U_i und $f_{ji} = f_{ij}^{-1}$ ist. $\{f_{ij}\}, \{g_{ij}\} \in Z^1(\mathfrak{U}; \mathscr{G})$ heißen ä q u i v a l e n t, wenn für jedes $i \in I$ ein $h_i \in \Gamma(U_i, \mathscr{G})$ existiert, so daß

$$g_{ij} = h_i^{-1} f_{ij} h_j$$

auf $U_i \cap U_j$ für alle $i, j \in I$. Bei diesem Begriff handelt es sich offenbar um eine Äquivalenzrelation. Die Menge der Äquivalenzklassen von 1-Kozyklen von $\mathfrak{U}$ bezeichnen wir dann mit $H^1(\mathfrak{U}; \mathscr{G})$.

$\mathfrak{B} = \{V_j\}_{j \in J}$ sei nun eine Verfeinerung von $\mathfrak{U} = \{U_i\}_{i \in I}$, und $\tau: J \to I$ habe die Eigenschaft, daß $V_j \subset U_{\tau j}$ für alle $j \in J$. τ definiert eine Abbildung

$$\tau^1 : Z^1(\mathfrak{U}; \mathscr{G}) \longrightarrow Z^1(\mathfrak{B}; \mathscr{G})$$

wie folgt

$$(\tau^1 f)_{mn} = f_{\tau m, \tau n} | V_m \cap V_n \qquad (m, n \in J).$$

Da τ^1 mit den Äquivalenzrelationen verträglich ist, induziert τ^1 eine Abbildung

$$t_{\mathfrak{U}}^{1\mathfrak{B}} : H^1(\mathfrak{U}; \mathscr{G}) \longrightarrow H^1(\mathfrak{B}; \mathscr{G}).$$

Hilfssatz 36.4. *$\tau, \tilde{\tau} : J \to I$ seien zwei Abbildungen, so daß $V_j \subset U_{\tilde{\tau}j} \cap U_{\tau j}$ für alle $j \in J$. Dann sind $\tau^1 f$ und $\tilde{\tau}^1 f$ für jedes $f \in Z^1(\mathfrak{U}; \mathscr{G})$ äquivalent.*

Beweis: Nach Definition 36.3 gilt auf $V_m \cap V_n$

$$f_{\tau m, \tilde{\tau} m} f_{\tilde{\tau} m, \tilde{\tau} n} = f_{\tau m, \tau n} f_{\tau n, \tilde{\tau} n}$$

für alle $m, n \in J$. Setzt man $h_m = f_{\tau m, \tilde{\tau} m} | V_m$, so hat man daher auf $V_m \cap V_n : (\tilde{\tau}^1 f)_{mn}$ $= f_{\tilde{\tau} m, \tilde{\tau} n} = f_{\tau m, \tilde{\tau} m}^{-1} f_{\tau m, \tau n} f_{\tau n, \tilde{\tau} n} = h_m^{-1} (\tau^1 f)_{mn} h_n$.

Aus diesem Hilfssatz folgt, daß $t_{\mathfrak{U}}^{1\mathfrak{V}}$ von der Wahl der Abbildung $\tau : J \to I$ unabhängig ist. Weiter gilt $t_{\mathfrak{U}}^{1\mathfrak{U}} = \mathrm{id}$ und $t_{\mathfrak{U}}^{1\mathfrak{W}} = t_{\mathfrak{V}}^{1\mathfrak{W}} t_{\mathfrak{U}}^{1\mathfrak{V}}$, falls $\mathfrak{W}$ eine Verfeinerung von $\mathfrak{V}$ ist. $B(X)$ bezeichne die (gerichtete) Menge der eigentlichen offenen Überdeckungen von X[1]). Dann ist $\{H^1(\mathfrak{U}; \mathscr{G}), t_{\mathfrak{U}}^{1\mathfrak{V}}\}_{\mathfrak{U} \in B(X)}$ ein direktes System von Mengen, das einen direkten Limes $\check{H}^1(X; \mathscr{G})$ besitzt. Ist $\mathscr{G}$ eine Garbe a b e l s c h e r Gruppen, so stimmt $\check{H}^1(X; \mathscr{G})$ mit der in § 32 definierten ersten Čechschen Kohomologiegruppe von X mit Koeffizienten in $\mathscr{G}$ überein. Das ausgezeichnete Element von $\check{H}^1(X; \mathscr{G})$ wird durch die Einsschnitte in $\mathscr{G}$ definiert. Man kann zeigen, daß $t_{\mathfrak{U}}^{1\mathfrak{V}}$ stets injektiv ist. Daher kann man $\check{H}^1(X; \mathscr{G})$ mit der Vereinigung $\bigcup_{\mathfrak{U} \in B(X)} H^1(\mathfrak{U}; \mathscr{G})$ identifizieren.

Definition 36.5. *E und X seien komplexe Mannigfaltigkeiten und $\pi : E \to X$ sei eine holomorphe Abbildung. $\pi : E \to X$ heißt q-rangiges komplex-analytisches Vektorraumbündel, wenn gegeben ist:*

1) *eine offene Überdeckung $\mathfrak{U} = \{U_i\}_{i \in I}$ von X,*
2) *für jedes $i \in I$ eine biholomorphe Abbildung[2])*

$$\varphi_i : \pi^{-1}(U_i) \longrightarrow U_i \times C^q, \quad \text{so daß} \quad \varphi_i(e) = (\pi(e), z),$$

3) *für jedes Paar $(i, j) \in I^2$ ein $f_{ij} \in \Gamma(U_i \cap U_j, GL_{\mathscr{O}}(q, C))$ mit*

$$\varphi_i \varphi_j^{-1}(x, z) = (x, f_{ij}(x) \cdot z) \qquad (x \in U_i \cap U_j).$$

Unter Benutzung der Abbildungen φ_i kann man jede Faser $\pi^{-1}(x)$ des Bündels in eindeutiger Weise mit einer Vektorraumstruktur versehen. Man bestätigt sofort, daß $\{f_{ij}\} \in Z^1(\mathfrak{U}; GL_{\mathscr{O}}(q, C))$, d. h. jedem q-rangigen komplex-analytischen Vektorraumbündel kann man einen 1-Kozyklus aus $Z^1(\mathfrak{U}, GL_{\mathscr{O}}(q, C))$ für ein geeignetes $\mathfrak{U}$ zuordnen. Umgekehrt entspricht jedem 1-Kozyklus $\{f_{ij}\} \in Z^1(\mathfrak{U}; GL_{\mathscr{O}}(q, C))$ ein q-rangiges komplex-analytisches Vektorraumbündel: Die punktfremde Vereinigung $\bigcup_{i \in I}(U_i \times C^q)$ ist in natürlicher Weise eine komplexe Mannigfaltigkeit. In $\bigcup_{i \in I}(U_i \times C^q)$ erklären wir eine Äquivalenzrelation R wie folgt: $(x, z) \in U_i \times C^q$ und $(y, z') \in U_j \times C^q$ seien genau dann äquivalent, wenn $x = y \in U_i \cap U_j$ und $z = f_{ij}(x) z'$. Versieht man

---

[1]) Eine Überdeckung $\mathfrak{U}$ von X heißt e i g e n t l i c h, wenn $\mathfrak{U}$ Teilmenge der Potenzmenge von X ist.
[2]) Ein Homöomorphismus φ von der komplexen Mannigfaltigkeit X auf die komplexe Mannigfaltigkeit Y heißt b i h o l o m o r p h, wenn φ und φ^{-1} holomorph sind.

$E = \bigcup_{i \in I} (U_i \times C^q)/R$ mit der Identifikationstopologie, so wird E in natürlicher Weise zu einer komplexen Mannigfaltigkeit. Außerdem hat man eine kanonische holomorphe Abbildung π von E auf X. $(E, \pi, X, \mathfrak{U})$ ist offensichtlich ein q-rangiges komplex-analytisches Vektorraumbündel.

Definition 36.6. *Zwei q-rangige komplex-analytische Vektorraumbündel $(E, \pi, X, \mathfrak{U})$ und $(E', \pi', X, \mathfrak{B})$ über X heißen* isomorph, *wenn es eine biholomorphe Abbildung $\alpha : E \to E'$ gibt, so daß das Diagramm*

$$
\begin{array}{ccc}
E & \xrightarrow{\ \alpha\ } & E' \\
\pi \downarrow & & \downarrow \pi' \\
X & \xrightarrow[\text{id}]{} & X
\end{array}
$$

kommutativ und $\alpha : \pi^{-1}(x) \to \pi'^{-1}(x)$ für alle $x \in X$ linear ist.

Satz 36.7. *Zwei q-rangige komplex-analytische Vektorraumbündel $(E, \pi, X, \mathfrak{U})$ und $(E', \pi', X, \mathfrak{B})$ sind genau dann isomorph, wenn die zugehörigen 1-Kozyklen dasselbe Element in $H^1(X; GL_{\mathcal{O}}(q, C))$ definieren.*

Beweis: Sei $\mathfrak{U} = \{U_i\}_{i \in I}$ und $\mathfrak{B} = \{V_j\}_{j \in J}$. Ferner bezeichne $f = \{f_{ij}\} \in Z^1(\mathfrak{U}; GL_{\mathcal{O}}(q, C))$ den 1-Kozyklus von E und $g = \{g_{mn}\} \in Z^1(\mathfrak{B}; GL_{\mathcal{O}}(q, C))$ den 1-Kozyklus von E'. Weiter hat man für jedes $i \in I$ eine biholomorphe Abbildung $\varphi_i : \pi^{-1}(U_i) \to U_i \times C^q$ und für jedes $j \in J$ eine biholomorphe Abbildung $\psi_j : \pi'^{-1}(V_j) \to V_j \times C^q$. Zunächst sei E isomorph zu E' und $\alpha : E \to E'$ ein Isomorphismus. Ist $\mathfrak{W} = \{W_k\}_{k \in K}$ eine Verfeinerung von $\mathfrak{U}$ und $\mathfrak{B}$, so gibt es Abbildungen $\tau : K \to I$ und $\sigma : K \to J$ mit $W_k \subset U_{\tau k} \cap V_{\sigma k}$. $\varphi_{\tau r} \alpha^{-1} \psi_{\sigma r}^{-1} : W_r \times C^q \to W_r \times C^q$ $(r \in K)$ definiert einen Schnitt $h_r \in \Gamma(W_r, GL_{\mathcal{O}}(q, C))$ durch die Gleichung

$$
\varphi_{\tau r} \alpha^{-1} \psi_{\sigma r}^{-1}(x, z) = (x, h_r(x) \cdot z) \qquad (x \in W_r) \ .
$$

Wie man sofort bestätigt, gilt auf $W_r \cap W_s$

$$
g_{\sigma r, \sigma s} = h_r^{-1} f_{\tau r, \tau s} h_s
$$

für alle Paare $(r, s) \in K^2$, d. h. $\tau^1 f, \sigma^1 g \in Z^1(\mathfrak{W}, GL_{\mathcal{O}}(q, C))$ sind zueinander äquivalent. Umgekehrt sei $\mathfrak{W}$ eine Verfeinerung von $\mathfrak{U}$ und $\mathfrak{B}$, so daß $\tau^1 f$ und $\sigma^1 g$ äquivalent sind. Dann existiert für jedes $r \in K$ ein $h_r \in \Gamma(W_r, GL_{\mathcal{O}}(q, C))$, so daß auf $W_r \cap W_s$

$$
g_{\sigma r, \sigma s} = h_r^{-1} f_{\tau r, \tau s} h_s
$$

für alle Paare $(r, s) \in K^2$. Setzt man $\bar{h}_r(x, z) = (x, h_r(x) \cdot z)$ $(x \in W_r, z \in C^q)$, dann ist

$$
\alpha_r = \psi_{\sigma r}^{-1} \bar{h}_r^{-1} \varphi_{\tau r} : \pi^{-1}(W_r) \longrightarrow \pi'^{-1}(W_r)
$$

eine biholomorphe Abbildung. Die $\alpha_r (r \in K)$ kann man dann zu einem Isomorphismus $\alpha : E \to E'$ zusammensetzen.

Satz 36.7 besagt also, daß man die Isomorphieklassen von q-rangigen komplex-analytischen Vektorraumbündeln über X mit der Kohomologiemenge $\check{H}^1(X; GL_{\mathscr{O}}(q, C))$ identifizieren kann.

Definition 36.8. $(E, \pi, X, \mathfrak{U})$ *sei ein komplex-analytisches Vektorraumbündel und U eine offene Teilmenge von X. Eine holomorphe Abbildung $\sigma: U \to E$ mit $\pi\sigma = \mathrm{id}_U$ heißt* holomorpher Schnitt von E über U.

Die O_U-Moduln G_U der holomorphen Schnitte von E über U (U offen in X) definieren eine analytische Garbe $\mathscr{O}(E)$ über X, die man als **Garbe der Keime von lokalen holomorphen Schnitten von E** bezeichnet. $\mathscr{O}(E)$ ist eine freie Garbe vom Rang q: $\sigma: W \to E$ sei ein holomorpher Schnitt mit $W \subset U_i$. $\varphi_i \sigma: W \to W \times C^q$ bestimmt in eindeutiger Weise ein $\tau \in \Gamma(W, \mathscr{O}^q)$, so daß $\varphi_i \sigma(x) = (x, \tau(x))$ für alle $x \in W$. Umgekehrt liefert jedes $\tau \in \Gamma(W, \mathscr{O}^q)$ einen holomorphen Schnitt $\sigma': W \to E$, wobei $\sigma'(x) = \varphi_i^{-1}(x, \tau(x))$. Daher ist $\Gamma(W, \mathscr{O}(E)) \cong G_W \cong \Gamma(W, \mathscr{O}^q)$, d. h. $\mathscr{O}(E)|U_i \cong \mathscr{O}^q|U_i$ für alle $i \in I$. Sind E und E' isomorphe Vektorraumbündel, so sind auch die Garben $\mathscr{O}(E)$ und $\mathscr{O}(E')$ zueinander isomorph.

Weiter bestimmt jede freie analytische Garbe $\mathscr{G}$ vom Rang q eine Isomorphieklasse von q-rangigen komplex-analytischen Vektorraumbündeln: Nach Voraussetzung gibt es für jedes U_i einer geeigneten offenen Überdeckung $\mathfrak{U} = \{U_i\}_{i \in I}$ von X einen Isomorphismus

$$\varphi_i: \mathscr{G}|U_i \longrightarrow \mathscr{O}^q|U_i.$$

Jedem Isomorphismus $\varphi_i \varphi_j^{-1}: \mathscr{O}^q|U_i \cap U_j \to \mathscr{O}^q|U_i \cap U_j$ entspricht ein $f_{ij} \in \Gamma(U_i \cap U_j, GL_{\mathscr{O}}(q, C))$; die f_{ij} bilden offensichtlich einen 1-Kozyklus von $\mathfrak{U}$, der dann ein q-rangiges komplex-analytisches Vektorraumbündel $(E, \pi, X, \mathfrak{U})$ definiert. Geht man von anderen Isomorphismen $\mathscr{G}|V_j \cong \mathscr{O}^q|V_j$ aus, so erhält man ein zu E isomorphes Vektorraumbündel E'. $\mathscr{G}$ und $\mathscr{G}'$ seien nun isomorphe freie analytische Garben vom Rang q. Dann ist $\mathscr{G}|U_i \cong \mathscr{O}^q|U_i$ für jedes U_i einer geeigneten offenen Überdeckung $\mathfrak{U} = \{U_i\}_{i \in I}$ von X und $\mathscr{G}'|V_j \cong \mathscr{O}^q|V_j$ für jedes V_j einer geeigneten offenen Überdeckung $\mathfrak{V} = \{V_j\}_{j \in J}$ von X. Bezeichnet $\mathfrak{W} = \{W_k\}_{k \in K}$ eine Verfeinerung von $\mathfrak{U}$ und $\mathfrak{V}$, so hat man Isomorphismen

$$\varphi_k: \mathscr{G}|W_k \longrightarrow \mathscr{O}^q|W_k, \quad \psi_k: \mathscr{G}'|W_k \longrightarrow \mathscr{O}^q|W_k.$$

Weiter sei $h: \mathscr{G} \to \mathscr{G}'$ ein Isomorphismus und $h_k (k \in K)$ die zusammengesetzte Abbildung

$$h_k: \mathscr{O}^q|W_k \xrightarrow{\varphi_k^{-1}} \mathscr{G}|W_k \xrightarrow{h} \mathscr{G}'|W_k \xrightarrow{\psi_k} \mathscr{O}^q|W_k.$$

Wegen $\varphi_k \varphi_l^{-1} = h_k^{-1}(\psi_k \psi_l^{-1}) h_l$ sind die zu den Abbildungen $\varphi_k \varphi_l^{-1}$ und $\psi_k \psi_l^{-1}$ gehörenden 1-Kozyklen zueinander äquivalent, d. h. $\mathscr{G}$ und $\mathscr{G}'$ definieren isomorphe Vektorraumbündel.

$\mathscr{G}$ sei wieder eine freie analytische Garbe vom Rang q mit den Isomorphismen $\varphi_i: \mathscr{G}|U_i \to \mathscr{O}^q|U_i$ ($i \in I$). Die Abbildungen $\varphi_i \varphi_j^{-1}$ liefern einen Kozyklus $\{f_{ij}\}$, der ein komplex-analytisches Vektorraumbündel E definiert. Dann gibt es für jedes U_i einen Isomorphismus $\psi_i : \mathcal{O}(E)|U_i \to \mathcal{O}^q|U_i$ mit der Eigenschaft

$$\varphi_i \varphi_j^{-1} = \psi_i \psi_j^{-1} : \mathcal{O}^q|U_i \cap U_j \longrightarrow \mathcal{O}^q|U_i \cap U_j. \tag{36.1}$$

$h_i : \mathcal{G}|U_i \to \mathcal{O}(E)|U_i$ sei der Isomorphismus $h_i = \psi_i^{-1}\varphi_i$. Wegen (36.1) kann man die h_i zu einem Isomorphismus $h : \mathcal{G} \to \mathcal{O}(E)$ zusammensetzen, d. h. $\mathcal{G}$ ist isomorph zu der Garbe der Keime von lokalen holomorphen Schnitten eines zu $\mathcal{G}$ gehörenden komplex-analytischen Vektorraumbündels. Geht man umgekehrt von einem komplex-analytischen Vektorraumbündel E aus und bildet $\mathcal{O}(E)$, so gehört E zu der $\mathcal{O}(E)$ entsprechenden Isomorphieklasse von komplex-analytischen Vektorraumbündeln. Damit haben wir den folgenden Satz bewiesen:

Satz 36.9. *Ist X eine komplexe Mannigfaltigkeit, so sind die folgenden Mengen zueinander äquivalent:*

1) *die Kohomologiemenge $\check{H}^1(X; GL_{\mathcal{O}}(q,C))$,*
2) *die Menge der Isomorphieklassen von q-rangigen komplex-analytischen Vektorraumbündeln über X,*
3) *die Menge der Isomorphieklassen von freien analytischen Garben über X vom Rang q.*

Aufgaben zu Kapitel V

1. $\mathfrak{G}$ sei ein flaches Garbendatum über dem topologischen Raum X. Dann ist $\check{C}^0(X; \mathfrak{G}) = 0$.

2. $\mathfrak{G}$ und $\mathfrak{G}'$ seien Garbendaten über dem topologischen Raum X und $h : \mathfrak{G} \to \mathfrak{G}'$ sei ein Garbendatenhomomorphismus. Ist der durch h induzierte Garbenhomomorphismus zwischen den zu $\mathfrak{G}$ und $\mathfrak{G}'$ gehörenden Garben injektiv, so ist auch $h^{*0} : \check{H}^0(X; \mathfrak{G}) \to \check{H}^0(X; \mathfrak{G}')$ injektiv.

3. $\mathfrak{G}$ und $\mathfrak{G}'$ seien Garbendaten über dem topologischen Raum X und $h : \mathfrak{G} \to \mathfrak{G}'$ sei ein Garbendatenhomomorphismus. Ist der durch h induzierte Garbenhomomorphismus bijektiv, so ist auch $h^{*0} : \check{H}^0(X; \mathfrak{G}) \to \check{H}^0(X; \mathfrak{G}')$ bijektiv und $h^{*1} : \check{H}^1(X; \mathfrak{G}) \to \check{H}^1(X; \mathfrak{G}')$ injektiv.

4. Unter der Voraussetzung von Hilfssatz 34.2 ist λ^{q+1} injektiv.

5. K sei eine kompakte Teilmenge der komplexen Mannigfaltigkeit X. Besitzt K ein Fundamentalsystem von kompakten Umgebungen, für welche die Theoreme A (Satz 35.2) und B (Satz 35.3) gelten, so gelten die Theoreme A und B auch für K.

6. X sei eine holomorph-vollständige Mannigfaltigkeit. Besitzen die Funktionen $u_1, \ldots, u_n \in O_X$ keine gemeinsame Nullstelle, so gibt es Funktionen $c_1, \ldots, c_n \in O_X$ mit $\sum_{i=1}^{n} c_i u_i \equiv 1$.

7. Man zeige, daß $\mathcal{M}_x$ der Quotientenkörper von $\mathcal{O}_x$ ist.

8. $h : \mathcal{G} \to \mathcal{H}$ sei ein Homomorphismus zwischen kohärenten analytischen Garben über der komplexen Mannigfaltigkeit X. Dann ist der Homomorphismus $h_{W_x} : \Gamma(W_x, \mathcal{G}) \to \Gamma(W_x, \mathcal{H})$ für jede genügend kleine Vollkugel W_x stetig.

9. Ist
$$0 \longrightarrow \mathcal{G}' \longrightarrow \mathcal{G} \longrightarrow \mathcal{G}'' \longrightarrow 0$$

eine exakte Sequenz von freien analytischen Garben über einer holomorph-vollständigen Mannigfaltigkeit, so gilt $\mathcal{G} \cong \mathcal{G}' \oplus \mathcal{G}''$.

10. X sei eine komplexe Mannigfaltigkeit, und $\varphi, \psi: \mathcal{O}^q \to \mathcal{O}^q$ seien Garbenhomomorphismen mit den $(q \times q)$-Matrizen $\mathfrak{A}$ und $\mathfrak{B}$ (§ 36). Wie sieht die Matrix von $\varphi\psi: \mathcal{O}^q \to \mathcal{O}^q$ aus?

11. $\mathcal{G}$ und $\mathcal{H}$ seien freie analytische Garben über der komplexen Mannigfaltigkeit X. Man beschreibe die zu $\mathcal{G} \oplus \mathcal{H}$ und $\mathcal{G} \otimes_{\mathcal{O}} \mathcal{H}$ gehörenden komplex-analytischen Vektorraumbündel.

12. Man definiere ein cup-Produkt für die Čechschen Kohomologiegruppen.

Literatur

[1] Abhyankar, S.: Local analytic geometry. New York 1964.

[2] Andreotti, A.; Grauert, H.: Théorèmes de finitude pour la cohomologie des espaces complexes. Bull. Soc. Math. France **90** (1962) 193 bis 259.

[3] Bishop, E.: Analytic functions with values in a Frechet space. Pac. J. Math. **12** (1962) 1177 bis 1192.

[4] Bredon, G. E.: Sheaf theory. New York 1967.

[5] Cartan, H.: Séminaire E. N. S. 1950/51, 1951/52, 1953/54.

[6] Cartan, H.: Variétés analytiques complexes et cohomologie. Colloque de Bruxelles 41 bis 55 (1953).

[7] Cartan, H.; Serre, J. P.: Un théorème de finitude concernant les variétés analytiques compactes. C. R. Acad. Sci. Paris **237** (1953) 128 bis 130.

[8] Deheuvels, R.: Notion de suite exacte de faisceaux localement triviale. C. R. Acad. Sci. Paris **240** (1955) 1183 bis 1185.

[9] Dolbeault, P.: Sur la cohomologie des variétés analytiques complexes. C. R. Acad. Sci. Paris **236** (1953) 175 bis 177.

[10] Dolbeault, P.: Formes différentielles et cohomologie sur une variété analytique complexe I, II. Ann. Math. **64** (1956) 83 bis 130; **65** (1957) 282 bis 330.

[11] Frenkel, J.: Cohomologie non abélienne et espaces fibrés. Bull. Soc. Math. France **85** (1957) 135 bis 220.

[12] Frisch, J.; Guenot, J.: Prolongement de faisceaux analytiques cohérents. Inv. math. **7** (1969) 321 bis 343.

[13] Fuks, B. A.: Special chapters in the theory of analytic functions of several complex variables. 1965.

[14] Godement, R.: Topologie algébrique et théorie des faisceaux. Paris 1958.

[15] Grauert, H.: Ein Theorem der analytischen Garbentheorie und die Modulräume komplexer Strukturen. Publ. Math. I. H. E. S. **5** (1960).

[16] Grauert, H.; Remmert, R.: Bilder und Urbilder analytischer Garben. Ann. Math. **68** (1958) 393 bis 443.

[17] Gray, J. W.: Sheaves with values in a category. Topology **3** (1965) 1 bis 18.

[18] Grothendieck, A.: A general theory of fibre spaces with structure sheaf. Lawrence, Kans. 1955.

[19] Grothendieck, A.: Théorèmes de finitude pour la cohomologie des faisceaux. Bull. Soc. Math. France **84** (1956) 1 bis 7.

[20] Grothendieck, A.: Sur quelques points d'algèbre homologique. Tohoku Math. J. **9** (1957) 119 bis 221.

[21] Grothendieck, A.; Dieudonné, J.: Eléments de géométrie algébrique. Publ. Math. I. H. E. S. (1960 —).

[22] Gunning, R. C.: On Cartan's theorems A and B in several complex variables. Annali di Mat. pura et appl. **55** (1961) 1 bis 12.

[23] Gunning, R. C.: Lectures on Riemann surfaces. Princeton, N. J. 1966.

[24] Gunning, R. C.: Lectures on vector bundles over Riemann surfaces. Princeton, N. J. 1967.

[25] Gunning, R. C.; Rossi, H.: Analytic functions of several complex variables. Englewood Cliffs 1965.

[26] Heller, A; Rowe, K. A.: On the category of sheaves. Amer. J. Math. **84** (1962) 205 bis 216.

[27] Hirzebruch, F.: Topological methods in algebraic geometry. Berlin-Heidelberg-New York 1966.

[28] Hirzebruch, F.; Scheja, G.: Garben- und Cohomologietheorie. Münster 1957.

[29] Hörmander, L.: An introduction to complex analysis in several variables. New York 1966.

[30] Kaup, L.: Eine Künnethformel für Fréchetgarben. Math. Z. **97** (1967) 158 bis 168.

[31] Kaup, L.: Das topologische Tensorprodukt kohärenter analytischer Garben. Math. Z. **106** (1968) 273 bis 292.

[32] Kaup, L.: Ein Satz über topologische Urbildgarben. Arch. Math. **19** (1968) 516 bis 524.

[33] Kiehl, R.: Der Endlichkeitssatz für eigentliche Abbildungen in der nichtarchimedischen Funktionentheorie. Inv. math. **2** (1967) 191 bis 214.

[34] Kiehl, R.: Theorem A und Theorem B in der nichtarchimedischen Funktionentheorie. Inv. math. **2** (1967) 256 bis 273.

[35] Kleisli, H.; Wu, Y. C.: On injective sheaves. Canad. Math. Bull. **7** (1964) 415 bis 423.

[36] Knorr, K.: Über den Grauertschen Kohärenzsatz bei eigentlichen holomorphen Abbildungen I, II. Ann. Scuola Norm. Sup. di Pisa. Cl. di Scienze **22** (1968) 729 bis 761; **23** (1969) 1 bis 74.

[37] Kodaira, K.: On cohomology groups of compact analytic varietes with coefficients in some analytic faisceaux. Proc. Nat. Acad. Sci. USA **39** (1953) 865 bis 868.

[38] Köthe, G.: Topologische lineare Räume I. Berlin-Heidelberg-New York 1966.

[39] Kripke, B.: Finitely generated coherent analytic sheaves. Proc. Amer. Math. Soc. **21** (1969) 530 bis 534.

[40] Macdonald, I. G.: Algebraic Geometry. New York 1968.

[41] Malgrange, B.: Faisceaux sur des variétés analytiques-réeles. Bull. Soc. Math. France **85** (1957) 231 bis 237.

[42] Norguet, F.: Un théorème de finitude pour la cohomologie des faisceaux. Atti Accad. naz. Lincei, Rend., Cl. Sci. fis. mat. natur., VIII. Ser. **31** (1962) 222 bis 224.

[43] O'Neill, B.: On the Leray isomorphism theorem. Proc. Amer. Math. Soc. **9** (1958) 460 bis 462.

[44] Ribenboim, P.; Sorani, G.: Cohomology and homology of pairs of presheaves. Math. Scand. **22** (1968) 5 bis 16.

[45] Sampson, J. H.; Washnitzer, G.: A Künneth formula for coherent algebraic sheaves. Ill. J. Math. **3** (1959) 389 bis 402.

[46] Scheja, G.: Riemannsche Hebbarkeitssätze für Cohomologieklassen. Math. Ann. **144** (1961) 345 bis 360.

[47] Scheja, G.: Fortsetzungssätze der komplex-analytischen Cohomologie und ihre algebraische Charakterisierung. Math. Ann. **157** (1964) 75 bis 94.

[48] Serre, J. P.: Quelques problèmes globaux relatifs aux variétés de Stein. Colloque de Bruxelles 57 bis 68 (1953).

[49] Serre, J. P.: Faisceaux algébriques cohérents. Ann. Math. **61** (1955) 197 bis 278.

[50] Serre, J. P.: Un théorème de dualité. Comm. Math. Helv. **29** (1955) 9 bis 26.

[51] Serre, J. P.: Géométrie algébrique et géométrie analytique. Ann. de l'Inst. Fourier **6** (1956) 1 bis 42.

[52] Serre, J. P.: Prolongement de faisceaux analytiques cohérents. Ann. de l'Inst. Fourier **16** (1966) 363 bis 374.

[53] Simms, D. J.: The spectral sequence of a covering. Proc. Edinburgh Math. Soc. (2) **12** (1960/61) 149 bis 158.

[54] Siu, Y. T.: Non-countable dimensions of cohomology groups of analytic sheaves and domains of holomorphy. Math. Z. **102** (1967) 17 bis 29.

[55] Siu, Y. T.: Extension of coherent analytic subsheaves. Proc. Amer. Math. Soc. **19** (1968) 1262 bis 1263.

[56] Siu, Y. T.: Analytic sheaf cohomology groups of dimension n of n-dimensional noncompact complex manifolds. Pac. J. Math. **28** (1969) 407 bis 411.

[57] Siu, Y. T.: Absolut gap sheaves. Trans. Amer. Math. Soc. **30** (1969) 1 bis 16.

[58] Siu, Y. T.: Extending coherent analytic sheaves through subvarieties. Bull. Amer. Math. Soc. **75** (1969) 123 bis 126.

[59] Spallek, K. H.: Tensorielle Beschränkungen analytischer Garben. Math. Z. **84** (1964) 448 bis 463.

[60] Spanier, E. H.: Algebraic topology. New York 1966.

[61] Swan, R. G.: The theory of sheaves. Chicago 1964.

[62] Thimm, W.: Lückengarben von kohärenten analytischen Modulgarben. Math. Ann. **148** (1962) 372 bis 394.

[63] Thimm, W.: Struktur- und Singularitätsuntersuchungen an kohärenten analytischen Modulgarben. J. reine u. ang. Math. **234** (1969) 123 bis 151.

[64] Trautmann, G.: Ein Kontinuitätssatz für die Fortsetzung kohärenter analytischer Garben. Arch. Math. **18** (1967) 188 bis 196.

[65] Trautmann, G.: Abgeschlossenheit von Corandmoduln und Fortsetzbarkeit kohärenter analytischer Garben. Inv. math. **5** (1968) 216 bis 230.

[66] Trautmann, G.: Eine Bemerkung zur Struktur der kohärenten analytischen Garben. Arch. Math. **19** (1968) 300 bis 304.

[67] Trautmann, G.: Fortsetzung lokal-freier Garben über 1-dimensionale Singularitätenmengen. Ann. Scuola Norm. Sup. di Pisa. Cl. di Scienze **23** (1969) 155 bis 184.

[68] Trautmann, G.: Ein Endlichkeitssatz in der analytischen Geometrie. Inv. math. **8** (1969) 143 bis 174.

[69] Wiegand, R.: Sheaf cohomology of locally compact totally disconnected spaces. Proc. Amer. Soc. **20** (1969) 533 bis 538.

Namen- und Sachverzeichnis

Mathematische Leitfäden

Herausgegeben von Prof. Dr. phil. Dr. h. c. G. KÖTHE, Frankfurt/M.

Partielle Differentialgleichungen

Eine Einführung

Von Dr. rer. nat. G. HELLWIG, o. Prof. an der Technischen Hochschule Aachen

246 Seiten mit 35 Bildern. 1960. Ln. DM 34, – [Verlags-Nr. 2213]

Nichteuklidische Elementargeometrie der Ebene

Von Prof. Dr. Dr. h. c. O. PERRON, München

134 Seiten mit 70 Bildern. 1962. Ln. DM 24, – [Verlags-Nr. 2216]

Differentialgeometrie

Von Dr. rer. nat. D. LAUGWITZ, o. Prof. an der Technischen Hochschule Darmstadt

2., durchgesehene Auflage. 183 Seiten mit 44 Bildern. 1968. Ln. DM 28, – [Verlags-Nr. 2215]

Wahrscheinlichkeitstheorie

Von Dr. rer. nat. K. KRICKEBERG, o. Prof. an der Universität Heidelberg

200 Seiten mit 1 Bild. 1963. Ln. DM 34, – [Verlags-Nr. 2217]

Topologie

Eine Einführung

Von Dr. rer. nat. H. SCHUBERT, o. Prof. an der Universität Düsseldorf

2., durchgesehene Auflage. 328 Seiten mit 23 Bildern. 1969. Kart. DM 38, – [Verlags-Nr. 2200]

Einführung in die mathematische Logik

Klassische Prädikatenlogik

Von Dr. rer. nat. H. HERMES, o. Prof. an der Universität Freiburg i. Br.

2., durchgesehene und erweiterte Auflage. 204 Seiten. 1969. Kart. DM 28, – [Verlags-Nr. 2201]

Kategorien und Funktoren

Von Dr. rer. nat. B. PAREIGIS, Privatdozent an der Universität München

192 Seiten mit 49 Aufgaben und zahlr. Beispielen. 1969. Kart. DM 38, – [Verlags-Nr. 2210]

Lineare Integraloperatoren

Von Dr. rer. nat. K. JÖRGENS, o. Prof. an der Universität München

Ca. 230 Seiten mit 6 Bildern. 1970. Kart. DM 48, – [Verlags-Nr. 2205]

 **B. G. Teubner Stuttgart**   Preisänderungen vorbehalten

Teubner Studienbücher

Die Paperbackreihe für das Studium, zur Vorlesung
und zur Prüfungsvorbereitung

Witting
Mathematische Statistik
Eine Einführung in Theorie und Methoden

223 Seiten mit 7 Bildern, 82 Beispielen und 126 Aufgaben sowie einem Tabellenanhang. DM 16,80
[Verlags-Nr. 2036]

Magnus
Schwingungen
Eine Einführung in die theoretische Behandlung von Schwingungs-
problemen

2. Auflage. 251 Seiten mit 197 Bildern. DM 16,80 [Verlags-Nr. 2302]

Mayer-Kuckuk
Physik der Atomkerne
Eine Einführung

Ca. 290 Seiten mit 125 Bildern. DM 17,80 [Verlags-Nr. 3021]

Clegg
Variationsrechnung

Ca. 120 Seiten mit 26 Bildern. DM 10,80 [Verlags-Nr. 2038]

Kochendörffer
Determinanten und Matrizen

V, 148 Seiten mit 33 Aufgaben. DM 12,80 [Verlags-Nr. 2037]

Stiefel
Einführung in die numerische Mathematik

257 Seiten mit 44 Bildern, 9 Tabellen, 36 Aufgaben und zahlreichen Beispielen. DM 16,80
[Verlags-Nr. 2039]

Preisänderungen vorbehalten